DS **SOLID**WORKS

SOLIDWORKS®公司官方指定培训教程
CSWP　　全球专业认证考试培训教程

官方指定

TRAINING

SOLIDWORKS®
零件与装配体教程
（2024版）

[美] DS SOLIDWORKS®公司　著

(DASSAULT SYSTEMES SOLIDWORKS CORPORATION)

戴瑞华　主编

机械工业出版社
CHINA MACHINE PRESS

《SOLIDWORKS®零件与装配体教程（2024版）》是根据 DS SOLID-WORKS®公司发布的《SOLIDWORKS® 2024：SOLIDWORKS Essentials》编译而成的，着重介绍了使用 SOLIDWORKS 软件创建零件、装配体的基本方法和相关技术，以及生成工程图的基础知识。本教程提供练习文件下载，详见"本书使用说明"。本教程提供 3D 模型和高清语音教学视频，扫描书中二维码即可免费观看。

本教程在保留英文原版教程精华和风格的基础上，按照中国读者的阅读习惯进行了编译，配套教学资料齐全，适于企业工程设计人员和高等学校、职业技术院校相关专业的师生使用。

北京市版权局著作权合同登记 图字：01 – 2024 – 2893 号。

图书在版编目（CIP）数据

SOLIDWORKS®零件与装配体教程：2024 版/美国 DS SOLIDWORKS®公司著；戴瑞华主编. – –2 版. – –北京：机械工业出版社，2024. 9. – –（SOLIDWORKS®公司官方指定培训教程）（CSWP 全球专业认证考试培训教程）.
ISBN 978 – 7 – 111 – 76409 – 0

Ⅰ. TH13 – 39

中国国家版本馆 CIP 数据核字第 20247N1B33 号

机械工业出版社（北京市百万庄大街22号　邮政编码100037）
策划编辑：张雁茹　　　　　　　责任编辑：张雁茹
责任校对：龚思文　王　延　　　封面设计：陈　沛
责任印制：任维东
三河市骏杰印刷有限公司印刷
2024 年 9 月第 2 版第 1 次印刷
184mm×260mm · 22. 75 印张 · 618 千字
标准书号：ISBN 978-7-111-76409-0
定价：69. 80 元

电话服务　　　　　　　　　　网络服务
客服电话：010-88361066　　　机 工 官 网：www. cmpbook. com
　　　　　010-88379833　　　机 工 官 博：weibo. com/cmp1952
　　　　　010-68326294　　　金 书 网：www. golden-book. com
封底无防伪标均为盗版　　机工教育服务网：www. cmpedu. com

序

尊敬的中国 SOLIDWORKS 用户：

DS SOLIDWORKS® 公司很高兴为您提供这套最新的 SOLIDWORKS® 中文官方指定培训教程。我们对中国市场有着长期的承诺，自从 1996 年以来，我们就一直保持与北美地区同步发布 SOLIDWORKS 3D 设计软件的每一个中文版本。

我们感觉到 DS SOLIDWORKS® 公司与中国用户之间有着一种特殊的关系，因此也有着一份特殊的责任。这种关系是基于我们共同的价值观——创造性、创新性、卓越的技术，以及世界级的竞争能力。这些价值观一部分是由公司的共同创始人之一李向荣（Tommy Li）所建立的。李向荣是一位华裔工程师，他在定义并实施我们公司的关键性突破技术以及在指导我们的组织开发方面起到了很大的作用。

作为一家软件公司，DS SOLIDWORKS® 致力于带给用户世界一流水平的 3D 解决方案（包括设计、分析、产品数据管理、文档出版与发布），以帮助设计师和工程师开发出更好的产品。我们很荣幸地看到中国用户的数量在不断增长，大量杰出的工程师每天使用我们的软件来开发高质量、有竞争力的产品。

目前，中国正在经历一个迅猛发展的时期，从制造服务型经济转向创新驱动型经济。为了继续取得成功，中国需要相配套的软件工具。

SOLIDWORKS® 2024 是我们最新版本的软件，它在产品设计过程自动化及改进产品质量方面又提高了一步。该版本提供了许多新的功能和更多提高生产率的工具，可帮助机械设计师和工程师开发出更好的产品。

现在，我们提供了这套中文官方指定培训教程，体现出我们对中国用户长期持续的承诺。这套教程可以有效地帮助您把 SOLIDWORKS® 2024 软件在驱动设计创新和工程技术应用方面的强大威力全部释放出来。

我们为 SOLIDWORKS 能够帮助提升中国的产品设计和开发水平而感到自豪。现在您拥有了功能丰富的软件工具以及配套教程，我们期待看到您用这些工具开发出创新的产品。

Manish Kumar
DS SOLIDWORKS® 公司首席执行官
2024 年 6 月

戴瑞华 现任达索系统大中华区技术咨询部SOLIDWORKS技术总监

戴瑞华先生拥有30年以上机械行业从业经验，曾服务于多家企业，主要负责设备、产品、模具以及工装夹具的开发和设计。其本人酷爱3D CAD技术，从2001年开始接触三维设计软件，并成为主流3D CAD SOLIDWORKS的软件应用工程师，先后为企业和SOLIDWORKS社群培训了上千名工程师。同时，他利用自己多年的企业研发设计经验，总结出了在中国的制造业企业应用3D CAD技术的最佳实践方法，为企业的信息化与数字化建设奠定了扎实的基础。

戴瑞华先生于2005年3月加入DS SOLIDWORKS®公司，现负责SOLIDWORKS解决方案在大中华区的技术培训、支持、实施、服务及推广等，实践经验丰富。其本人一直倡导企业构建以三维模型为中心的面向创新的研发设计管理平台、实现并普及数字化设计与数字化制造，为中国企业最终走向智能设计与智能制造进行着不懈的努力与奋斗。

前　言

DS SOLIDWORKS®公司是一家专业从事三维机械设计、工程分析、产品数据管理软件研发和销售的国际性公司。SOLIDWORKS软件以其优异的性能、易用性和创新性，极大地提高了机械设计工程师的设计效率和设计质量，目前已成为主流3D CAD软件市场的标准，在全球拥有超过650万的用户。DS SOLIDWORKS®公司的宗旨是：to help customers design better products and be more successful——让您的设计更精彩。

"SOLIDWORKS®公司官方指定培训教程"是根据DS SOLIDWORKS®公司最新发布的SOLID-WORKS® 2024软件的配套英文版培训教程编译而成的，也是CSWP全球专业认证考试培训教程。本套教程是DS SOLIDWORKS®公司唯一正式授权在中国大陆出版的官方指定教程，也是迄今为止出版的最为完整的SOLIDWORKS®公司官方指定培训教程。

本套教程详细介绍了SOLIDWORKS® 2024软件的功能，以及使用该软件进行三维产品设计、工程分析的方法、思路、技巧和步骤。为了简化和加快从概念到制造的产品开发流程，SOLID-WORKS® 2024包含了用户驱动的全新增强功能，重点关注提高工作的智能化程度和工作效率，让工程师可以专注于设计。除此之外，还增加了基于云的扩展应用，包含新一代的设计工具以及强大的仿真能力和智能制造等。新功能中也融合了人工智能、云服务等新兴数字技术，为智能化转型升级提供了新的可能。

《SOLIDWORKS®零件与装配体教程（2024版）》是根据DS SOLIDWORKS®公司发布的《SOLID-WORKS® 2024：SOLIDWORKS Essentials》编译而成的，着重介绍了使用SOLIDWORKS软件创建零件、装配体的基本方法和相关技术，以及生成工程图的基础知识。本套教程在保留英文原版教程精华和风格的基础上，按照中国读者的阅读习惯进行了编译，使其变得直观、通俗，让初学者易上手，让高手的设计效率和质量更上一层楼！

本套教程由达索系统大中华区技术咨询部SOLIDWORKS技术总监戴瑞华先生担任主编。承担编译、校对和录入工作的有达索教育行业高级顾问严海军和SOLIDWORKS技术专家李鹏。此外，本教程的操作视频由达索教育行业高级顾问严海军制作。在此，对参与本套教程编译和视频制作的工作人员表示诚挚的感谢。

由于时间仓促，书中难免存在疏漏和不足之处，恳请广大读者批评指正。

戴瑞华

2024年6月

本书使用说明

关于本书

本书的目的是让读者学习如何使用 SOLIDWORKS 软件的多种高级功能，着重介绍了使用 SOLIDWORKS 软件进行高级设计的技巧和相关技术。

SOLIDWORKS® 2024 是一款功能强大的机械设计软件，而书中章节有限，不可能覆盖软件的每一个细节和各个方面，所以，本书将重点给读者讲解应用 SOLIDWORKS® 2024 进行工作所必需的基本技能和主要概念。本书作为在线帮助系统的一个有益补充，不可能完全替代软件自带的在线帮助系统。读者在对 SOLIDWORKS® 2024 软件的基本使用技能有了较好的了解之后，就能够参考在线帮助系统获得其他常用命令的信息，进而提高应用水平。

前提条件

读者在学习本书前，应该具备如下经验：

- 机械设计经验。
- 使用 Windows 操作系统的经验。

编写原则

本书是基于过程或任务的方法而设计的培训教程，并不专注于介绍单项特征和软件功能。本书强调的是完成一项特定任务所应遵循的过程和步骤。通过对每一个应用实例的学习来演示这些过程和步骤，读者将学会为了完成一项特定的设计任务应采取的方法，以及所需要的命令、选项和菜单。

知识卡片

除了每章的研究实例和练习外，书中还提供了可供读者参考的"知识卡片"。这些知识卡片提供了软件使用工具的简单介绍和操作方法，可供读者随时查阅。

使用方法

本书的目的是希望读者在有 SOLIDWORKS 使用经验的教师指导下，在培训课中进行学习；希望读者通过"教师现场演示本书所提供的实例，学生跟着练习"的交互式学习方法，掌握软件的功能。

读者可以使用练习题来应用和练习书中讲解的或教师演示的内容。本书设计的练习题代表了典型的设计和建模情况，读者完全能够在课堂上完成。应该注意到，学生的学习速度是不同的，因此，书中所列出的练习题比一般读者能在课堂上完成的要多，这确保了学习能力强的读者也有练习可做。

标准、名词术语及单位

SOLIDWORKS 软件支持多种标准，如中国国家标准（GB）、美国国家标准（ANSI）、国际标准（ISO）、德国国家标准（DIN）和日本国家标准（JIS）。本书中的例子和练习基本上采用了中国国家标准（除个别为体现软件多样性的选项外）。为与软件保持一致，本书中一些名词术语和计量单位未与中国国家标准保持一致，请读者使用时注意。

VI

练习文件下载方式

读者可以从网络平台下载本教程的练习文件，具体方法是：微信扫描右侧或封底的"大国技能"微信公众号，关注后输入"2024LJ"即可获取下载地址。

大国技能

视频观看方式

扫描书中二维码可在线观看视频，二维码位于章节之中的"操作步骤"处。可使用手机或平板计算机扫码观看，也可复制手机或平板计算机扫码后的链接到计算机的浏览器中，用浏览器观看。

模板的使用

本书使用一些预先定义好配置的模板，这些模板也是通过有数字签名的自解压文件包的形式提供的。这些文件可从"大国技能"微信公众号下载。这些模板适用于所有 SOLIDWORKS 教程，使用方法如下：

1. 单击【工具】/【选项】/【系统选项】/【文件位置】。
2. 从下拉列表中选择文件模板。
3. 单击【添加】并选择练习模板文件夹。
4. 在消息提示框中单击【确定】和【是】。

当文件位置被添加后，每次新建文档时就可以通过单击【高级】/【Training Templates】选项卡来使用这些模板（见下图）。

Windows 操作系统

本书所用的截屏图片是 SOLIDWORKS® 2024 运行在 Windows® 10 和 Windows® 11 时制作的。

VII

格式约定

本书使用下表所列的格式约定:

约　定	含　义	约　定	含　义
【插入】/【凸台】	表示 SOLIDWORKS 软件命令和选项。例如,【插入】/【凸台】表示从菜单【插入】中选择【凸台】命令	⚠️ 注意	软件使用时应注意的问题
提示 👉	要点提示	操作步骤 步骤 1 步骤 2 步骤 3	表示课程中实例设计过程的各个步骤
技巧 🔑	软件使用技巧		

色彩问题

SOLIDWORKS® 2024 英文原版教程是采用彩色印刷的,而我们出版的中文版教程则采用黑白印刷,所以本书对英文原版教程中出现的颜色信息做了一定的调整,尽可能地方便读者理解书中的内容。

更多 SOLIDWORKS 培训资源

my. solidworks. com 提供了更多的 SOLIDWORKS 内容和服务,用户可以在任何时间、任何地点,使用任何设备查看。用户也可以访问 my. solidworks. com/training,按照自己的计划和节奏来学习,以提高使用 SOLIDWORKS 的技能。

用户组网络

SOLIDWORKS 用户组网络(SWUGN)有很多功能。通过访问 swugn. org,用户可以参加当地的会议,了解 SOLIDWORKS 相关工程技术主题的演讲以及更多的 SOLIDWORKS 产品,或者与其他用户通过网络进行交流。

目　　录

X

第1章 SOLIDWORKS 软件介绍

学习目标
- 描述基于特征的、参数化实体建模系统的主要特点
- 区分草图特征和应用特征
- 认识 SOLIDWORKS 用户界面的主要组成
- 通过不同的尺寸标注方法来表达不同的设计意图

1.1 什么是 SOLIDWORKS 软件

SOLIDWORKS 机械设计自动化软件是一个基于特征的、参数化实体建模的设计工具。该软件采用 Windows 图形用户界面，易学易用。利用 SOLIDWORKS 可以创建全相关的三维实体模型，在设计过程中，实体之间可以存在或不存在约束关系；同时，还可以利用自动的或者用户定义的约束关系来体现设计意图。

一些常用术语的含义如下：

1. 基于特征　正如装配体是由许多单个独立零件组成的一样，SOLIDWORKS 中的模型也是由许多单独的元素组成的。这些元素被称为特征。

在进行零件或装配体建模时，SOLIDWORKS 软件使用智能化的、易于理解的几何体（例如凸台、切除、孔、肋、圆角、倒角和拔模等）创建特征，特征创建后可以直接应用于零件中。

SOLIDWORKS 中的特征可以分为草图特征和应用特征。

1）草图特征：基于二维草图的特征，通常该草图可以通过拉伸、旋转、扫描或放样转换为实体。

2）应用特征：直接创建在实体模型上的特征。例如，圆角和倒角就是这种类型的特征。

SOLIDWORKS 软件在一个被称为 FeatureManager 设计树的特殊窗口中显示模型的特征结构。FeatureManager 设计树不仅显示特征被创建的顺序，而且可以使用户很容易得到所有特征的相关信息。读者将会在本书中学习到关于 FeatureManager 设计树的更多内容。

下面举例说明基于特征建模的概念。图 1-1 所示的零件可以看成是几个不同特征的组合，如图 1-2所示。一些特征是增加材料的，例如圆柱形凸台；一些特征是去除材料的，例如盲孔。

图 1-1　建模完成的零件

图 1-2　零件由多个特征组合而成

图 1-3 显示了这些单个特征与其在 FeatureManager 设计树列表中的一一对应关系。

2. 参数化　用于创建特征的尺寸和几何关系可以被记录并保存于设计模型中。这不仅可以使模型能够充分体现设计者的设计意图，而且能够快速简单地修改模型。

1）驱动尺寸：驱动尺寸是指创建特征时所用的尺寸，包括与草图几何体相关的尺寸和与特征自身相关的尺寸。圆柱体凸台特征就是这样一个简单的示例：凸台的直径由草图中圆的直径来控制，凸台的高度由创建特征时拉伸的深度来决定。

2）几何关系：几何关系是指草图几何体

图 1-3　特征与 FeatureManager 设计树的对应关系

之间的平行、相切和同心等信息。以前这类信息是通过特征控制符号在工程图中表示的。通过草图几何关系，SOLIDWORKS 可以在模型设计中完全体现设计意图。

3. 实体建模　实体模型是 CAD 系统中所使用的最完整的几何模型类型，其包含了完整描述模型的边和表面所必需的所有线框和面信息。除了几何信息外，它还包括把这些几何体关联到一起的拓扑信息。例如，哪些面相交于哪条边（曲线）。这种智能信息使一些操作变得更简单，例如圆角过渡，只需选择一条边并指定圆角半径值就可以完成。

4. 全相关　SOLIDWORKS 模型与它的工程图及参考它的装配体是全相关的。对模型的修改会自动反映到与之相关的工程图和装配体中。同样，对工程图和装配体的修改也会自动反映到模型中。

5. 约束　SOLIDWORKS 支持诸如平行、垂直、水平、竖直、同心和重合这样的几何约束关系。此外，还可以使用方程式来创建参数之间的数学关系。通过使用约束和方程式，设计者可以保证设计过程中实现和维持诸如"通孔"或"等半径"之类的设计意图。

6. 设计意图　设计意图是关于模型被更改后如何表现的规划。下面将使用一节内容来单独介绍设计意图。

1.2　设计意图

为了有效地使用像 SOLIDWORKS 这样的参数化建模系统，设计者必须在建模之前考虑好设计意图。模型的创建方式决定了模型的变化方式，以下几种因素会帮助设计人员来体现设计意图。

1. 自动（草图）几何关系　根据草图绘制的方式，可以在几何体之间加入基本的几何关系，例如平行、垂直、水平和竖直。

2. 方程式　方程式用于创建尺寸之间的代数关系，其提供了一种强制模型更改的外部方法。

3. 约束关系　创建模型时可添加约束关系，这些约束关系提供了对相关几何体进行约束的另一种方式。这些约束关系包括同心、相切、重合和共线等。

4. 尺寸　草图中尺寸的标注方式同样可以体现设计意图。什么是驱动设计的尺寸？什么数值是已知的？哪些尺寸对模型的生产最重要？添加尺寸的方式在某种程度上也反映了设计人员将如何修改尺寸以更改几何体形状。

下面举例说明如何考虑设计意图。

1.2.1　设计意图示例

图 1-4 所示是在草图中采用不同设计意图的示例。如果矩形板宽度 100mm 发生改变，会如何影响整个几何体？

图 1-4a 所示草图中，无论矩形板的尺寸 100mm 如何变化，两个孔始终与边界保持 20mm 的相应距离；图 1-4b 所示草图中，两个孔以矩形左侧为基准进行标注，尺寸标注将使孔相对于矩形板的左侧定位，孔的位置不受矩形板整体宽度（100mm）的影响；图 1-4c 所示草图中，标注了孔与矩形板边线的距离以及两个孔的中心距，这样的标注方法将保证两孔中心之间的距离。

a) 以边界为基准

b) 以矩形左侧为基准

c) 以两孔中心间距为基准

图 1-4　尺寸标注中的设计意图

1.2.2　设计意图的影响因素

设计意图不仅受草图尺寸标注的影响，特征的选择和建模的方式也很重要。例如，图 1-5 所示的简单阶梯轴就有多种建模方法。

1. "层叠蛋糕"法　用"层叠蛋糕"法创建该零件，如图 1-6 所示。一次创建一层，后面一层或者特征加到前一层上。如果改变了某一层的厚度，在其基础上创建的后面层的位置也将随之改变。

图 1-5　阶梯轴

图 1-6　"层叠蛋糕"法

2. "制陶转盘"法　"制陶转盘"法是用单个旋转特征创建零件，如图 1-7 所示。用单个草图表示一个切面，其包括在一个特征里完成该零件所必需的所有信息及尺寸。尽管这种方法看上去很有效，但是大量的设计信息包含在单个特征中会限制模型的灵活性，而且修改时较为麻烦。

3. 制造法　制造法是通过模拟零件加工时的方法来建模的，如图 1-8 所示。例如，当阶梯轴在车床上生产时，在设计上可以考虑从一根棒料开始建模，并通过一系列的切割来去除多余的材料。

图 1-7　"制陶转盘"法

图 1-8　制造法

在判断到底应该使用哪种建模方法时，并没有完全标准的答案。SOLIDWORKS 给予用户极大的灵活性，可使用户相对容易地更改模型。但创建具有设计意图的模型将会构建良好的文档，这些文档易于修改并非常适合重用，从而使用户的工作更加轻松。

1.3 文件参考

SOLIDWORKS 创建的文件有时包含其他文件的元素，其通过链接文件而不是在多个文件之间复制信息来创建文件引用。

被参考的文件不必存放在参考文件的文件夹中。在大多数实际应用中，参考文件被存放在不同的位置，如本地计算机、网络或云存储上。SOLIDWORKS 提供了多种工具来确定这些参考的存在及其位置。

● 文件参考示例　图 1-9 所示为由 SOLIDWORKS 创建的多种形式的文件参考，其中的一些参考可以被链接或嵌入。

图 1-9　文件参考示例

1.4 打开与保存文件

SOLIDWORKS 是一种驻留在随机存储器的 CAD 系统。只要文件被打开，就会从其存储的位置自动复制到计算机的内存中，对文件的所有更改都将在内存中的副本上进行，并且仅在保存操作时才会写回到源文件中。此过程如图 1-10 所示。

为了更好地理解文件的存储位置以及用户正在处理的文件副本，下面介绍两种主要的计算机存储类型。

1. 随机存储器　随机存储器（RAM）是计算机的可变存储器，仅存储计算机正在操作的信息。一旦关机，随机存储器中的所有信息都将丢失。

图 1-10　打开与保存文件过程

2. 文件存储器　文件存储器是保存文件的存储库，如计算机硬盘、闪存和光盘等。当关机后，文件存储器仍会保留其存储的所有信息。

1.5　SOLIDWORKS 用户界面

SOLIDWORKS 用户界面完全采用 Windows 界面风格，与其他 Windows 应用程序的操作方法一样。下面将介绍一些关于 SOLIDWORKS 用户界面比较重要的内容。图 1-11 所示是典型的 SOLIDWORKS 零件设计窗口。

图 1-11　SOLIDWORKS 零件设计窗口

当 SOLIDWORKS 启动时会显示【欢迎】对话框，通过该对话框可以更加快捷地创建新文件、打开已有文件和访问 SOLIDWORKS 资源与新闻，如图 1-12 所示。

图 1-12　【欢迎】对话框

提示 【欢迎】对话框可以设置为【启动时不显示】。

通过菜单可以访问 SOLIDWORKS 提供的许多命令。当用户将光标移动到指向右侧的箭头时，菜单可见，如图 1-13 所示。单击图钉图标 ⚲，可以保持菜单显示。当菜单固定显示时，工具栏将移到右侧。

图 1-13　菜单

当菜单项带有指向右侧的箭头时，例如 显示(D)　▶ ，说明该菜单项带有相关的子菜单，如图 1-14 所示。

当菜单项后面带有省略号时，例如 视图定向(O)... SpaceBar ，说明此选项将打开带有其他选项或信息的对话框。

当选择【自定义菜单】时，每项都出现复选框，清除复选框将从菜单中移除相关的命令，如图1-15所示。

图 1-14　子菜单

图 1-15　自定义菜单

1.6　CommandManager

CommandManager 是一组被分到多个选项卡的图标命令，这些选项卡是针对特定的任务而设计的。例如，零件环境的 CommandManager 包括几个选项卡，用以访问【特征】、【草图】等相关的命令，如图 1-16 所示。

图 1-16　CommandManager

提示 通过切换，可以显示或隐藏 CommandManager 按钮中的文字。图 1-16 中显示的是采用【使用带有文本的大按钮】选项时的状态。

1.6.1　添加和移除 CommandManager 选项卡

零件环境在默认设置下会显示多个 CommandManager 选项卡。用户可以通过鼠标右键单击任意一个选项卡，选择【选项卡】，再单击或清除选项卡的名称来添加或移除其他选项卡，如图 1-17 所示。

零件、装配体和工程图环境的 CommandManager 选项卡组成是不同的。

1.6.2　FeatureManager 设计树

FeatureManager 是 SOLIDWORKS 软件中一个独特的部分，它可形象地显示出零件或装配体中的所有特征。当特征创建好后，就会被添加到 FeatureManager 设计树中，因此 FeatureManager 设计树可显示出建模操作的先后顺序。通过 FeatureManager 设计树，可以编辑零件中包含的特征（目标），如图 1-18 所示。

图 1-17　编辑 CommandManager 选项卡

图 1-18　FeatureManager 设计树

默认情况下，许多 FeatureManager 项目（图标和文件夹）是隐藏的。在 FeatureManager 设计树窗口上方只有三个文件夹（历史记录、传感器和注解）是显示的。

单击【工具】/【选项】/【系统选项】/【FeatureManager】，使用下列三种设置之一来控制其他文件夹的可见性，如图 1-19 所示。

● 自动——如果项目存在，则显示项目；否则，将隐藏项目。

● 隐藏——始终隐藏项目。

● 显示——始终显示项目。

图 1-19　FeatureManager 选项

 技巧　用户可以将 CommandManager 或 PropertyManager 拖放到 SOLIDWORKS 窗口的顶部、侧面或外部，也可将其停靠在其他显示器上。

1.6.3　PropertyManager

许多 SOLIDWORKS 命令是通过 PropertyManager 来执行的。PropertyManager 和 FeatureManager 设计树处于相同的位置，如图 1-20 所示。当 PropertyManager 运行时，其会自动代替 FeatureManager 设计树。

在 PropertyManager 顶部排列的按钮包括【确定】和【取消】。在顶部按钮的下面是一个或多个包含相关选项的选项组，用户可以根据需要将它们打开（展开）或关闭（折叠），从而激活或不激活该选项组。

1.6.4　文档路径

当把光标悬停在文件名上时，会弹出提示框显示文档所在的路径，如图 1-21 所示。

1.6.5　选择导览列

【选择导览列】会根据选择的几何图形显示对象的层次结构，如图 1-22 所示。例如，选中一个面可以显示出一系列相关的元素，包括特征、实体、组件、子装配体和最顶层的装配体。它同样可以导航出与组件相关联的草图特征和配合。这些可视的相关元素可以直接被访问。例如，右键单击"Base- Extrude"特征会显示【编辑特征】和【隐藏】等一些相关的工具。

图 1-20　PropertyManager

图 1-21　文档路径

图 1-22　选择导览列

 提示　　在后面的章节中会进一步讨论这些对象和工具。

1.6.6　任务窗格

【任务窗格】窗口内包含【SOLIDWORKS 资源】🏠、【设计库】📖、【文件探索器】📂、【视图调色板】🖼、【外观、布景和贴图】🌐 和【自定义属性】📋选项等，如图 1-23 所示。默认情况下，其位于 SOLIDWORKS 界面右侧，用户可以移动和调整其大小，打开或关闭，还可以将其固定于界面右侧的默认位置。

1.6.7　使用文件探索器打开练习文件

用户可以使用文件探索器打开本教程中的零件和装配体文件，如图 1-24 所示。

1）打开【任务窗格】。

2）单击【文件探索器】📂。

3）选择本教程中的文件夹 Essentials（文件夹位于练习文件 SOLIDWORKS Training Files 文件夹内）。

4）展开课程文件夹（例如 Lesson01），然后再打开里面的 Case Study 或 Exercises 文件夹。

5）双击一个零件或装配体将其打开。

图 1-23　任务窗格

1.6.8　前导视图工具栏

前导视图工具栏是一个透明的工具栏，其中包含许多常用的视图操作命令。许多图标是弹出工具按钮，包含其他选项（例如【隐藏/显示】）。弹出工具按钮包含一个小的向下的箭头，用于访问其他命令，例如 ，如图 1-25 所示。

图 1-24　文件探索器

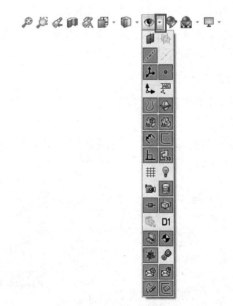

图 1-25　前导视图工具栏

1.6.9　不可选的图标

在使用软件时，用户有时会注意到一些命令、图标和菜单选项显示为灰色而无法选择，这是因为在当前环境下无法使用这些功能。例如，如果此时正在绘制草图（编辑草图模式），用户可以使用【草图】选项卡内的所有工具，但是在【特征】选项卡中的圆角、倒角工具就无法选择。同样，当处在编辑零件模式时，用户可以选择【特征】选项卡的相关工具，而【草图】选项卡会变灰而不可选。这种灰色显示选项的设计，可以帮助没有经验的用户只能使用适合所选对象的选项。

 作为一个面向对象的应用软件，SOLIDWORKS 并不要求用户在打开有关菜单或对话框前必须先选择对象。例如，用户想在模型中加入一些圆角过渡，既可以先选取边再单击【圆角】，也可以先单击【圆角】再选取边，用户可以自行决定。

1.6.10 鼠标的应用

在 SOLIDWORKS 中，鼠标的左键、右键和中键具有完全不同的意义。

1. 左键 用于选择对象，如几何体、菜单和 FeatureManager 设计树中的内容。

2. 右键 用于激活关联的快捷菜单。快捷菜单列表中的内容取决于光标所处的位置，其中也包含常用的命令菜单。

在快捷菜单顶部是关联工具栏，其包含最常用的命令图标。

在关联工具栏下面是下拉式菜单，其包含与选择相关联的其他可用的命令。图 1-26 所示是右键单击一个表面时的显示。

 关联工具栏在使用鼠标左键进行选取时也会弹出，通过它可以快速访问常用命令。

3. 中键 用于动态地旋转、平移和缩放零件或装配体，以及平移工程图。

1.6.11 快捷键

一些菜单选项具有快捷键，例如 ⌷ 重画(R)　　　Ctrl+R 。

SOLIDWORKS 符合标准 Windows 约定，〈Ctrl + O〉快捷键代表【文件】/【打开】，〈Ctrl + S〉快捷键代表【文件】/【保存】，〈Ctrl + Z〉快捷键代表【编辑】/【撤销】等。此外，用户也可以创建自定义的快捷键。

1.6.12 多屏幕显示

SOLIDWORKS 可以利用多个显示器来扩展显示范围，并可以将文档窗口或菜单移至不同的显示器。

1）横跨显示器。在 SOLIDWORKS 窗口顶部工具栏中单击【横跨显示】⊞，即可通过两个显示器来延伸显示，如图 1-27 所示。

图 1-26　关联工具栏和下拉式菜单　　　　　　图 1-27　横跨显示器

2）适合显示器。在文档的顶部工具栏中单击【单击以向左平铺】◫或【单击以向右平铺】◫，即可适合左侧或右侧的显示器，如图 1-28 所示。

1.6.13　系统反馈

系统反馈由附着在光标箭头上的符号来显示，表示用户正在选择什么或系统希望用户选择什么。当光标通过模型时，与光标相邻的符号就代表了系统反馈。图 1-29 所示为一些系统反馈的符号（点、边、面和尺寸标注）。

图 1-28　适合显示器

图 1-29　系统反馈的符号

1.6.14　选项

【工具】菜单中的【系统选项】允许用户自定义 SOLIDWORKS 的功能，例如公司的绘图标准、个人习惯和工作环境等，如图 1-30 所示。

图 1-30　【系统选项】对话框

> **技巧**🔐 可使用【系统选项】对话框右上角的【搜索选项】栏，来快速查找需要设置的系统选项和文档属性。只要在搜索结果列表中选择需要设置的属性即可直接切换到相应的设置页面。

1. 系统选项 在【系统选项】选项卡里的选项，一旦被保存，将影响所有 SOLIDWORKS 文档。系统设置允许用户控制和自定义工作环境。例如，设定个人喜欢的窗口背景颜色。因为是系统设置，相同的零件或装配体在不同用户的计算机上打开时，其显示窗口的背景颜色是不同的。

2. 文档属性 这些设置可以被应用到单个文件中。例如，单位、绘图标准和材料属性（密度）都可以随文件一起被保存，并且不会因为文件在不同的系统环境中打开而发生变化。

关于本书用到的选项设置的更多介绍，可参阅本书附录中的"选项设置"。

3. 文件模板 文件模板是为某些特殊设置而预先定义好的文档。例如，用户在使用过程中可能需要两种不同的文件模板，一种是使用英制单位和 ANSI 绘图标准，另一种是使用米制单位（如毫米）和 ISO 绘图标准。用户可以根据需要定义多种不同的模板，它们可以存放在不同的文件夹中，以便于打开新文件时更加容易使用。用户可以为零件、装配体和工程图创建不同的文件模板。

关于如何创建文件模板的更多详细介绍，可参阅本书附录中的"文件模板"。

4. 对象 很多情况下，文件中对象的属性可以被修改或编辑。例如，用户可以改变尺寸的默认显示方式，以隐藏一条或两条延伸线，或者更改特征的颜色等。

1.6.15 搜索

【搜索】选项可以用来通过零件名称搜索系统中的文件（前提是安装了 Windows 桌面搜索引擎），或从 SOLIDWORKS 帮助文档、知识库及社区论坛中查找信息。用户可按下列步骤进行搜索。

1）选择想要的搜索类型，如图 1-31 所示。

2）在【搜索命令】框内输入零件全名或者部分零件名称，然后单击搜索图标🔍。

图 1-31 搜索类型

第2章 草 图

2.1 二维草图

本章将介绍二维草图的绘制方法，这是 SOLIDWORKS 建模的基础，如图 2-1 所示。

图 2-1 草图与拉伸

扫码看 3D

在 SOLIDWORKS 中，草图用于生成基于草图的特征，这些特征包括拉伸、旋转、扫描和放样。

图 2-2 所示为同一个给定的草图如何形成不同类型的特征。本章只探讨其中的拉伸特征，其他类型的特征将会在以后的章节中逐步介绍。

拉伸　　　　　旋转　　　　扫描　　　　放样

图 2-2 草图形成的特征

2.2 处理流程

每个草图都有一些外形、尺寸或者方向的特性。

1. 新零件 可以通过不同的尺寸单位创建新零件，如 in、mm 等。零件用于创建和形成实体模型。

2. 草图 草图是二维几何图形的组合，用于创建实体特征。

3. 绘制几何体 使用各种类型的二维几何元素，如直线、圆弧和矩形等，形成草图的形状。

4. 草图几何关系 几何关系，如水平和竖直，可应用于绘制几何体，这些关系限制了草图实体的移动。

5. 草图状态 每个草图都有一种状态来决定其是否可用，这些状态可以是完全定义、欠定义或者过定义。

6. 草图绘制工具 用来修改已经创建的草图几何体，这些工具包括剪裁和延伸工具。

7. 拉伸草图 拉伸二维草图以形成三维实体特征。

本章演示的操作步骤包括绘制草图和拉伸草图，首先要创建一个新的零件文件。

知识卡片	新建零件	【新建】命令可以通过选择零件、装配体或工程图模板来创建 SOLIDWORKS 文档。除默认模板外，还有几种培训模板。
	操作方法	• 菜单栏：【新建】□。 • 菜单：【文件】/【新建】。 • 快捷键：〈Ctrl + N〉。

操作步骤

步骤 1 新建零件 在菜单栏上单击【新建】□，在【新建 SOLID-WORKS 文件】对话框中选择【Training Templates】选项卡中的"Part_MM"模板，然后单击【确定】，如图 2-3 所示。

> **提示** 选择哪一种模板创建零件，则零件就会采用包括单位在内的该模板设置。创建新零件的一个关键设置是零件的单位设置。正如模板文件名提示的那样，此例中，零件的模板采用的单位是 mm。用户可以创建和保存任何数量的不同模板，每一个模板都可以有不同的设置。

扫码看视频

图 2-3 新建零件

2.3 保存文件

保存文件是把内存中的文件信息写入存储位置。SOLIDWORKS 提供了几种保存文件的方式，不同的保存方式对文件引用有不同的影响。

1. 保存/保存到此 PC 将内存中的文件复制到存储位置，保持内存中的文件是打开的。如果该文件正被其他打开的 SOLIDWORKS 文件引用，则不改变引用。

若用户安装了 3DEXPERIENCE Connector for SOLIDWORKS，将显示【保存到此 PC】。

知识卡片	保存	• 菜单栏：【保存】 🔲 或【保存到此 PC】 💾 ▾。 • 菜单：【文件】/【保存】 或【文件】/【保存到此 PC】。 • 快捷键：〈Ctrl + S〉。

2. 另存为 使用新的文件名或文件类型将内存中的文件复制到存储位置，用新的文件替换内存中的文件。原文件不保存，同时被关闭。如果该文件正被其他打开的 SOLIDWORKS 文件引用，则使用新的文件更新引用。

3. 另存为副本并继续 使用新的文件名或文件类型将内存中的文件复制到存储位置，保持内存中的文件是打开的。如果该文件正被其他打开的 SOLIDWORKS 文件引用，则不使用新的文件更新引用。

4. 另存为副本并打开 使用新的文件名或文件类型将内存中的文件复制到存储位置，并打开副本和保持原文件打开。

步骤 2 命名零件 单击【保存】 🔲 或【文件】/【保存到此 PC】，在【文件名】文本框中输入文件名称 "Plate"，系统自动添加文件的扩展名 "＊.SLDPRT"，单击【保存】来保存零件，如图 2-4 所示。

图 2-4 保存并命名文件

2.4 了解草图

在本节中，将创建零件的第一个特征，也叫作基体特征。基体特征是要完成此零件所需要的许多特征中的第一个，如图 2-5 所示。

图 2-5 零件的基体特征

2.5 绘制草图

绘制草图就是绘制由线框几何元素构成的二维轮廓线。典型的二维几何元素有直线、圆弧、圆和椭圆。绘制草图是一个动态的过程，光标的反馈使此过程变得更加容易。

2.5.1 默认平面

在创建草图前，用户必须选择草图平面。系统默认提供三个基准面，分别是前视基准面、上视基准面和右视基准面。

知识卡片	草图绘制	当新建草图时，【草图绘制】命令将在当前选择的参考平面或模型中平面的表面上开始一个草图。用户也可以用此命令来编辑已存在的草图。 单击【插入】/【草图绘制】命令后，用户必须选取一个参考平面或者模型中一个平面的表面。当光标变成 时，表明需要选择平面。
	操作方法	• CommandManager:【草图】/【草图绘制】 。 • 菜单:【插入】/【草图绘制】。 • 快捷菜单：在基准面或平面上单击鼠标右键，在快捷菜单中选择【草图绘制】 。

步骤3 打开新草图 通过单击 或者从【插入】菜单中选择【草图绘制】命令来打开草图。在上下二等角轴测方向提供了三个可供选择的默认的绘图视域，由于上下二等角轴测方向是有导向型的绘图视域，所以这三个相互垂直的平面是不均等的透视平面。

从图 2-6 可以看到，选择了前视基准面（Front Plane），该平面将高亮显示并旋转。

> **提示** 参考三重轴（绘图区域的左下角）始终显示坐标模型的方向（红色为 X，绿色为 Y，蓝色为 Z），如图 2-7 所示。它有助于显示相对于前视基准面，视图方向是如何改变的。

步骤4 激活草图 选中的前视基准面会自动旋转到与屏幕平行的位置。

如图 2-8 所示，符号 表示零件模型的原点，当它显示为红色时，表示草图处于激活状态。

图 2-6 基准面   图 2-7 参考三重轴   图 2-8 新草图和模型原点

知识卡片	确认角落	在执行许多 SOLIDWORKS 命令时，绘图区域的右上角会出现一个或一系列符号，这个区域简称为【确认角落】。

2.5.2 草图指示器

当草图被激活或打开时，【确认角落】显示两个符号：一个符号是类似于草图绘制工具按钮的草图符号 ，另一个是红色的取消符号 × ，如图 2-9a 所示。单击草图符号将保存对草图所做的任何修改并退出草图绘制状态；单击取

a)   b)   c)

图 2-9 草图指示器

消符号将退出草图绘制状态并放弃对草图所做的任何修改。

当执行其他命令时,【确认角落】会显示两个符号:确认符号 ✔和取消符号 ✖,如图 2-9b 所示。单击确认符号将执行当前命令;单击取消符号将撤销当前命令。

在英文输入状态下,按下键盘中的字母键〈D〉,可以把【确认角落】移到鼠标当前位置,如图 2-9c 所示。

2.6 草图实体

SOLIDWORKS 提供了丰富的绘图工具来创建草图轮廓。表 2-1 列出了 SOLIDWORKS 在草图工具栏中默认提供的基本草图绘制实体工具。

表 2-1 基本草图绘制实体工具

草 图 实 体	工 具 按 钮	示 例	草 图 实 体	工 具 按 钮	示 例
直线			3 点圆弧槽口		
			中心点圆弧槽口		
圆			多边形		
圆心/起、终点圆弧					
切线弧			边角矩形		
3 点圆弧			中心矩形(可添加多种类型的构造几何体)		
椭圆					
部分椭圆			3 点边角矩形		
			3 点中心矩形		
抛物线			平行四边形		
样条曲线			点		
直槽口			中心线		
中心点直槽口					

2.7 基本草图绘制

练习草图绘制的最佳方法是使用最基本的绘图工具——直线,本节将只介绍这种最基本的绘图工具。

2.7.1 草图绘制模式

绘制几何体有两种绘图技巧:

1. 单击—单击 移动光标到欲绘制直线的起点,单击(按下然后松开)鼠标左键,然后移动光标到直线的终点,这时在绘图区域中显示出将要绘制的直线预览,再次单击鼠标左键,即可完成直线绘制。

2. 单击—拖动 移动光标到欲绘制直线的起点,按住鼠标左键并且不松开,然后移动光标到直线的终点，这时在绘图区域中显示出将要绘制的直线预览，松开鼠标左键，即可完成该直线的绘制。

| 知识卡片 | 插入直线 | 利用【直线】工具可以在草图中创建直线。绘制过程中，可以通过查看绘图过程中光标的反馈符号来绘制水平或竖直的直线。 |
| | 操作方法 | • CommandManager：【草图】/【直线】 ✏。
• 菜单：【工具】/【草图绘制实体】/【直线】。
• 快捷菜单：右键单击绘图区域，选择【草图绘制实体】/【直线】 ✏。 |

| 知识卡片 | 草图几何关系 | 草图几何关系是一种对草图元素的强制性行为，用来保证设计意图。更多的详细介绍请参阅本书 2.10 小节。 |

步骤 5　绘制直线　单击【直线】 ✏，从原点绘制一条水平的直线。指针旁出现"一"符号，表示系统自动为绘制的直线添加了【水平】的几何关系，而数字则显示了直线的长度。再次单击完成直线绘制，如图 2-10 所示。

⚠️ 注意　不要太注重所绘制直线的精确长度，SOLIDWORKS 是尺寸驱动式的软件，几何体的大小是通过为其标注的尺寸来控制的。因此，绘制草图的过程中只需要绘制近似的大小和形状即可，然后通过修改尺寸标注来使其精确。

步骤 6　绘制具有一定角度的直线　从第一条直线的终点开始，绘制一条具有一定角度的直线，如图 2-11 所示。

图 2-10　绘制直线　　　　图 2-11　绘制具有一定角度的直线

👆 提示　为了显示清晰，图 2-11 中省略了光标处的铅笔图标。

2.7.2　推理线（自动添加几何关系）

除了关系符号，虚线显示的推理线也可以帮助用户对齐现有的几何体。推理线包括现有的线矢量、法线、平行、垂直、相切和同心等。

需要注意的是，一些推理线会捕捉到确切的几何关系，而其他的推理线则只是简单作为草图绘制过程中的指引线或参考线来使用。

SOLIDWORKS 采用不同的颜色来区分这两种不同的状态。如图 2-12 所示，推理线 A 采用了黄色，如果此时所绘制的线

图 2-12　推理线的两种状态

段捕捉到这两条推理线，系统将会自动添加相切或垂直的几何关系。推理线 *B* 采用了蓝色，它仅仅提供一个端点到另一个端点的竖直的参考，如果所绘的线段终止于这个端点，将不会添加竖直的几何关系。

 提示　　　这种在绘图中自动显示草图几何关系的功能，可以通过【视图】/【隐藏/显示】/【草图几何关系】来打开或关闭。在草图绘制初始阶段，该显示是处于打开状态的。

步骤 7　根据推理线绘制垂直线段　移动光标到与前一条线段垂直的方向上，系统将显示出推理线。当前所绘制直线与前一条直线将会自动添加"垂直"的几何关系。光标符号表明用户捕捉到了垂直关系，如图 2-13 所示。

步骤 8　绘制第二条垂直线段　从上一条直线的终点继续绘制一条垂直的线段，垂直的几何关系再次被自动捕捉，如图 2-14 所示。

图 2-13　垂直线段　　　　　　　　　图 2-14　第二条垂直线段

步骤 9　作为参考的推理线　从上一条直线的终点绘制一条水平线。严格地说，一些推理线仅作参考而不会自动添加几何关系。该推理线用蓝色虚线显示。这种推理线用于参考所绘制直线和原点在竖直方向上对齐，如图 2-15 所示。

步骤 10　闭合草图　绘制最后一条直线，将其终点与第一条直线的起始点重合，草图成为封闭的轮廓，如图 2-16 所示。

图 2-15　作为参考的推理线　　　　　　　图 2-16　闭合草图

提示　　　通过单击【草图】CommandManager 中的【上色草图轮廓】◢来控制闭合草图是否上色。

2.7.3　草图反馈

草图有很多类型的反馈特征。通过光标的变化来显示当前绘制的几何实体的种类，同时，还可以表示对现有实体的捕捉情况，如捕捉到端点、中点或与所选实体重合等类型。当光标移到这些点时，还会用橙色表示出来，如图 2-17 所示。

图 2-17　草图反馈

三种最常见的反馈符号见表 2-2。

表 2-2　三种最常见的反馈符号

捕　捉　点	图　　例	说　　明
端点		当光标扫过时，黄色同心圆表示端点
中点		黄色正方形表示中点，当光标移到直线上时，变成橙色
重合点（在边缘）		中心点显示为同心圆，同时圆周上的四个象限点也会显示出来

知识卡片　**结束绘制工具**

使用下列方法中的一种即可结束绘制工具：
- 菜单栏：【选择】。
- CommandManager：单击激活的工具以结束使用该工具。
- 快捷键：〈Esc〉键。

> **步骤 11　结束绘制工具**　按下键盘的〈Esc〉键结束绘制直线命令。

2.7.4　草图状态

在任何时候，草图都处于五种定义状态之一。草图状态由草图几何体与定义的尺寸之间的几何关系来决定。最常用的三种定义状态分别是：

1. 欠定义 (-)草图1　这种状态下草图的定义是不充分的，但是仍可以用这种草图来创建特征。这是很有用的，因为在零件早期设计阶段的大部分时间里，并没有足够的信息来完全定义草图。随着设计的深入，会逐步得到更多有用的信息，以便可以随时为草图添加其他定义。欠定义的草图几何体是蓝色的（默认设置）。

2. 完全定义 草图1　草图具有完整的信息。完全定义的草图几何体是黑色的（默认设置）。一般来说，当零件完成最终设计要进行下一步的加工时，零件的每一个草图都应该是完全定义的。

3. 过定义 ⚠ (+)草图1　草图中有重复的尺寸或相互冲突的几何关系，直到修改后才能使用。用户应该删除多余的尺寸和约束关系。过定义的草图几何体是红色的（默认设置）。

2.8　草图绘制规则

不同类型的草图将会产生不同的结果，表 2-3 总结了一些不同类型的草图。

注意　　　表 2-3 中所列出的某些技术属于高级应用技术。本书将在随后的章节和高级教程中予以讲解。

表 2-3　不同类型的草图

草图类型	描述	特别注意事项
	典型的"标准"草图，有单一封闭的轮廓	无要求
	嵌套式封闭轮廓，可以用来创建内部被切除的凸台实体	无要求
	开环轮廓，可以用来创建壁厚相等的薄壁特征	无要求。更多介绍请参阅本书第 7.8 节
	轮廓的角落未整齐地封闭	创建特征时必须使用【轮廓选择工具】指定轮廓。更多介绍请参阅本书第 9.5 节 尽管这种草图可以用来创建特征，但是其代表了较低的技能水准和不好的习惯，工作时尽量不要使用这种草图
	草图包含一个自相交的轮廓	使用【轮廓选择工具】。更多介绍请参阅本书第 9.5 节 如果两个轮廓都被选择，则创建多实体 多实体建模是高级建模方法，建议用户在具有丰富的应用经验后，再使用该类型的草图
	草图包含多个独立的轮廓	该类型的草图创建多实体 多实体建模是高级建模方法，建议用户在具有丰富的应用经验后，再使用该类型的草图

步骤 12　查看当前草图状态　由于当前草图中某些元素是蓝色的，表示草图欠定义。注意直线的端点可能会与直线本身具有不同的颜色和状态。例如，过原点的竖直线是黑色的，因为它是一条竖直线，并且和原点重合。但是，直线上最高点是蓝色的，因为直线的长度欠定义，如图 2-18 所示。

步骤 13　拖动草图　用户可以拖动欠定义的几何体（蓝色）或其端点到一个新的位置上，而完全定义的草图是不能被拖动的。拖动端点改变草图的形状，被拖动的端点显示为绿色，如图 2-19 所示。

图 2-18　草图状态

图 2-19　拖动草图

步骤 14　撤销操作　单击【撤销】🔄，可以撤销操作过程中上一步所做的修改。用户可以从该命令的下拉列表项中查看并选择最后的几个操作内容。【撤销】命令的快捷键是〈Ctrl + Z〉。

　可以使用【重做】🔄恢复前一步的操作，其快捷键是〈Ctrl + Y〉。

2.9　设计意图

如前所述，设计意图决定了零件是如何创建以及零件修改后是如何变化的。在本例中，草图的形状必须能够按图 2-20 所示的方式变化。

2.9.1　控制设计意图的因素

在草图中，可以通过以下两种途径捕捉和控制设计意图。

1. 草图的几何关系　在草图元素之间创建几何关系，例如平行、共线、垂直或同心等。

图 2-20　设计意图

2. 尺寸　草图中的尺寸用于定义草图几何体的大小和位置，用户可以添加线性尺寸、半径尺寸、直径尺寸以及角度尺寸。

为了完全定义草图，并捕捉所需的设计意图，这就要求设计人员能够正确理解和合理应用草图中的几何关系与尺寸组合。

> **技巧** 当【视图】/【隐藏/显示】/【草图几何关系】处于打开状态时，几何关系在绘图区域内自动显示；当该选项处于关闭状态时，单击某个几何体，会显示出该几何体的几何关系，并同时打开 PropertyManager。

2.9.2 需要的设计意图

为了使草图能够正确地进行变化，必须加入正确的几何关系和尺寸。就本例而言，需要实现的设计意图见表2-4。

表 2-4 设计意图图例

设 计 意 图	图 例	设 计 意 图	图 例
水平线和竖直线	竖直 水平	直角	直角
角度值	角度	总长度值	总长度
平行距离值	距离	—	—

2.10 草图几何关系

草图几何关系是用来限制草图元素的行为，从而捕捉设计意图的。一些几何关系是系统自动添加的，另外一些可以在需要的时候手动添加。本例将通过研究草图中一条直线的几何关系，来确认几何关系是如何影响设计意图的。

2.10.1 自动草图几何关系

自动草图几何关系是在绘制草图的过程中系统自动添加的几何关系。此内容在前面的操作步骤中已经有所展示，草图反馈将告诉用户何时可以自动添加几何关系。

2.10.2 添加草图几何关系

对于那些无法自动添加的几何关系，用户可以使用约束工具创建草图元素间的几何关系。

知识卡片	显示几何关系	【显示/删除几何关系】可以查看草图元素间的几何关系，并可以选择性地删除某些几何关系。
	操作方法	• CommandManager：【草图】/【显示/删除几何关系】。 • 菜单：【工具】/【关系】/【显示/删除】。 • PropertyManager 中的【属性】：【现有几何关系】。

步骤 15　显示直线的几何关系　单击右上角的直线，将自动打开 PropertyManager。在【现有几何关系】选择框中列出了与所选直线相关的几何关系，如图 2-21 所示。

步骤 16　删除几何关系　在 PropertyManager 或图标上单击需要删除的几何关系，按下键盘上的〈Delete〉键即可删除。如果选中的是图标，图标将变成蓝色，并用粉红色显示该几何关系所影响到的实体，如图 2-22 所示。

步骤 17　拖动端点　删除几何关系后，直线不再被约束为垂直，再次拖动端点时，草图不会像原来那样改变形状，如图 2-23 所示。可以比较步骤 13 与本步骤在拖动端点时的不同。

图 2-21　显示直线的几何关系　　　图 2-22　删除几何关系　　　图 2-23　拖动端点

2.10.3　草图几何关系的示例

草图几何关系有很多类型。根据所选择草图元素的不同，可以添加的合理的几何关系类型也会不同。用户可以选择实体本身，也可以选择端点，甚至可以选择多种实体的组合。SOLIDWORKS 会根据用户选择草图元素的类型，自动筛选可以添加的几何关系种类。表 2-5 列出了常用几何关系的一些示例，但并不是全部，更多的示例将通过本教程逐步讲解。

表 2-5　常用几何关系示例

几何关系	添加关系前	添加关系后	几何关系	添加关系前	添加关系后
重合：直线和端点之间			合并：两个端点之间		

（续）

几何关系	添加关系前	添加关系后	几何关系	添加关系前	添加关系后
平行：两条或多条直线之间			竖直：应用于一条或多条直线		
垂直：两条直线之间			竖直：两个或多个端点之间		
共线：两条或多条直线之间			相等：两条或多条直线之间		
水平：应用于一条或多条直线			相等：两个或多个圆弧或圆之间		
水平：两个或多个端点之间			中点：直线和端点之间		
相切：在一条直线和一个圆弧（圆）之间或者两个圆弧（圆）之间			相切：在一条直线和一个圆弧之间使用共同的端点		

知识卡片	添加几何关系	【添加几何关系】用于为草图元素之间添加诸如平行或共线之类的几何关系。
	操作方法	• CommandManager：【草图】/【显示/删除几何关系】/【添加几何关系】。 • 菜单：【工具】/【关系】/【添加】。 • 快捷菜单：选择一个或多个草图实体后单击关系。

2.10.4 选择多个对象

在本书第 1 章中曾讲解使用鼠标左键可以选择操作对象。但是当需要选择一个以上的操作对象时，该如何进行选择呢？SOLIDWORKS 遵循了 Windows 的标准操作习惯：在选择对象时按住〈Ctrl〉键即可。

> **步骤18 添加几何关系** 按住〈Ctrl〉键，选择两条直线，如图 2-24 所示。在关联菜单中只显示出可以为两条直线添加的合理几何关系的列表，如图 2-25 所示。单击【垂直】。
>
> **步骤19 拖动草图** 拖动草图中的元素，使之大致恢复到最初的形状，如图 2-26 所示。

图 2-24 选择两条直线　　　图 2-25 添加几何关系　　　图 2-26 拖动草图

2.11 标注尺寸

在 SOLIDWORKS 系统中，标注尺寸是定义几何元素和捕捉设计意图的另一种方法。使用尺寸标注的优点在于用户既可以在模型中显示尺寸的当前值，又可以修改它。

知识卡片	智能尺寸	【智能尺寸】工具根据用户选取的几何元素来决定尺寸的正确类型。在标注前就可以预览尺寸的类型。例如，如果用户选择了一个圆弧，系统将自动创建半径尺寸；如果是圆，则得到直径尺寸；如果选取两条平行线，系统会给这两条线之间添加线性尺寸。当【智能尺寸】不能满足用户要求时，还可以选择几何元素的端点并将尺寸移动到不同的标注位置。
	操作方法	• CommandManager：【草图】/【智能尺寸】◆。 • 菜单：【工具】/【标注尺寸】/【智能尺寸】。 • 快捷菜单：在绘图区域中单击鼠标右键，选择【智能尺寸】◆。

2.11.1 尺寸的选取与预览

　　用标注尺寸工具选择草图几何体后，系统将会显示标注尺寸的预览。用户只需简单地移动鼠标就可以看到所有可能的标注方式。单击鼠标左键将尺寸放置在当前的位置和方向。单击鼠标右键 锁定尺寸标注的方向，然后继续移动尺寸文字的位置，找到合适的位置后单击鼠标左键。

　　用标注尺寸工具选择两个端点后，将可能有三个方向上的线性尺寸标注位置。尺寸值是初始的点到点的距离，选择不同的方向会得到不同的数值，如图 2-27 所示。

图 2-27　尺寸的选取与预览

> **提示** 另一种标注尺寸的方法是首先选择需要标注的草图实体，然后单击【自动插入尺寸】。

步骤20　添加线性尺寸　单击【智能尺寸】，选择图 2-28 所示直线并单击鼠标右键以锁定方位。按照图示在直线右上方确定尺寸位置，再次单击鼠标左键。直线长度尺寸的当前值显示在【修改】对话框中，用户可以使用鼠标中键来增大或减小尺寸值，也可以直接输入新的尺寸值。

> **提示** 选择直线时可能会选择了中点而不是直线本身，所以在选择直线时应该离中点稍微远些，如图 2-29 所示。

图 2-28　尺寸标注　　　　　　　　　　　　　　图 2-29　选择直线

---

　　1. 修改工具　在创建或编辑尺寸（参数）时，用户可以在出现的【修改】对话框（见图 2-30）中进行如下操作：

　　▓▓▓▓▓▓▓：拨动指轮设定尺寸的大小。

　　✓：保存尺寸值并退出对话框。

　　✕：恢复原始值并退出对话框。

　　🖱：使用当前的尺寸值重建模型。

　　↗：反转尺寸方向。

$\pm_b$：改变选值框的增量值。

：标记为输入到工程图的尺寸。

提示 在对话框的上半部分可以更改尺寸名称。

2. 单位修改工具 标注或修改尺寸时可以输入和零件模板单位不同的单位。输入数值时，在【单位】菜单中选择需要的单位即可，如图 2-31 所示。

图 2-30 修改尺寸

图 2-31 修改尺寸单位

提示 用户也可以在数值后的字段中输入单位缩写和分数，例如 0.375in 或 3/8″。

步骤21 修改尺寸值 将尺寸改为"20"，然后单击【保存】✓。此尺寸使得直线长度变成了 20mm，如图 2-32 所示。

技巧 按〈Enter〉键也可以实现与单击【保存】✓同样的功能。

步骤22 标注线性尺寸 按照图 2-33 所示的草图，标注其中的线性尺寸。

技巧 标注草图尺寸时，应先标注尺寸值较小的尺寸，然后再标注尺寸值较大的尺寸。

图 2-32 修改尺寸值　　　　　　图 2-33 标注线性尺寸

2.11.2 角度尺寸

智能尺寸除了可以标注线性尺寸、直径尺寸和半径尺寸以外，还可以标注角度尺寸。选择既不共线又不平行的两条直线，或选择三个不共线的点即可进行角度尺寸标注。

根据用户将角度尺寸放置位置的不同，可以标注内部或外部角度尺寸、锐角或钝角。图 2-34 显示了角度尺寸放置在不同位置的情况。

图 2-34　角度尺寸放置不同位置

步骤 23　标注角度尺寸　使用尺寸标注工具标注角度尺寸，输入角度值 125.00°。现在草图已经完全定义，如图 2-35 所示。

图 2-35　标注角度尺寸

2.11.3　Instant 2D

知识卡片	Instant 2D	【Instant 2D】用于修改草图标注尺寸，通过使用图形标尺来动态修改尺寸值。
	操作方法	● CommandManager：【草图】/【Instant 2D】⬚。

提示👆　　显示的标尺用来引导拖动。移动鼠标靠近标尺刻度可以捕捉到这些数值。

步骤 24　选择尺寸　确认【Instant 2D】工具处于打开状态。选择 125.00°尺寸，单击并按住尺寸标注箭头端部的蓝色小球，尺寸值和关联的直线会随着拖动而动态改变。使用标尺将角度拖动到 135.00°，如图 2-36 所示。关闭【Instant 2D】工具。

图 2-36　修改角度尺寸

2.12 拉伸

草图完成后，用户可以通过拉伸创建零件的第一个特征。拉伸草图时有多个选项，包括终止条件、拔模和拉伸深度。本书将在后续的章节中详细介绍这些选项。通常拉伸是在垂直于草图平面的方向上进行的，本例中草图平面是前视基准面。

知识卡片	拉伸	• CommandManager：【特征】/【拉伸凸台/基体】⬛。 • 菜单：【插入】/【凸台/基体】/【拉伸】。

30

步骤25　创建拉伸特征　单击【拉伸凸台/基体】⬛，创建拉伸特征。

在【特征】CommandManager 选项卡中，创建特征的其他方法也和【拉伸】、【旋转】一起列出。由于此草图并不符合创建某些类型特征所必须的条件，因此它们是以灰色显示的。

在绘图区域中，视图方向会自动切换到上下二等角轴测方向，预览特征会按默认深度显示出来，如图2-37 所示。

图2-37　拉伸预览

用户可以用控标✎拖动预览到所需要的拉伸深度。如图2-38所示，激活的控标以紫红色显示。图2-38 所示显示出当前的尺寸值，出现的标尺是用于引导拖动的，当拖动控标越接近标尺时越容易捕捉到标尺上的刻度。

技巧🗝️ 　　　在 SOLIDWORKS 中，颜色设置可以在【工具】/【选项】中修改。

图2-38　拖动控标

步骤26　设置拉伸特征　按照图2-39 所示更改设置：终止条件＝给定深度；⬙（深度值）＝6.00mm。单击【确定】✔创建拉伸特征。

技巧🗝️ 　　　【确定】✔只是接受特征设置并完成特征创建的一种方法，用户还可以通过其他三种方法来创建特征：①按〈Enter〉键；②在绘图区域的【确认角落】中单击【确定】✔或【取消】✘，确认角落可通过按键〈D〉来改变位置，如图2-40 所示；③单击鼠标右键，在快捷菜单中选择【确定】或【取消】，如图2-41 所示。

步骤27　完成特征　所创建的特征是零件的第一个实体，或者说是第一个特征。如图2-42 所示，草图被包含于拉伸特征中。

31

图 2-39　设置拉伸特征

图 2-40　确定与取消

图 2-41　使用快捷菜单

提示　　单击特征名称前的▶展开特征，即可显示出包含在此特征中的草图，如图2-43所示。

图 2-42　拉伸特征

图 2-43　展开特征树上的拉伸特征

2.13　共享模型

知识卡片	共享文件	【共享文件】选项用于与其他用户共享 CAD 模型，并可选择与 3DPlay 应用程序交换评论。用户可以以多种格式共享 SOLIDWORKS 零件、装配体和工程图。共享模型有两种方法：第一种是创建可以复制的链接；第二种是直接通过电子邮件发送给用户列表。
	操作方法	● CommandManager：【生命周期和协作】/【共享文件】

步骤28　设置共享文件格式　显示【生命周期和协作】CommandManager 选项卡，单击【共享文件】的下拉菜单，然后选择【SLDPRT】作为文件格式，显示的选项会因文件类型的不同而有所差异，如图2-44所示。单击【共享文件】。

步骤29　设置共享选项　单击【启用访客评论】以允许收件人对模型发表评论，并单击【将访问权限限制为特定用户】以将分发限制在指定的电子邮件列表中，如图2-45所示。

步骤30　添加消息　添加电子邮件地址，用分号隔开，在【添加消息】中输入文本"检查间隙。"，如图2-46所示。单击【共享】，以 SOLIDWORKS 零件格式共享文件。

32

图 2-44　设置共享文件格式　　　　　　　图 2-45　设置共享选项

图 2-46　添加消息

注意　　需要使用【生命周期和协作】工具时，SOLIDWORKS 不能从本地启动，需在 3DEXPERIENCE 中启动【Design With SOLIDWORKS】APP。

保存到 3DEXPERIENCE	在安装了 3DEXPERIENCE Connector for SOLIDWORKS（SOLIDWORKS 云服务的一部分）后，允许用户将文件保存到本地磁盘或 3DEXPERIENCE 平台，如图 2-47 所示。其中，【保存到此 PC】是将模型保存到用户本地的磁盘上，【保存到 3DEXPERIENCE】是将模型保存到 3DEXPERIENCE 平台（云存储）。 图 2-47　保存到 3DEXPERIENCE
操作方法	● 菜单栏：【保存到 3DEXPERIENCE】。 ● 菜单：【文件】/【保存到 3DEXPERIENCE】。 ● 快捷键：< Ctrl + Alt + S >。

用户将设计存储在 3DEXPERINCE 平台上，能够随时随地访问设计数据，并与其他设计人员合作，利用 SOLIDWORKS 集成的生产力工具来管理设计修订。

> **步骤31 保存到 3DEXPERIENCE** 单击【文件】/【保存到 3DEXPERIENCE】，再单击【保存】，如图 2-48 所示。
>
>
>
> **图 2-48 保存到 3DEXPERIENCE**
>
> **步骤32 关闭文件** 单击【文件】/【关闭】，以关闭此零件。

2.14 草图指南

下面列出了一些 SOLIDWORKS 用户应该了解的草图经验或最佳方法。其中部分技巧将在本书后续章节的实例中讲解。

1）草图要简洁。简洁的草图易于编辑、不易出错，并且有利于下一步的使用，比如配置。

2）利用好第一个草图的原点。

3）零件的第一个草图应该能展示零件的主要轮廓。

4）应该首先创建几何草图，然后再添加几何约束，最后标注尺寸。因为尺寸有时会干扰添加额外的几何约束。

5）尽可能使用几何约束来表达设计意图。

6）绘制草图时要使用合适的比例，以免在标注时产生错误或导致图形重叠。

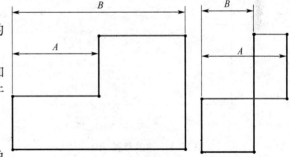

图 2-49 编辑尺寸

7）添加或编辑尺寸时，原则是从最近的或最小的几何体开始，然后再编辑最远的或最大的几何体，以免几何图形重叠，如图 2-49 所示。

8）通过约束、链接数值和方程式来减少无约束关系尺寸的使用。

9）充分发挥对称优势。使用【镜像】或【动态镜像】草图工具来镜像草图元素和添加对称约束关系。

10）灵活多变。有时有必要改变尺寸或约束的添加顺序，并且在添加尺寸前将几何实体拖到离精确位置稍近的地方。

11）及时修复草图错误。【SketchXpert】和【检查草图合法性】功能可以帮助用户快速找到问题并修复。

练习 2-1　草图和拉伸 1

本练习的主要任务是根据所提供的信息和尺寸绘制草图，并拉伸草图，创建图 2-50 所示的零件。本练习将应用以下技术：

- 新建零件。
- 绘制草图。
- 使用推理线。
- 标注尺寸。
- 拉伸特征。

图 2-50　草图和拉伸 1

操作步骤

　　步骤 1　创建新零件　使用"Part_MM"模板创建一个新的零件。
　　步骤 2　绘制草图　使用绘制直线工具、自动几何关系和尺寸标注等方法，在前视基准面上绘制草图，如图 2-51 所示。
　　步骤 3　拉伸草图　定义深度为 50mm，如图 2-52 所示。
　　步骤 4　共享、保存并关闭零件

图 2-51　绘制草图

图 2-52　拉伸草图

练习 2-2　草图和拉伸 2

本练习的主要任务是根据所提供的信息和尺寸绘制草图，并拉伸草图，创建图 2-53 所示的零件。本练习将应用以下技术：

- 新建零件。
- 绘制草图。
- 使用推理线。
- 标注尺寸。
- 拉伸特征。

图 2-53　草图和拉伸 2

操作步骤

　　步骤 1　创建新零件　使用"Part_MM"模板创建一个新的零件。

　　步骤 2　绘制草图　使用绘制直线工具、自动几何关系和尺寸标注等方法，在前视基准面上绘制草图，如图 2-54 所示。

　　步骤 3　拉伸草图　定义深度为 50mm，如图 2-55 所示。

　　步骤 4　共享、保存并关闭零件

图 2-54　绘制草图

图 2-55　拉伸草图

练习 2-3　草图和拉伸 3

　　本练习的主要任务是根据所提供的信息和尺寸绘制草图，并拉伸草图，创建图 2-56 所示的零件。本练习将应用以下技术：

- 新建零件。
- 绘制草图。
- 使用推理线。
- 标注尺寸。
- 拉伸特征。

图 2-56　草图和拉伸 3

操作步骤

　　步骤 1　创建新零件　使用"Part_MM"模板创建一个新的零件。

　　步骤 2　绘制草图　使用绘制直线工具、自动几何关系和尺寸标注等方法，在前视基准面上绘制草图，如图 2-57 所示。

　　步骤 3　拉伸草图　定义深度为 25mm，如图 2-58 所示。

　　步骤 4　共享、保存并关闭零件

图 2-57　绘制草图

图 2-58　拉伸草图

练习 2-4　草图和拉伸 4

本练习的主要任务是根据所提供的信息和尺寸绘制草图，并拉伸草图，创建图 2-59 所示的零件。本练习将应用以下技术：

- 新建零件。
- 绘制草图。
- 使用推理线。
- 标注尺寸。
- 拉伸特征。

图 2-59　草图和拉伸 4

操作步骤

　　步骤 1　创建新零件　使用"Part_MM"模板创建一个新的零件。

　　步骤 2　绘制草图　使用绘制直线工具、自动几何关系和尺寸标注等方法，在前视基准面上绘制草图，如图 2-60 所示。

　　步骤 3　拉伸草图　定义深度为 100mm，如图 2-61 所示。

　　步骤 4　共享、保存并关闭零件

图 2-60　绘制草图

图 2-61　拉伸草图

练习 2-5　草图和拉伸 5

本练习的主要任务是根据所提供的信息和尺寸绘制草图，并拉伸草图，创建图 2-62 所示的零件。本练习将应用以下技术：

- 新建零件。
- 绘制草图。
- 使用推理线。
- 标注尺寸。
- 拉伸特征。

图 2-62　草图和拉伸 5

操作步骤

　　步骤 1　创建新零件　使用"Part_MM"模板创建一个新的零件。

步骤2　绘制草图　使用绘制直线工具、自动几何关系和尺寸标注等方法，在前视基准面上绘制草图，并完全定义该草图，如图2-63所示。

步骤3　拉伸草图　定义深度为25mm，如图2-64所示。

步骤4　共享、保存并关闭零件

图2-63　完全定义的草图

图2-64　拉伸草图

练习2-6　草图和拉伸6

本练习的主要任务是根据所提供的信息和尺寸绘制草图，并拉伸草图，创建图2-65所示的零件。本练习将应用以下技术：

- 新建零件。
- 绘制草图。
- 使用推理线。
- 标注尺寸。
- 拉伸特征。

图2-65　草图和拉伸6

操作步骤

步骤1　创建新零件　使用"Part_MM"模板创建一个新的零件。

步骤2　使用自动几何关系绘制草图　使用绘制直线工具和自动几何关系等方法，在前视基准面上绘制草图，图2-66显示了垂直和竖直的几何关系。

步骤3　标注尺寸　标注草图中的尺寸，使草图完全定义，如图2-67所示。

图2-66　显示垂直和竖直的几何关系

步骤4　拉伸特征　拉伸草图，定义拉伸深度为12mm，结果如图2-68所示。

步骤5　共享、保存并关闭零件

图2-67　完全定义的草图

图2-68　拉伸特征

第3章 基本零件建模

学习目标
- 选择最佳的草图轮廓
- 选择适当的草图平面
- 拉伸草图创建切除特征
- 创建异形孔
- 在实体上创建圆角
- 使用编辑草图、编辑特征和退回控制棒等编辑工具
- 创建基本的零件工程图
- 修改尺寸
- 理解模型与工程图的关系

3.1 概述

本章将讨论在创建零件之前所应该考虑的问题，以及图3-1所示简单零件的创建过程。规划此零件的创建步骤如下：

1. 术语 在讨论建模和使用SOLIDWORKS软件时，通常会用到什么术语？

2. 选择外形轮廓 开始建模时，选择哪个外形轮廓最好？

3. 选择草图平面 确定了最佳的外形轮廓后，所选择的轮廓形状会对草图平面的选择产生什么影响？

4. 设计意图 什么是设计意图？其如何影响零件的建模过程？

图3-1 简单零件

5. 创建新零件 创建新零件是零件建模的第一步。

6. 第一特征 什么是第一特征？

7. 凸台、切除和孔特征 如何通过添加凸台、切除和孔特征来修改第一特征？

8. 圆角 通过添加圆角特征使尖锐的拐角更加圆滑。

9. 编辑工具 使用三个最常用的编辑工具。

10. 工程图 生成工程图纸和模型的工程视图。

11. 修改尺寸 如何通过修改尺寸来改变模型形状？

扫码看3D

3.2 专业术语

过渡到三维设计需要熟悉一些新的专业术语。用户将在使用过程中，逐渐熟悉SOLID-WORKS软件所使用的很多术语。其中很多是在设计和制造过程中常用的，例如切除和凸台。

1. 特征 用户在建模过程中创建的所有切除、凸台、基准面和草图都被称为特征。草图特征是指基于草图创建的特征（例如凸台和切除），而应用特征是指基于模型的边或者表面创建的特征（例如圆角）。

2. 平面　平面是平坦且无限延伸的，当在屏幕上表示平面时，这些平面具有可见的边界。它们可用作创建凸台和切除特征的初始草图平面。

3. 拉伸　尽管有很多创建特征并形成实体的方法，本章中只讨论拉伸。最典型的拉伸特征是将一个轮廓沿垂直于该轮廓平面的方向延伸一定的距离。轮廓沿着此路径移动后，会形成一个实体模型，如图 3-2 所示。

图 3-2　拉伸

4. 草图　在 SOLIDWORKS 系统中，将二维外形轮廓称作草图。草图创建于平坦的表面和模型中的平面。尽管草图可以独立存在，但它一般用作凸台和切除的基础，如图 3-3 所示。

5. 凸台　凸台用于在模型上添加材料。模型中关键的第一个特征都是凸台。创建好第一个特征后，用户可以根据需要添加任意多个凸台来完成设计。作为基础，所有的凸台都是从草图开始的。

6. 切除　与凸台相反，切除用于在模型上去除材料。和凸台一样，切除也是从二维草图开始的，通过拉伸、旋转或者其他建模方法去除模型的材料。

7. 内圆角和外圆角　一般来说，内圆角和外圆角是添加到实体而不是草图上的。根据所选边与表面连接的情况，系统将自动判断圆角过渡的类型，创建外圆角（去除尖角处的材料）或者内圆角（在夹角处增加材料）。

8. 设计意图　设计意图决定模型如何创建与修改。特征之间的关联和特征创建的顺序都会影响设计意图。

图 3-3　草图

3.3　选择最佳轮廓

在拉伸时，选择最佳轮廓进行拉伸所创建的模型多于其他轮廓所创建的模型。表 3-1 为选择最佳拉伸轮廓实例。

表 3-1　选择最佳拉伸轮廓实例

零　件	最佳拉伸轮廓

（续）

零　件	最佳拉伸轮廓

3.4　选择草图平面

决定最佳轮廓之后，下一步是决定使用哪个平面作为草图平面绘制此轮廓。SOLIDWORKS 软件提供了三个参考基准面。

3.4.1　参考基准面

SOLIDWORKS 软件提供了三个默认的参考基准面，分别标记为前视基准面、上视基准面和右视基准面。每个平面都是无限大的，但是为了便于在操作中查看和选择，在屏幕中显示的平面是有边界的。每个平面都通过原点，并且两两相互垂直。

参考基准面可以重命名，在本书中称为前视基准面、上视基准面和右视基准面。其他的 CAD 系统也采用这种命名规范，这对许多用户将更为方便。

平面虽然是无限延伸的，但是可以把它们想象成是打开盒子的几个面，这几个面相交于原点。依此类推，盒子的内表面就是草图平面，如图 3-4 所示。

图 3-4　参考基准面

3.4.2　模型的放置

将零件分别放在"盒子"中三次，每次保持所选择的最佳轮廓与一个平面接触或平行。虽然放置方法有多种组合，本书的讨论只限于其中的三种。

选择草图平面时需要考虑几个问题，其中包括零件本身的显示方位和在装配体中零件的方位。

● 零件本身的显示方位决定模型怎样放置在标准视图中，例如等轴测视图，这也决定了在创建零件时，用户要花多少时间观察此模型。

● 装配体中零件的方位决定了零件是如何与其他零件配合的。

1. 工程图中模型的放置　选择草图基准面时还要考虑的问题是：用户希望在描述模型时，模型在工程图上是如何显示的。建模时应该使模型的前视图与其最终的工程图的前视图完全一致，以便在出详图时就可以使用预先定义的视图，从而节省许多时间。

第一个例子中，最佳轮廓放在上视基准面，如图 3-5 所示。

第二个例子中，最佳轮廓放在前视基准面，如图 3-6 所示。

图 3-5　最佳轮廓放在上视基准面

图 3-6　最佳轮廓放在前视基准面

最后一个例子中，将最佳轮廓放在右视基准面，如图 3-7 所示。

从前面三个例子来看，选择上视基准面方向是最好的，这表明最佳轮廓应该画在模型的上视基准面上。

2. 在工程图中看起来如何　当仔细考虑确定在哪个基准面上绘制草图轮廓后，生成工程图时就会较容易地创建各种适当的视图，如图 3-8 所示。

图 3-7　最佳轮廓放在右视基准面

图 3-8　模型在工程图中的视图

3.5　零件的分析

下面将创建图 3-9 所示的零件。此零件包括两个主要的凸台特征、一些切除特征和圆角特征。

3.5.1　标准视图

上述零件可以用图 3-10 所示的四个标准视图来表达。

3.5.2　主要的凸台特征

该零件的两个主要的凸台特征，由不同平面上的两个轮廓生成。通过图 3-11 所示的分解图可以看出它们是如何连接的。

图 3-9　零件分析　　　　　　　　　　　　图 3-10　标准视图

3.5.3　最佳轮廓

模型的第一个特征是由图 3-12 所示的矩形草图创建的，这是创建零件首个特征的最佳轮廓。拉伸该矩形为凸台特征，即可形成实体。

3.5.4　草图平面

把模型放在假想的"盒子"里，确定使用哪个基准面作为草图平面。在本例中，草图平面为上视基准面，如图 3-13 所示。

图 3-11　主要的凸台特征　　　　图 3-12　最佳轮廓　　　　图 3-13　草图平面

3.5.5　设计意图

零件的设计意图是描述零件中应该或不应该创建的关联。当修改模型时，模型应该按照预想的方式变化，如图 3-14所示。

- 所有的孔都是通孔。
- 底部凹槽和基体上的凸起部分是对齐的。
- 前面的沉头孔共享基体凸起部

图 3-14　设计意图

分的圆面中心点。

操作步骤

　　建模过程包括绘制草图，创建凸台特征、切除特征和圆角特征。首先需要创建一个新的零件文件。

扫码看视频

图 3-15　选择草图基准面

　　步骤1　新建零件　单击【新建】□，或者单击【文件】/【新建】。使用"Part _ MM"模板新建零件，并以"Basic"文件名保存。

　　步骤2　选择草图基准面　插入新草图，选择上视基准面作为草图平面，如图3-15所示。

 　　用户可以通过 FeatureManager 设计树来选择基准面。

3.5.6　绘制第一特征的草图

　　通过拉伸草图形成凸台来创建第一特征。第一特征通常是凸台，也是每个零件中创建的首个实体特征。下面从绘制矩形开始绘制几何体。

知识卡片	边角矩形	在草图中，【边角矩形】命令用来绘制矩形。矩形由四条直线（两条水平线和两条竖直线）在拐角处连接而成。可以通过指定两个对角的位置来绘制矩形。
	操作方法	• CommandManager：【草图】/【边角矩形】□。 • 菜单：【工具】/【草图绘制实体】/【边角矩形】。 • 快捷菜单：右键单击绘图区域并选择【草图绘制实体】/【边角矩形】□。

下面是其他几种可绘制矩形/平行四边形的工具：
- 【中心矩形】▭：使用中心点和边角来绘制带有水平和竖直边线的矩形草图。
- 【3 点中心矩形】◈：根据中心点、边的中点和边角来绘制矩形草图，边线在边角处垂直。
- 【3 点边角矩形】◇：使用三个边角来绘制矩形草图，边线在边角处垂直。
- 【平行四边形】▱：绘制标准的平行四边形（边角之间不相互垂直）。

　　步骤3　绘制矩形　单击【边角矩形】□，从原点开始绘制矩形，如图 3-16 所示。绘制草图时，应注意光标的反馈，确保矩形从原点开始绘制，如图3-17所示。

提示　　不必在意所绘制矩形的大小，在下面的步骤中，为草图标注尺寸后，将会自动修改草图到所需要的大小。

　　步骤4　完全定义草图　在草图中添加尺寸，使草图完全定义，如图3-18所示。

图 3-16　绘制矩形　　　　图 3-17　光标反馈　　　　图 3-18　完全定义草图

3.5.7　拉伸特征选项

下面解释一些经常用到的关于拉伸的选项，其他选项将在后续的章节中讲解。

1. 终止条件类型　草图可以在一个或两个方向上进行拉伸，一个或两个方向拉伸的终止方式可以是给定深度、拉伸到模型中某些几何元素或者完全贯穿整个模型。

2. 深度　深度选项用于给定深度或两侧对称终止条件的拉伸。对于两侧对称拉伸，是指拉伸的总深度，也就是说对两侧对称类型的拉伸，深度若为 50mm，中间平面的每一侧将拉伸 25mm。

3. 拔模　在拉伸特征上应用拔模。拔模可以是向内拔模（拉伸时外形越来越小），也可以是向外拔模。

步骤 5　拉伸草图　单击【拉伸凸台/基体】，将矩形向上拉伸 10mm，如图 3-19 所示。单击【确定】，完成后如图 3-20 所示。

图 3-19　拉伸　　　　　　　　　　　　　图 3-20　完成拉伸

3.5.8　重命名特征

FeatureManager 设计树中的任何特征（除了零件本身以外）都可以被重命名，为特征重命名将在以后的建模过程中有利于查询和编辑特征。合理的名称有助于用户组织自己的工作，同时也使得其他人在编辑或修改模型时更加容易。

步骤 6　重命名特征　把创建的特征重命名为具有意义的名称是一种良好的习惯。在 FeatureManager 设计树中，缓慢双击特征"凸台－拉伸 1"。当名称高亮显示并可编辑时，输入"BasePlate"作为新的特征名称。SOLIDWORKS 系统中的所有特征都可以用此方法来重命名。

技巧　修改特征名称也可以不采用缓慢双击的方法，而是选择特征名称后，按〈F2〉键。

3.6　凸台特征

下一个特征是带有半圆顶的凸台，如图 3-21 所示。此特征的草图平面不是现有的参考平面，而是模型的一个平坦表面，所需要绘制的几何体显示在完成的模型上。

3.7　在平面上绘制草图

　　模型中任何平坦的表面（平面）都可以作为草图的基准面来使用。单击某个面然后选择【草图绘制】🖉工具。有些面难于选择是因为其位于模型的反面或者被其他的面所遮挡，这时可以通过【选择其他】工具来选择，而不需要重新调整视图。在此例中，将使用特征"BasePlate"的前平面。

图 3-21　凸台特征

步骤 7　插入新草图　选择图 3-22 所示的草图平面，单击【草图绘制】🖉工具来新建草图。

提示　确保【特征】选项卡上的【Instant 3D】🖉是关闭的。如果【Instant 3D】处于开启状态，会出现多个手柄和轴，而当前不需要使它们出现在该平面上。

草图平面

图 3-22　选择凸台特征的表面作为草图平面

3.7.1　绘制切线弧

　　SOLIDWORKS 提供丰富的绘图工具来创建草图轮廓。在本例中，使用【切线弧】绘制与草图某一端点相切的一段圆弧，圆弧的另一端点可以独立存在，也可以在其他实体上。

知识卡片	切线弧	【切线弧】命令用来在草图中创建切线弧。圆弧必须与其他实体在端点相切，比如直线或者圆弧。
	操作方法	• CommandManager：【草图】/【圆心/起/终点画弧】🕙/【切线弧】🖉。 • 菜单：【工具】/【草图绘制实体】/【切线弧】。 • 快捷菜单：在绘图区域单击鼠标右键，选择【草图绘制实体】/【切线弧】🖉。

3.7.2　切线弧的目标区域

　　绘制切线弧时，SOLIDWORKS 会根据光标的移动推测用户当前是想绘制切线弧还是法线弧。如图 3-23 所示，在四个目标区域内存在八种可能性。

　　用户可以从现有的任何草图实体（直线、圆弧和样条曲线等）的端点开始绘制切线弧，从端点开始移动曲线光标。

　　• 在与草图元素相切的方向移动光标，能够创建四种可能的切线弧。

　　• 在与草图元素垂直的方向移动光标，能够创建四种可能的法线弧。

　　• 草图预览能够使用户清楚地了解所绘制的圆弧类型。

　　• 用户可以在切线弧和法线弧之间进行转换，方法是将光标移回到圆弧起始点，然后再移向不同的位置。

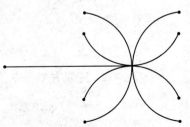

图 3-23　切线弧的八种可能性

3.7.3 绘制直线和绘制切线弧间的自动转换

在使用【直线】✐命令时，用户可以在绘制直线和绘制切线弧之间进行转换，而不需要选择【切线弧】⟋命令。实现此操作的方法是通过移动光标返回至端点再向不同的方向远离，或者按键盘上的〈A〉键。

步骤8　绘制竖直线　单击【直线】✐，从底边开始绘制竖直线，捕捉到【重合】✓关系和【竖直】┃关系，如图 3-24 所示。

步骤9　自动转换　按键盘上的〈A〉键，切换到绘制切线弧的模式。

步骤10　绘制切线弧　在竖直线的端点处绘制一段 180°的切线弧，如图 3-25 所示。注意此时的推理线，表明所绘制的切线弧终点和圆弧的圆心水平对齐。

绘制完切线弧后，草图绘制工具自动转回到绘制直线模式。

图 3-24　绘制竖直线

$A = 180° \ R = 20.87$

图 3-25　绘制切线弧

步骤11　完成直线的绘制　从圆弧的终点开始，绘制一条到底边的竖直线，再绘制一条水平线连接这两条竖直线的端点，如图 3-26 所示。

 注意　　这条水平线是黑色的，但它的两个端点并不是黑色的。

步骤12　添加尺寸　在草图中加入线性和半径尺寸，如图 3-27 所示。当添加尺寸时，用户可以移动光标来查看尺寸可能出现的不同方向。

通过选择圆周而不是圆心的方式来标注圆弧的尺寸，以使得其他尺寸选项（如最大或最小）可用。

图 3-26　完成直线的绘制

图 3-27　添加尺寸

步骤13　拉伸方向　单击【拉伸凸台/基体】🔲，并设置【深度】为 10mm。

 注意　　如果预览中显示的拉伸方向是面向基体内部方向，则表示拉伸方向正确，如图 3-28 所示。

如果预览中显示拉伸方向是面向背离基体的方向，则单击【反向】 。

> 提示
>
> 　　当使用【选值增量】箭头时，默认的向上或向下的增量值为 10mm，如图 3-29 所示。按住〈Alt〉键使用箭头时，可将增量值降低至默认值的 1/10（即 1mm）。按住〈Ctrl〉键使用箭头时，可将增量值增加至默认值的 10 倍（即 100mm）。

图 3-28　拉伸方向

47

步骤 14　完成凸台　所创建的凸台特征与之前的基体合并在一起，成为一个单独的实体。将此特征重命名为"VertBoss"，如图 3-30 所示。

图 3-29　使用【选值增量】箭头

图 3-30　完成凸台

3.8　切除特征

在创建两个主要的凸台特征之后，就可以创建切除特征来表示材料的切除。切除特征与凸台特征创建的方法是相同的。在本例中，将通过绘制草图和拉伸来实现。

知识卡片	切除拉伸	通过拉伸来创建切除特征的菜单与创建凸台特征的菜单是相同的，唯一的区别是切除特征是去除材料，而凸台特征是添加材料。除此之外，两种特征的命令选项是相同的，示例中的切除代表了一个槽。
	操作方法	• CommandManager：【特征】/【拉伸切除】 。 • 菜单：【插入】/【切除】/【拉伸】。

步骤 15　绘制矩形　按〈Spacebar〉（空格）键，单击【前视】 ，在图 3-31 所示的模型平面上新建草图并添加矩形，该矩形与模型底边重合。关闭绘制矩形工具。

步骤 16　添加尺寸标注　添加尺寸标注，如图 3-32 所示。

图 3-31　绘制矩形

图 3-32　添加尺寸标注

> 提示 此时草图处于欠定义状态，但在后续步骤中会将其完全定义。

3.9 视图选择器

【视图选择器】以包围模型的透明立方体来显示模型各个视图的外观。选择立方体的一个面，透过立方体查看模型，垂直于该面或通过名称选择一个视图方向，如图 3-33 所示。

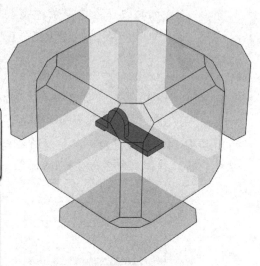

| 知识卡片 | 视图选择器 | • 前导视图工具栏：【视图定向】🔄 和【视图选择器】🔳。
• 快捷键：按〈Spacebar〉键。 |

> 提示 按〈Spacebar〉键可打开【视图选择器】和【方向】对话框。如果按〈Ctrl + Spacebar〉键仅会出现【视图选择器】（此快捷方式可能被其他程序占用而无法实现）。

图 3-33 视图选择器

步骤 17 选择等轴测视图 按〈Spacebar〉键并单击标有等轴测的立方体角落切换到等轴测视图，如图 3-34 所示。

图 3-34 选择等轴测视图

步骤 18 完全贯穿切除特征 单击【拉伸切除】🔳。如图 3-35 所示，选择【完全贯穿】，单击【确定】✔️。该类型的终止条件始终会完全贯穿整个实体模型，所以不论其范围有多广，都无须设置深度。

将该特征重命名为"BottomSlot"。

图 3-35　完全贯穿切除特征

3.10　使用异形孔向导

【异形孔向导】用于在实体上创建特殊孔。用户使用该命令可以分步骤地创建简单直孔、锥孔、柱孔和螺纹孔。在本例中，将使用【异形孔向导】来创建标准直孔。

3.10.1　创建标准孔

首先选择插入孔的平面，然后通过【异形孔向导】来定义孔的尺寸和孔在平面上的位置。【异形孔向导】最直观的用途之一是用户可以通过加入到孔中的紧固件来指定孔的尺寸。

 用户可以使用现有的 2D 草图或者在平面和非平坦表面上创建孔特征。例如，在圆柱表面上创建孔。

在此模型中需要使用沉头孔。使用模型的前平面和几何关系，就可以定位该孔。

提示　【高级孔向导】（【插入】/【特征】/【高级孔】）和【异形孔向导】相似，但前者可以用于创建一系列孔的样式，包括沉头孔、埋头孔、锥孔、螺纹孔和标准孔，如图 3-36 所示。

图 3-36　高级孔向导

知识卡片	异形孔向导	【异形孔向导】用于创建孔特征，例如柱形沉头孔和锥形沉头孔，此过程会创建两个草图，一个定义孔的形状，另一个设定孔中心点的位置。
	操作方法	• CommandManager：【特征】/【异形孔向导】。 • 菜单：【插入】/【特征】/【孔向导】。

3.10.2　添加柱形沉头孔

在模型的前平面上添加一个柱形沉头孔，添加几何关系确定孔的位置。

步骤19 设置孔的属性 选择图 3-37 所示的平面，然后单击【异形孔向导】🐧。

按照图 3-38 所示，设置孔的属性如下：
- 【孔类型】：柱形沉头孔。
- 【标准】：ANSI Metric。
- 【类型】：六角螺栓- ANSI B18.2.3.5M。
- 【大小】：M8。
- 【终止条件】：完全贯穿。

选择此面

图 3-37 定位孔

提示 不勾选【近端锥孔】和【远端锥孔】复选框。

步骤20 激活圆心 单击【位置】选项卡，移动光标到大圆弧周围，不要单击鼠标。当出现【重合】🔀符号时，大圆弧的圆心被"激活"，该点可以被捕捉。

移动光标到圆弧圆心，注意当反馈提示捕捉到圆弧中心，并添加一个重合的几何关系时，单击鼠标，以在圆心位置放置该点，如图 3-39 所示。单击【确定】，退出【异形孔向导】。

图 3-38 孔规格

图 3-39 激活圆心

3.11 圆角特征

圆角特征包括内圆角（增加体积）和外圆角（减少体积），如图 3-40 所示。创建内圆角过渡还是外圆角过渡，是由几何条件决定的，而不是命令本身。圆角是在模型的选定边线上创建的。有几种方法可以选择边线，并且有几种用于创建不同类型圆角的选项，包括固定大小圆角、变量大小圆角、面圆角和完整圆角。圆角轮廓选项包含圆形、圆锥和曲率连续。

图 3-40 圆角特征

3.11.1 创建圆角特征的规则

创建圆角特征的一些基本规则如下：

1）最后创建装饰性圆角。

2）用同一个命令创建具有相同半径的多个圆角。

3）需要创建不同半径的圆角时，通常应该先创建半径较大的圆角。

4）圆角特征创建的顺序很重要，创建圆角后生成的面与边可用于生成更多的圆角。

5）圆角可以被转换为倒角。

> **技巧**　FeatureXpert 工具可以自动对圆角的顺序进行重排并且调整尺寸大小。此内容将在本书第8章中讨论。

51

【选择工具栏】 ⬚⬚⬚⬚⬚⬚⬚⬚⬚⬚⬚⬚⬛ 可以帮助用户将单个边线的选择扩展为多个相关边线的选择。详细讲解见本书第6章内容。

用户可以选择对圆角操作结果进行【完整预览】、【部分预览】或【无预览】。【完整预览】在每条选中的边线上用网格生成圆角的预览。【部分预览】只在最初选择的边线上显示预览。如果用户对圆角的成型结果有足够的经验，可以选择【部分预览】或【无预览】来加快特征的创建速度。

> **知识卡片**
> **圆角特征**
> - CommandManager：【特征】/【圆角】🔲。
> - 菜单：【插入】/【特征】/【圆角】。
> - 快捷菜单：右键单击一个面或边线，选择【圆角】🔲。

步骤21　插入圆角　单击【圆角】🔲。单击【手工】，选择【固定大小圆角】🔳，并设置半径值为 8.00mm。不勾选【显示选择工具栏】复选框，选择【完整预览】，如图 3-41 所示。

步骤22　选择边线　如图 3-42 所示，选择两条隐藏的边线。

图 3-41　圆角选项

图 3-42　选择边线

步骤23　添加边线　如图 3-43 所示，选择另外四条边线，单击【确定】，结果如图 3-44 所示。

> **提示**　所有六个圆角过渡都具有相同的半径值，这些圆角生成的新边线可用于创建新的圆角。

图 3-43　添加边线　　　　　　　　　　图 3-44　圆角结果

3. 11. 2　最近的命令

SOLIDWORKS 提供了【最近的命令】功能，其中列出了一些最近使用过的命令，为重用命令提供便捷，如图 3-45 所示。按〈Enter〉键同样可以激活最后一次使用过的命令。历史记录文件夹内包含最近创建或编辑的特征列表（见图 3-46），以便于用户获得最近的特征。

图 3-45　最近的命令

图 3-46　最近的特征

步骤 24　使用最近的命令　在绘图区域单击右键，从快捷菜单中选择【最近的命令】/【圆角】，再次绘制圆角。

步骤 25　预览和延伸　添加另一个圆角特征，设置半径为 3mm，单击【完全预览】。选择图 3-47 所示的边线，通过预览观察圆角特征应用的边界，单击【确定】。

图 3-47　预览

3. 12　编辑工具

本章将介绍三种最常用的编辑工具：编辑草图、编辑特征和退回控制棒。这些工具可用来编辑或修复 FeatureManager 设计树中的草图和特征。

3.12.1 编辑草图

创建的草图可以通过【编辑草图】进行修改。打开选择的草图，用户可以修改所有内容：尺寸值、尺寸本身、几何体或者几何关系。

知识卡片	编辑草图	用户使用【编辑草图】进入草图，可以进行任何修改。在编辑过程中，模型退回到创建草图时的状态，当退出草图时模型将会重建。
	操作方法	• 菜单：【编辑】/【草图】。 • 快捷菜单：右键单击草图或特征，选择【编辑草图】。

53

步骤 26 编辑草图 右键单击"BottomSlot"特征并选择【编辑草图】，现有草图将被打开以便进行编辑。

> **技巧** 选取对象时可以按住〈Ctrl〉键一次选择多个对象。

步骤 27 添加约束 在端点与边线之间添加【重合】约束，如图 3-48 所示。

步骤 28 重复添加约束 在矩形另一端点与边线之间添加重合约束，如图 3-49 所示。此时草图处于全约束状态。

图 3-48 添加约束 图 3-49 重复添加约束

步骤 29 退出草图 单击右上角【退出草图】按钮，退出草图以重建零件模型。

3.12.2 编辑特征

第二个圆角特征应该应用于"BasePlate"的顶部边线，因此需要编辑圆角特征。

知识卡片	编辑特征	【编辑特征】更改特征应用到模型中的方式。根据特征类型的不同，每个特征都包含可以被改变或添加的特定信息。一般来说，建立特征与编辑特征具有相同的对话框。
	操作方法	• 菜单：【编辑】/【定义】。 • 快捷菜单：右键单击特征，选择【编辑特征】。

• **圆角延伸** 勾选【圆角】工具中的【切线延伸】复选框，则可以让圆角特征延伸到所选边线的切线。

步骤 30　编辑特征　右键单击"圆角 2"特征并选择【编辑特征】，在与创建特征相同的 PropertyManager 对话框中编辑特征属性。确保勾选【切线延伸】复选框。

步骤 31　选择其他边　选择其他的边线，预览结果如图 3-50 所示，单击【确定】。

图 3-50　圆角编辑特征预览

3.12.3　退回控制棒

"退回控制棒"是位于 FeatureManager 设计树底部的蓝色水平条，如图 3-51 所示。

图 3-51　退回控制棒

它有多种用途：可以按模型创建步骤浏览模型的创建过程，或是在零件历史记录的某个特定位置插入新的特征。在本例中，将使用此工具在两个已有的圆角特征之间插入一个孔特征。

编辑大型零部件时，在控制重建次数方面，"退回控制棒"也非常有用。退回到用户正在编辑的特征之后位置，当完成编辑时，零件只重建到退回控制棒的位置。这将防止整个零件被重建。零件还可以在退回状态下进行保存。

知识卡片	退回控制棒	用户可以使用 FeatureManager 设计树中的"退回控制棒"来退回零件。当选中退回控制棒时，其将变为一条高亮显示的线。在 FeatureManager 设计树中上下拖动控制棒，便可以在重建顺序中前进或后退。
	操作方法	• 快捷菜单：右键单击一个特征，选择【退回】↰。 • 快捷菜单：在 FeatureManager 设计树中单击右键，选择【退回到前】或【退回到尾】。

> **提示**　依次选择【工具】/【选项】/【系统选项】/【FeatureManager】，选择【方向键导航】，这样将可使用方向键来移动退回控制棒。

> **技巧**　用方向键控制时，必须通过单击将焦点设置到退回控制棒上。当光标焦点位于绘图区域时，方向键用来旋转模型。

步骤 32　退回　单击"退回控制棒"并向上拖动，在两个圆角特征之上释放，如图 3-52 所示。

步骤 33　异形孔向导　单击【异型孔向导】并切换到【位置】选项卡。

步骤 34　选择孔平面　选择图 3-53 所示的平面。

步骤 35　设置孔的位置　设置两个孔的圆点位置并标注尺寸，如图 3-54 所示。

步骤 36　设置孔的属性　切换到【类型】选项卡，如图 3-55 所示。设置孔的属性如下：

【孔类型】：孔。

【标准】：ANSI Metric。

【类型】：钻孔大小。

【大小】：φ7.0。
【终止条件】：完全贯穿。

55

图 3-52　退回操作

↙选择面

图 3-53　选择孔平面

图 3-54　设置孔的位置

图 3-55　设置孔的属性

步骤 37　改变视图方向　单击【等轴测】，改变视图方向，如图 3-56 所示。

步骤 38　退回到最后一步　右键单击"退回控制棒"并选择【退回到尾】，结果如图 3-57 所示。

图 3-56　改变视图方向

图 3-57　退回到最后一步

知识卡片	外观	使用【外观】命令可以改变图形的颜色和光学特性。用户还可以创建颜色【样块】来定义颜色。
	操作方法	• 快捷菜单：右键单击一个面、特征、体、零件或零部件，单击【外观】并选择项目以进行编辑。 • 前导视图工具栏：【编辑外观】。

步骤 39　选择样块　单击【编辑外观】。在【颜色】对话框中选择区域，选择标准样块和需要的颜色，单击【确定】，如图 3-58 所示。

步骤 40　显示外观　如图 3-59 所示，单击【DisplayManager】选项卡查看颜色列表。单击 FeatureManager 设计树图标。

图 3-58　选择样块

图 3-59　显示外观

技巧　DisplayManager 也可以用来查看贴图、布景、光源和相机。

> **提示** 用户可以通过【工具】/【选项】/【系统选项】/【颜色】，自定义 SOLID-WORKS 用户界面的颜色。用户可以选择预先定义的颜色方案，也可以自定义。在某些示例中，将会改变默认设置中的颜色以提高图形的清晰度和一致性。因此，用户系统的颜色设置可能会与本书的设置不一致。

步骤 41　保存结果　单击【保存】💾 来保存所做的工作。

3.13　出详图基础

利用 SOLIDWORKS 软件，用户可以使用零件和装配体很轻松地创建工程图。所创建的工程图与其所参考的零件或装配体是全相关的。当模型被修改后，工程图也会随之更新，如图 3-60 所示。

图 3-60　出详图

本书将在不同的章节中穿插介绍工程图的内容。本章所要讲述的是工程图操作中最基础的部分，主要包括以下几个方面：

- 新建工程图文件和图纸。
- 使用视图调色板创建工程视图。
- 使用尺寸辅助工具。

关于出详图的详细介绍请参阅《SOLIDWORKS®工程图教程（2023 版）》。

3.13.1　模板的设置

表 3-2 中列出了本节中使用的工程图模板及其文件属性。通过【工具】/【选项】命令可以设置工程图选项。

表 3-2　模板设置

系 统 选 项	文 件 属 性 （通过工程图模板设置）
工程图显示类型： • 显示样式 = 消除隐藏线 • 相切边线 = 可见	绘图标准： • 总绘图标准 = GB
颜色： • 工程图，隐藏的模型边线 = 黑色	尺寸： • 字体 = 仿宋体 • 主要精度 = 0.123 • 添加默认括号 = 勾选

（续）

系 统 选 项	文 件 属 性 （通过工程图模板设置）
—	出详图，视图生成时自动插入 • 所有选项 = 不勾选
—	单位： • 单位系统 = MMGS

3.13.2 CommandManager 选项卡

在 CommandManager 中有两个选项卡专门用于工程图的处理，分别是：

• 【工程图】选项卡（见图 3-61a）。
• 【注解】选项卡（见图 3-61b）。

a) 【工程图】选项卡

b) 【注解】选项卡

图 3-61 CommandManager 选项卡

3.13.3 新建工程图

SOLIDWORKS 的工程图文件（ *.SLDDRW）包含若干张工程图图纸。每一张图纸相当于一张简单工程图。

知识卡片	从零件制作 工程图	【从零件制作工程图】命令参考并使用现有零件，并按步骤创建该零件的工程图文件、图纸格式和初始工程图视图。
	操作方法	• 菜单栏：【新建】□/【从零件/装配体制作工程图】▦。 • 菜单：【文件】/【从零件制作工程图】。

操作步骤

步骤 1 **创建工程图** 单击【新建】/【从零件/装配体制作工程图】▦，在【Training Templates】选项卡中选择"B_Size_ANSI_MM"模板。

这是一张水平放置的"B"尺寸图纸（431.8mm × 279.4mm）。该图纸格式包括边框、标题栏和其他区域。

扫码看视频

技巧 双击模板即可自动打开，无须单击【确定】。

3.14 工程视图

出详图操作的初始任务是创建工程视图。使用【从零件/装配体制作工程图】工具，通过【视图调色板】，用户可以选择工程视图。视图调色板生成的工程视图方向是与零件保持一致的，使用"拖"和"放"操作即可得到所需的视图。通过从视图调色板中拖入的视图进行投影即可得到其他视图。

这些选项的详细介绍请参阅《SOLIDWORKS®工程图教程（2023 版）》。

　　步骤2　视图调色板　如图 3-62 所示，取消勾选【输入注解】复选框，从【视图调色板】中拖动"（A）前视"到绘图窗口。

　　步骤3　放置投影视图　移动鼠标至前视图上侧，然后单击，放置上视图。移动鼠标至前视图后再移至右侧，然后单击，放置右视图。单击【确定】，结果如图 3-63 所示。

图 3-62　视图调色板

图 3-63　放置投影视图

　　步骤4　放置等轴测视图　从视图调色板中将"＊等轴测"拖入到绘图区域，放置在右上角，如图 3-64 所示。

技巧🗝️　　　零件文件一直处于打开状态，用户可以按住〈Ctrl + Tab〉键，在工程图文件窗口和零件文件窗口之间切换。

图 3-64　放置等轴测视图

知识卡片	切边	当零件实体中的两个面相切时所形成的边线即为切边，例如倒角所形成的边就是最常见的切边。切边通常在主视图中可见，但是在等轴测视图中会被隐藏。
	操作方法	• 快捷菜单：右键单击视图并选择【切边】。

59

步骤5　移除切边　按住〈Alt〉键，选择前视图、上视图和右视图，单击右键，选择【切边】/【切边不可见】，结果如图 3-65 所示。

图 3-65　移除切边

步骤6　设置显示样式　选择等轴测视图，单击【上色】🧊。单击其他视图，选择【隐藏线可见】🔲，如图 3-66 所示。

图 3-66　设置显示样式

● 移动视图　通过在工程图上拖动视图的边框可以重新定位视图。在标准三视图布置中，前视图是源视图，这意味着移动前视图，其他两个视图也随之而动。上视图、右视图与前视图保持对齐关系，它们只能沿着对齐轴线移动。

步骤7　移动对齐的视图　选择并移动前视图，可以将其移动到任何方向，其他两个视图仍然保持与之对齐，如图 3-67 所示。

> 提示
> 一旦选中工程视图，就可以通过拖动鼠标或移动方向键移动视图。每次按方向键移动的距离，可通过【工具】/【选项】/【系统选项】/【工程图】/【键盘移动增量】设置。

图 3-67　移动对齐的视图

3.15　中心符号线

【中心符号线】被附加到工程图中的圆或者圆弧中心。

【中心符号线】不是自动插入到工程图中的，用户可以打开或关闭此功能选项，如图 3-68 所示。通过【工具】/【选项】/【文件属性】/【出详图】菜单，用户可以自定义设置。

图 3-68　自动插入中心符号线

知识卡片	中心符号线	• CommandManager：【注解】/【中心符号线】⊕。 • 菜单：【插入】/【注解】/【中心符号线】。 • 快捷菜单：右键单击绘图区域，选择【注解】/【中心符号线】。

步骤8　插入中心符号线　单击【中心符号线】⊕，取消勾选【使用文档默认值】复选框，勾选【延伸直线】复选框并输入【符号大小】为2.000mm，如图3-69所示。

在前视图中选择大圆弧，在上视图的两个孔处继续添加中心符号线，单击【确定】。

图 3-69　插入中心符号线

3.16　尺寸

可以使用多种辅助工具在工程视图中创建尺寸。有些尺寸可以与模型中的草图和特征的几何尺寸产生关联，这些尺寸是驱动尺寸；其他尺寸独立于模型的草图和特征，这些尺寸是从动尺寸。

3.16.1　驱动尺寸

驱动尺寸通常显示正确的数值，并且可以用来更改模型。【模型项目】工具可将在模型草图及特征中生成的尺寸输入到工程图中。

3.16.2　从动尺寸

从动尺寸能够显示正确的尺寸数值，但不能用来更改模型。当模型尺寸更改时，从动尺寸也会随之更改。默认情况下，这类尺寸显示为不同的颜色，并且位于圆括号内。下面列出了两种创建从动尺寸的方法：

1）【智能尺寸】：使用标准的智能尺寸工具，手动创建尺寸标注，与草图绘制中的一样。

2）【DimXpert】：从基准位置自动创建尺寸标注。

知识卡片	模型项目	【模型项目】工具可以在一个或多个视图中辅助添加尺寸，这是通过使用创建模型时已经生成的尺寸来完成的。它还能够选择并输入不同类型的尺寸，以及模型中可能存在的【注解】和【参考几何体】，如图3-70所示。 图3-70　模型项目
	操作方法	• CommandManager：【注解】/【模型项目】。 • 菜单：【插入】/【模型项目】。

步骤9　设置模型项目　单击【模型项目】，在【来源】中选择【整个模型】，并勾选【将项目输入到所有视图】复选框，如图3-71所示。在【尺寸】下方，选择【为工程图标注】、【异形孔向导位置】和【孔标注】，勾选【消除重复】复选框。单击【确定】，结果如图3-72所示。

提示　　模型项目插入尺寸的位置，取决于模型创建时标注草图尺寸放置的位置。

技巧　　尺寸被插入后，它们便和该视图关联在一起，并和视图一起移动，除非用户特意将其移至其他视图或删除。

图 3-71 设置模型项目   图 3-72 工程图

3.16.3 操作尺寸

1. 尺寸标注 尺寸被标注到视图后，对尺寸的操作方式有以下几种：

- 拖动到合适位置：将尺寸的文本拖到新位置，利用拖动时出现的推理线很容易对齐尺寸。
- 隐藏尺寸：右键单击尺寸文本，从快捷菜单中选择【隐藏】。
- 移动或复制尺寸到另一个视图：按住〈Shift〉键拖动尺寸，可以移动尺寸到另一个视图；按住〈Ctrl〉键拖动尺寸，可以将尺寸复制到另一个视图。
- 删除尺寸：可以用〈Delete〉键来去除工程图中不需要的尺寸。

> **步骤 10 重新放置尺寸位置** 在视图中拖动尺寸以重新放置，如图 3-73 所示。
>
> **技巧** 使用黄色的引导线来对齐尺寸文本。
>
> **步骤 11 移动尺寸到另一视图** 按〈Shift〉键并拖动尺寸 125mm 到"工程图视图 1"并释放鼠标，这将会把该尺寸从原视图移到一个新的视图，如图 3-74 所示。

图 3-73 重新放置尺寸位置

图 3-74　移动尺寸

步骤 12　移动其余尺寸　移动其余尺寸并重新定位，如图 3-75 所示。

图 3-75　移动其余尺寸

2. 尺寸调色板　当新插入或选择某尺寸时，系统即会显示【尺寸调色板】，以便能够轻松更改尺寸的属性、格式、位置和排列方式。

| 知识卡片 | 尺寸调色板 | 新插入或选择一个或多个尺寸，单击【尺寸调色板】 🖼️。 |

3. 尺寸辅助工具——智能尺寸标注　使用【智能尺寸标注】可以不通过 DimXpert 工具来手动添加尺寸，这些尺寸被认为是从动尺寸。

步骤 13　对齐尺寸　选择前视图上的所有尺寸，单击 🖼️ 打开【尺寸调色板】，单击【自动排列尺寸】 🖼️，调整间距并对齐尺寸，如图 3-76 所示。

图 3-76　对齐尺寸

步骤 14　智能尺寸标注　单击【智能尺寸】 ↙/【智能尺寸标注】，如图 3-77 所示。选择底部和上面的顶点，单击【快速标注尺寸】的左侧扇形区(橙色)，将尺寸放置在左边，如图 3-78 所示。最后单击【确定】。

图 3-77　智能尺寸标注　　　　　　　图 3-78　确定尺寸标注

3.16.4　模型与工程图的相关性

在 SOLIDWORKS 的设计环境中，一切都是相关的。如果单独对某一零件进行了修改，则所做的更改将会反映到任何参考了该零件的工程图和装配体中。

通过下面的步骤，可以改变零件中 Base Plate 特征的尺寸。

步骤 15　切换窗口　按〈Ctrl + Tab〉键，切换到零件文件窗口，如图 3-79 所示。

图 3-79　切换窗口

3.17　修改参数

使用 SOLIDWORKS 软件的用户可以很容易地修改零件尺寸。编辑操作的易用性是参数化建模的一个主要优点。这也是能正确捕捉设计意图的重要原因。如果不能正确捕捉设计意图，在零件中修改尺寸将会导致完全意想不到的结果发生。

在修改尺寸之后，用户必须重建模型以使更改起作用。

如果用户修改了草图或者零件，则零件需要重建。重建符号将显示在零件名称的后面，同时也将添加图标 BasePlate 到需要重建的特征。用户可在状态栏中查看重建图标。

编辑草图时也会显示重建符号，当用户退出草图时，零件自动重建。

知识卡片	重建模型	【重建模型】使所做的修改及时生效。
	操作方法	• 菜单栏：【重建模型】 ⬤。 • 菜单：【编辑】/【重建模型】。 • 快捷键：〈Ctrl + B〉。

提示　　模型保存时会进行重建。使用〈Ctrl + Q〉键可以重建所有特征。

65

步骤 16　修改尺寸　可以在 FeatureManager 设计树或者绘图区域双击"BasePlate"特征。在进行此操作后，特征参数将显示在绘图区域中。

双击尺寸125mm，将显示【修改】对话框，输入新值150mm，单击【确定】，结果如图 3-80 所示。新值可以直接输入，也可以通过选值框箭头调整。

步骤 17　重建零件　可以通过【修改】对话框，或在快速访问工具栏上单击【重建模型】❸重建零件。如果使用【修改】对话框上的重建命令，那么可以在对话框一直打开的情况下进行多次修改，这使得用户多次尝试变得更加容易。本示例修改后的结果如图 3-81 所示。

图 3-80　修改尺寸　　　　图 3-81　重建零件

步骤 18　更新工程图　按〈Ctrl + Tab〉键切换回工程图纸，工程图会自动更新，使模型中的修改反映到工程图中。而在更新的过程中，尺寸标注可能会有所移动，如图 3-82 所示。

图 3-82　更新工程图

步骤 19　关闭工程图　单击【文件】/【关闭】来关闭工程图。在弹出的对话框里单击【保存所有】，将保存工程图和零件文件于同一个文件夹内，如图 3-83 所示。

图 3-83　保存工程图

练习 3-1　绘制零件

本练习的主要任务是根据所给信息和尺寸绘制草图，通过拉伸轮廓创建图 3-84 所示的零件。本练习将应用以下技术：

- 选择最佳轮廓。
- 插入矩形。
- 绘制草图。
- 拉伸凸台特征。
- 异形孔向导。

图 3-84　绘制零件

操作步骤

新建一个以 mm 为单位的零件，并命名为"Plate"。

步骤 1　创建基准特征草图　在上视基准面上新建草图。绘制草图并添加尺寸标注，如图 3-85 所示。

步骤 2　拉伸基准特征　拉伸草图，深度为 10mm，如图 3-86 所示。

图 3-85　绘制草图

图 3-86　拉伸草图

步骤3　创建凸台　在实体上表面新建草图。拉伸草图创建高 25mm 的凸台，如图 3-87 所示。

图 3-87　创建凸台

步骤4　创建异形孔　单击【异形孔向导】，选择图 3-88 所示表面。单击【位置】选项卡，定位孔中心点。单击【类型】选项卡，设置孔属性如下：

【孔类型】：孔。

【标准】：ANSI Metric。

【类型】：钻孔大小。

【大小】：25mm。

【终止条件】：完全贯穿。

步骤5　共享、保存并关闭零件

图 3-88　创建异形孔

练习 3-2　切除

本练习的主要任务是使用矩形、切线弧和切除特征创建图 3-89 所示的零件。本练习将应用以下技术：

- 插入矩形。
- 绘制切线弧。
- 切除特征。
- 圆角特征。

图 3-89　切除

操作步骤

新建一个以 mm 为单位的零件，并命名为"Cuts"。

步骤1　创建基准特征草图　在上视基准面上新建草图。绘制草图并添加尺寸标注，如图 3-90 所示。

步骤2　拉伸基准特征　拉伸草图，深度为 5mm，如图 3-91 所示。

图 3-90　创建草图

步骤3　**切槽**　在实体上表面新建草图，按照图 3-92 所示添加几何体及尺寸，并以完全贯穿的方式切除实体。

图 3-91　拉伸草图

图 3-92　切槽

提示　在穿过底部的表面需要绘制一条直线以封闭轮廓。

步骤4　**切另一个槽**　在实体同一表面上创建草图，并以完全贯穿的方式切除实体，如图 3-93 所示。

步骤5　**切除矩形腔**　在实体同一表面上创建草图，并以完全贯穿的方式切除实体，如图 3-94 所示。

步骤6　**创建圆角特征**　创建半径为 10mm 和 8mm 的圆角特征，如图 3-95 所示。

步骤7　**共享、保存并关闭零件**

图 3-93　切另一个槽

图 3-94　切除矩形腔

图 3-95　创建圆角特征

练习3-3　修改 Basic-Changes 零件

本练习的主要任务是修改已经创建的零件"Basic-Changes"，结果如图 3-96 所示。本练习将应用以下技术：

- 修改参数。
- 重建模型。

图 3-96　修改 Basic-Changes 零件

操作步骤

    步骤 1　打开零件"Basic-Changes"　本练习将修改图 3-97 所示模型的尺寸以重建模型，并检查零件的设计意图。

    步骤 2　修改轮廓尺寸　在 FeatureManager 或绘图区域上，双击第一特征"Base Plate"显示尺寸。修改长度尺寸到 150mm 并重新建模，结果如图 3-98 所示。

图 3-97　零件"Basic-Changes"

图 3-98　修改轮廓尺寸

    步骤 3　修改凸台尺寸　双击"Vert Boss"特征，修改高度尺寸，并重新建模，结果如图 3-99 所示。

    步骤 4　修改圆孔定位尺寸　双击"φ7.0(7)Diameter Hole1"特征，将圆孔的定位尺寸修改为 20mm，并重新建模，结果如图 3-100 所示。

图 3-99　修改凸台尺寸

图 3-100　修改圆孔定位尺寸

    步骤 5　使"Vert Boss"居中　选定适合的值，修改尺寸，使得"Vert Boss"位于基体中心，如图 3-101 所示。

> **提示** 🖐 可以删除尺寸并添加凸台相对于基板的中心重合约束（选做）。

    步骤 6　共享、保存并关闭零件

图 3-101　使"Vert Boss"居中

练习 3-4　支架

本练习的主要任务是创建图 3-102 所示的零件。本练习将应用以下技术：

- 选择最佳轮廓。
- 凸台特征。
- 使用异形孔向导。
- 圆角特征。

图 3-102　支架

操作步骤

新建一个以 mm 为单位的零件并命名为"Base _ Bracket"。

步骤 1　创建基准特征草图　在上视基准面上新建草图。绘制草图并添加尺寸标注，如图 3-103 所示。

步骤 2　拉伸基准特征　拉伸草图，深度为 20mm，如图 3-104 所示。

图 3-103　绘制草图并添加尺寸标注

图 3-104　拉伸草图

步骤 3　绘制凸台草图　切换视图方向为后视。选择图 3-105 所示表面为草图平面，添加几何体和尺寸标注。

步骤 4　拉伸凸台　拉伸草图，深度为 20mm，如图 3-106 所示。

图 3-105　绘制凸台草图

图 3-106　拉伸凸台

步骤 5　创建圆角特征　创建圆角特征，见表 3-3。

表 3-3　圆角特征

圆　　角	图　　示
R20mm	
R25mm	
R12mm	

步骤6　创建异形孔　单击【异形孔向导】，选择图 3-107 所示表面。单击【位置】选项卡，选择圆弧中心点为孔中心点。单击【类型】选项卡，设置孔属性如下：

【孔类型】：孔 。

【标准】：ANSI Metric。

【类型】：钻孔大小。

【大小】：20mm。

【终止条件】：完全贯穿。

步骤7　创建第二个孔　重复创建孔操作，在图 3-108 所示表面创建直径为 18mm 的孔。

选择面

图 3-107　创建异形孔

选择面

图 3-108　重复创建孔

步骤8　共享、保存并关闭零件

练习 3-5　创建零件工程图

本练习的主要任务是利用提供的信息创建零件工程图。本练习将应用以下技术：

- 工程图纸。
- 工程视图。
- 中心符号线。
- 尺寸标注。

操作步骤

新建一个工程图，按照下面的步骤添加视图及尺寸。

步骤 1　打开零件　从文件夹"Lesson 03/Exercises"中打开零件"Basic-Changes-Done"。

步骤 2　新建工程图　使用【从零件制作工程图】命令并选择"B-Size-ANSI-MM"模板，创建图 3-109 所示的工程图。

图 3-109　工程图

步骤 3　添加尺寸和注释

步骤 4　共享、保存并关闭所有文件

第4章 对称和拔模

学习目标
- 使用视图显示和修改命令
- 编辑特征的定义和参数并重建模型
- 使用【成形到下一面】和【两侧对称】终止条件来体现设计意图
- 在草图中使用【对称】功能

4.1 实例研究：棘轮

图 4-1 所示的棘轮零件所包含的许多特征和操作步骤都是设计中经常用到的，其包括凸台特征、切除特征、绘制几何体、圆角特征和拔模等。

零件建模过程中的关键步骤如下：

1. 设计意图 讨论此零件的总体设计意图。

2. 带有拔模斜度的拉伸凸台特征 创建这个模型的第一部分，即手柄部件。利用直线工具绘制手柄草图，然后将草图向两个方向带斜度拉伸，形成实体，该实体是零件建模的最初特征。在这个实体的创建过程中，还将讨论镜像在草图中的应用方法。

图 4-1 棘轮

3.【成形到下一面】终止条件 模型的第二部分是过渡部分，采用【成形到下一面】终止条件，使特征拉伸到手柄部件的表面。

4. 在实体内绘制草图 创建的第三个凸台是头部部分，该特征的草图是在过渡部分的实体内绘制的。

5. 利用现有边创建切除特征 零件头部的凹口是这个零件的第一个切除特征，该特征草图的创建需利用模型现有边进行等距。它被拉伸切除到指定深度。

6. 用剪裁后的草图几何体切除 头部的腔槽是另一个切除特征，该特征的草图是通过剪裁两个相交的圆形来形成合适的形状。

7. 圆角 可以使用几种不同的方法在实体中添加内圆角和外圆角。

8. 编辑特征定义 使用【编辑特征】命令可以修改已经存在的特征。圆角特征可以通过此方法进行编辑。

4.2 设计意图

图 4-2 所示列出了棘轮的主要设计意图，零件每个部分的设计意图将在创建过程中单独进行讨论。

- 中心定位：零件的头部、手柄和过渡部分的中心位于同一条轴线上。

- 对称：无论是相对于纵向中心线还是分型面，该零件都是对称的。

图 4-2　设计意图

4.3　带有拔模斜度的凸台特征

棘轮的第一个建模部分是手柄。零件的第一个特征也可以称为基体特征，其他特征都可以创建在基体特征上。

4.3.1　创建手柄部分

手柄部分的横截面是矩形，创建该特征时，将矩形草图向两个相反的方向拉伸带有斜度的相等距离，如图 4-3 所示。

4.3.2　手柄部分的设计意图

手柄部分的设计意图是采用直线和镜像构造矩形草图轮廓，再将草图轮廓向两个相反方向拉伸带有斜度的相等距离，如图 4-4 所示。

- 拔模：分型面两侧的拔模角度相等。
- 对称：特征相对于分型面对称，也相对于手柄部件的中心线对称。

中心线作为参考几何体将被用来定位和绘制手柄部件的草图。

中心线既代表手柄部件后端到最前面孔中心的距离，也将用于镜像草图几何体，如图 4-5 所示。

图 4-3　手柄部分

图 4-4　手柄部分设计意图

图 4-5　中心线

操作步骤

按照下面的步骤创建零件的手柄部件。

步骤1　新建零件　在【Training Templates】选项卡中使用"Part_MM"模板新建零件，保存零件并命名为"Ratchet"（棘轮）。

步骤2　选择草图基准面　在上视基准面上新建草图。

扫码看视频　　　扫码看3D

知识卡片	中心线	【中心线】用于在草图中创建参考直线。根据中心线的不同应用情况，中心线可以是竖直的、水平的或具有任意角度的。由于中心线是参考几何体，所以在草图中无须对中心线完全定义。
	操作方法	• CommandManager：【草图】/【直线】╱/【中心线】。 • 菜单：【工具】/【草图绘制实体】/【中心线】。 • 快捷菜单：右键单击绘图区域并选择【草图绘制实体】/【中心线】。

提示 👉 任何草图几何体都可以转化为构造几何体，反之亦然。转化方法是先选择几何体，然后在草图绘制工具栏单击【构造几何线】。还可以使用 PropertyManager 将草图几何体转化为构造几何体，方法是选择几何线，然后勾选【作为构造线】复选框，如图4-6所示。

图4-6　转化为构造线

步骤3　绘制中心线　从原点开始画一条竖直的中心线，长度任意，如图4-7所示。

步骤4　隐藏草图几何关系　从菜单中选择【视图】/【隐藏/显示】/【草图几何关系】，隐藏草图几何关系。

提示 👉 后面的章节都假设【草图几何关系】是关闭的。

图4-7　绘制中心线

4.4　草图中的对称

使用【镜像】选项可以轻松创建草图中的对称几何体。用户可以选中已绘制的几何体并对其进行镜像。

镜像命令会通过对称关系创建与原几何体相关的副本。在直线的情况下，对称几何关系应用于直线的终点；在圆弧或圆的情况下，对称几何关系应用于图形自身。对称关系也可以添加到现有的几何体中。添加对称关系时，需要选择中心线和位于中心线两侧的实体。

4.4.1　草图绘制后创建对称

可先绘制几何体的一半，然后使用镜像创建另外一半来生成对称。

| 知识卡片 | 镜像实体 | 镜像需要一条直线或中心线、基准面、平面或者一条线性边。这条线定义了镜像平面。这个平面通常垂直于草图平面并且通过中心线。 |
| | 操作方法 | • CommandManager：【草图】/【镜像实体】。
• 菜单：【工具】/【草图工具】/【镜像】。
• 快捷菜单：在绘图区域单击右键并选择【草图工具】/【镜像实体】。 |

步骤 5　绘制直线　在中心线的上端往右画一条水平直线，如图 4-8 所示，再添加一条竖线和一条水平线，完成半个轮廓的创建。

> **技巧** 绘制应用于镜像的草图时不要跨过中心线，否则会生成重复的几何体。草图应终止于中心线，使得对称的两条水平直线合并为一条直线。

步骤 6　创建镜像　单击【镜像实体】并选择步骤 5 中生成的三条直线。勾选【复制】复选框。在【镜像轴】中选择中心线。单击【确定】完成草图，如图 4-9 所示。

图 4-8　绘制直线　　　　　　　　图 4-9　创建镜像

• **预览草图尺寸**　使用【预览草图尺寸】是添加草图尺寸的直接替代方法，其可用于向单个或成对的草图实体添加线性、径向、直径和角度标注。

> **提示** 必须先启用【预览草图尺寸】，才能使用该功能。

对于单个草图实体，例如圆，选择草图几何体以生成灰色的预览尺寸；单击尺寸文本并设置尺寸的大小；单击其他位置，或按〈Enter〉键完成尺寸标注。操作过程如图 4-10 所示。

图 4-10　使用【预览草图尺寸】对单个草图实体添加尺寸

对于一对草图实体，例如直线和圆，按住〈Ctrl〉键后再选择第二个实体。操作过程如图 4-11 所示。

图 4-11   使用【预览草图尺寸】对一对草图实体添加尺寸

提示　如果忽略预览草图尺寸，标注将会消失。

知识卡片　预览草图尺寸
- 菜单：【工具】/【选项】/【系统选项】/【草图】/【选中时预览草图尺寸】。
- 快捷菜单：在绘图区域右键单击并选择【预览草图尺寸】。

步骤 7　**激活预览草图尺寸**　单击【工具】/【选项】/【系统选项】/【草图】，勾选【选中时预览草图尺寸】复选框。

步骤 8　**选择几何体**　若要标注构造线的尺寸，先选择它以查看预览，尺寸显示为灰色，如图 4-12 所示。

步骤 9　**更改数值**　在数值上单击，将其更改为 220，离开模型后单击以完成标注，如图 4-13 所示。使用相同的方法继续标注草图的尺寸，结果如图 4-14 所示。

图 4-12   选择几何体

图 4-13   更改数值

图 4-14   标注尺寸

78

4.4.2　两侧对称拉伸

此零件的第一个实体特征是两侧对称拉伸，【两侧对称】选项在拉伸时两侧的形状相同，深度等于总的拉伸距离，两侧的深度相等。

4.4.3　拔模开/关

【拔模开/关】可用来从草图平面往拉伸方向拔模。【拔模角度】和【向外拔模】可以设置拔模的具体角度和拔模的方向。

步骤10　拉伸基体/凸台　在【特征】选项卡中单击【拉伸凸台/基体】，或者从【插入】菜单中选择【凸台/基体】/【拉伸】。从列表中选择【两侧对称】选项，输入深度为15.000mm。单击【拔模开/关】，并设置角度为8.00°。取消勾选【向外拔模】复选框。单击【确定】创建特征，如图4-15所示。

步骤11　完成特征　完成后的特征如图4-16所示，将特征命名为"Handle"（手柄）。

图4-15　两侧对称拉伸　　　　　　　图4-16　完成后的特征

4.5　模型内绘制草图

此零件的第二个特征是过渡部分，它是连接头部与手柄部件的凸台，如图4-17所示。该特征的草图创建在标准参考基准面上。

4.5.1　过渡部分的设计意图

过渡部分的横截面是一个简单的圆形轮廓拉伸到已存在的手柄特征上，如图4-18所示。
- 中心定位：圆形轮廓位于手柄特征的中心。
- 长度：此部分的长度由现有的位置确定。

79

图 4-17　过渡部分

图 4-18　过渡部分的设计意图

步骤 12　显示前视基准面　转换到等轴测视图，从 FeatureManager 设计树中选择前视基准面，该平面高亮显示。

如果需要保持平面可见，在 FeatureManager 设计树中单击前视基准面，选择【显示】 👁 ，此平面将显示为上色和透明的状态，如图 4-19 所示。

步骤 13　设置和修改基准面　SOLIDWORKS 软件可设定基准面如何在屏幕上显示。例如需要上色基准面，单击【工具】/【选项】/【系统选项】/【显示】，然后勾选【显示上色基准面】复选框；如果要设置平面的显示颜色，使用【工具】/【选项】/【文件属性】/【基准面显示】。

图 4-19　显示前视基准面

用户可以通过拖动系统或自定义的基准面的手柄来改变基准面的边界。平面被改动之后，边界大小可以自动地与特征边界接近。在基准面上单击右键，选择【自动调整大小】，如图 4-20 所示。

4.5.2　绘制圆形轮廓

过渡部分特征的草图具有非常简单的几何元素和关系。绘制一个圆，并将该圆与之前的特征位置创建约束关系以定位该圆。几何关系保证了过渡部分的中心和手柄特征的中心重合。

图 4-20　调整基准面大小

步骤 14　创建新草图　保持前视基准面仍然处于被选择状态，单击【草图绘制】 ▣ ，新建一幅草图。

知识卡片	视图正视于	【视图正视于】选项用来将视图方向更改为正视于所选平面几何体，此几何体可以是参考平面、草图、平面或者包含草图的特征。
	操作方法	• 快捷菜单：右键单击一个基准面或平面，选择【正视于】⊥。 • 前导视图工具栏：选择一个基准面或平面，单击【视图定向】▣/【正视于】⊥。 • 快捷键：按〈Spacebar〉键并单击【正视于】。

🔑 技巧　再次单击【正视于】，反转方向到平面的另一侧。

👆 提示　为了防止在新建或编辑草图时，视图自动更改为正视于，请单击【工具】/【选项】/【系统选项】/【草图】，不勾选【在创建草图以及编辑草图时自动旋转视图以垂直于草图基准面】复选框。

步骤 15　正视于视图方向　按〈Spacebar〉键并单击【正视于】⊥。现在的视图方向使用户能够看到基准面的真实大小和形状，使得草图绘制更加容易，如图 4-21 所示。

🔑 技巧　也可以先选择平面，然后单击关联工具栏中的【正视于】⊥。

图 4-21　正视于视图方向

知识卡片	绘制圆	在草图中用绘制圆工具为切除和凸台特征创建圆形。圆由圆心或周边圆来定义。圆心的定义需要两个点的位置：一是圆心，二是圆周上一点；周边圆的定义需要圆周上两个点（或任意三个点）的位置。
	操作方法	• CommandManager：【草图】/【圆】⊙。 • 菜单：【工具】/【草图绘制实体】/【圆】。 • 快捷菜单：右键单击绘图区域并选择【草图绘制实体】/【圆】⊙。

4.5.3　绘制圆

很多参考点可以用来定位圆，例如使用之前创建的圆的圆心、原点以及其他定位点。在本例中将通过以原点为圆心绘制圆来自动捕捉原点与圆心之间的重合关系。

步骤 16　添加圆并标注尺寸　单击【圆】⊙，添加一个圆心在原点的圆。

添加直径尺寸使草图完全定义，设置尺寸值为 12mm，此时草图已经完全定义，如图 4-22 所示。

图 4-22　绘制圆

4.5.4　修改尺寸外观形式

根据当前使用的尺寸标注标准，直径的尺寸线箭头位于圆外，用户可以修改尺寸标注属性，使其尺寸线的两个箭头在圆内。

步骤 17　单击尺寸线　单击尺寸线，尺寸线的箭头后会出现两个小的圆点，这是尺寸控标，如图 4-23 所示。

> **提示**　高亮显示的几何体可以是任意颜色，这取决于"所选项目 1"的颜色设置。

步骤 18　切换箭头方向　单击箭头底部的控标，尺寸箭头切换到圆的内部，如图 4-24 所示。这种操作对所有的尺寸有效，而不仅仅是直径尺寸。再次单击，箭头又切换到外部。

步骤 19　切换到等轴测视图方向　这时并不像创建第一个特征时那样，当用户创建其他凸台或切除特征时，系统不会自动切换视图方向，而是要使用【视图方向】对话框或者标准视图工具栏切换到等轴测视图。等轴测视图如图 4-25 所示。

图 4-23　单击尺寸线

图 4-24　切换箭头方向

图 4-25　等轴测视图

4.5.5　成形到下一面

创建拉伸特征使用【成形到下一面】终止条件时，草图将拉伸到在其路径上遇到的下一个特征表面。查看预览图形非常重要，它显示凸台是否拉伸到正确位置，如果需要还需反转方向。

步骤 20　成形到下一面的拉伸　单击【拉伸凸台/基体】，查看所创建拉伸特征的预览显示，改变拉伸方向，使拉伸朝向已经创建的"手柄"特征。如图 4-26 所示，把终止条件设置为【成形到下一面】，单击【确定】。将特征重新命名为"Transition"（过渡），结果如图 4-27 所示。

图 4-26　成形到下一面

图 4-27　完成后的特征

步骤 21　隐藏前视基准面　右键单击前视基准面并选择【隐藏】。

● **成形到一面与成形到下一面**　在很多情况下，选择【成形到一面】和【成形到下一面】的终止条件会有不同的结果。图 4-28a 选择的终止条件为【成形到一面】，当选择一个角度面为终止面时，只有被选择的面对拉伸成形进行约束。图 4-28b 选择的终止条件为【成形到下一面】，所有的面对拉伸成形进行约束。

a) 成形到一面   b) 成形到下一面

图 4-28 成形到一面与成形到下一面

4.5.6 头部特征的设计意图

零件的头部是一个草图特征，该特征使用直线和切线弧绘制草图轮廓，然后向两个方向拉伸，并且拔模斜度和拉伸长度相等。头部特征是零件的关键特征，其包括用于其他零件定位的腔槽和孔，如图 4-29 所示。

零件头部的设计意图（见图 4-30）如下：

图 4-29 零件头部   **图 4-30 设计意图**

1. 圆弧中心 在上视方向时，外形轮廓线中两个圆弧的中心位于一条竖直线上，它们的半径并不相等，并且可以更改为任何值。

2. 外形定位 绘制几何体在零件的分型面上，大圆弧中心位于模型的原点。

3. 拔模角度 分型线两侧的拔模斜度相等。

4. 厚度 分型线两侧的厚度相等。

步骤 22 绘制中心线 选择上视基准面为草图基准面，单击【正视于】，绘制图 4-31 所示的中心线。

步骤 23 绘制直线和圆弧 在绘制好直线后可以使用自动切换功能直接绘制圆弧，结果如图 4-32 所示。

步骤 24 返回绘制直线 完成圆弧后自动切换回直线工具。使用相切推理线绘制直线，端点与前一条直线端点对齐，如图 4-33 所示。

图 4-31 绘制中心线   **图 4-32 绘制直线和圆弧**   **图 4-33 绘制直线**

步骤 25 绘制相切圆弧 使用自动转换工具绘制相切圆弧封闭整个轮廓草图，在图 4-34 所示点所在位置添加相切关系。

步骤26　添加合并点几何关系　分别在上圆弧的中心点和中心线的上端点以及下圆弧的中心点和中心线的下端点之间添加【合并点】✓几何关系，如图4-35所示。

步骤27　标注尺寸　标注尺寸，完全定义草图，如图4-36所示。

图 4-34　绘制相切圆弧

图 4-35　添加合并点几何关系

图 4-36　标注尺寸

步骤28　拉伸　转换到等轴测视图，单击【拉伸凸台/基体】🗗，设置终止条件为【两侧对称】，拉伸深度为20mm，拔模角度为8°。将最后的特征重命名为"Head"（头部）。

零件的三个主要特征已经创建完成，这三个特征形成了零件的整体形状，如图4-37所示。

图 4-37　零件的整体形状

4.6　视图选项

SOLIDWORKS 软件为控制和操纵模型在屏幕上的视图显示方式提供了很多选项。一般来说，上述视图显示方式选项分为两组，它们分别对应于【视图】菜单中的两个子菜单。

1）【显示】子菜单，如图4-38所示。

2）【修改】子菜单，如图4-39所示。

图 4-38　【显示】子菜单

图 4-39　【修改】子菜单

提示 ✊　　上述下拉菜单底部的一部分被省略了。

4.6.1　【显示】子菜单

图 4-40 所示列出了棘轮零件所使用的不同显示类型。

| 线架 | 隐藏线可见 | 消除隐藏线 |

| 上色 | 透视图 | 剖面视图（即剖视图） |

| 斑马条纹 | 在上色模式下加阴影 | 带边线上色 |

图 4-40　显示类型

提示 ✊　　【透视图】和【剖面视图】适用于任何类型的视图——线架、隐藏线或上色。【草稿品质 HLR/HLV】🗔 可以在所有视图模式中激活，但只在【消除隐藏线】和【隐藏线可见】中起作用，其可以在显示中使用面片并更加快速地显示复杂零件和装配体。

4.6.2　【修改】子菜单

表 4-1 列出了【修改】子菜单的工具按钮及其作用。

提示 ✊　　在印刷的书籍中很难说明一些动态的操作，如视图旋转。因此，这里只列出和总结了一些不同的视图选项。

表 4-1　【修改】子菜单的工具按钮及其作用

图　标	名　称	作　用
🔍	整屏显示全图	调整放大缩小的范围，以便可以看到整个模型
🔍	局部放大	使用鼠标在绘图区域拖动出一个视图区域，放大区域的中心被标以正号（+），可放大所选择的视图区域
🔍	动态放大/缩小	按住鼠标左键并拖动鼠标，向上时放大，向下时缩小
🔍	放大所选范围	放大视图到所选实体大小
↻	旋转	按住鼠标左键并拖动，以旋转视图
↺	滚转	按住鼠标左键并拖动，以关于某一轴旋转视图
✛	平移	当拖动鼠标时，滚动视图以使模型移动

4.6.3　鼠标中键或滚轮的功能

三键鼠标中的中键或滚轮可以用于动态地操纵显示，使用鼠标中键或滚轮可以完成的功能见表 4-2。

表 4-2　鼠标中键或滚轮的功能

功　能	中　键	滚　轮
旋转视图	按住鼠标中键，拖动鼠标可自由地旋转视图	按住鼠标滚轮，拖动鼠标可自由地旋转视图
绕几何体旋转视图	在几何体上单击鼠标中键，并按住鼠标中键拖动，使视图绕着所选几何体旋转 几何体可以是顶点、边线、轴或临时轴	在几何体上单击鼠标滚轮，并按住鼠标滚轮拖动，使视图绕着所选几何体旋转
平移或滚动视图	同时按住〈Ctrl〉键和鼠标中键，拖动鼠标平移视图	同时按住〈Ctrl〉键和鼠标滚轮，拖动鼠标平移视图
缩放视图	同时按住〈Shift〉键和鼠标中键，按住鼠标并且向前拖动即可放大视图，向后拖动可缩小视图	滚动鼠标滚轮缩放视图，向前滚动可放大视图，向后滚动可缩小视图。或者按住〈Shift〉键和鼠标滚轮后拖动鼠标
整屏显示全图	双击鼠标中键，放大所选几何体到合适大小	双击鼠标滚轮，放大所选几何体到合适大小

技巧 在工程图操作环境内，只有缩放和平移功能可以使用。

4.6.4　参考三重轴的功能

参考三重轴（见图 4-41）可以用来改变视图的方向。选取一个轴能够控制其旋转，可以使用或不使用辅助键，具体见表 4-3。

*等轴测

图 4-41　参考三重轴

表 4-3　参考三重轴的功能

选　取	结　果	选　取	结　果
选取不垂直于屏幕的轴	轴线的方向将垂直于屏幕	Shift + 选取轴	以 90°的增量绕轴顺时针旋转视图
选取垂直于屏幕的轴	轴线的方向顺时针旋转 180°	Alt + 选取轴	以方向键增量旋转视图

4.6.5　快捷键

预定义视图选项的快捷键见表 4-4。

表 4-4　快捷键

快　捷　键	视　图　选　项	快　捷　键	视　图　选　项
方向键	旋转视图	Ctrl + 2	后视
Shift + 方向键	以 90°的增量来旋转视图	Ctrl + 3	左视
Alt + 左或右方向键	绕垂直于屏幕的轴线旋转	Ctrl + 4	右视
Ctrl + 方向键	移动视图	Ctrl + 5	上视
Shift + Z	放大	Ctrl + 6	下视
Z	缩小	Ctrl + 7	等轴测
F	整屏显示全图	Ctrl + 8	正视于
G	放大镜	Spacebar	调出视图方向对话框
Ctrl + 1	前视		

技巧 在【工具】/【选项】/【系统选项】/【视图】中，取消勾选【在更改到标准视图时整屏显示全图】复选框，可以在切换方向时避免缩放模型以套合窗口。

提示 单击【工具】/【自定义】中的【键盘】选项卡可以查看已分配的快捷键，如图 4-42 所示。也可以使用该对话框添加用户自定义的快捷键。

图 4-42　查看和自定义快捷键

4.7　草图中使用模型边线

本零件的第一个切除特征是凹口部分，该切除特征从头部上表面向下拉伸，用于安装覆盖在棘轮上的盖板。由于盖板零件与头部上表面的外形轮廓一致，所以在绘制凹口外形草图时，可以利用头部的边线进行【等距】操作。

4.7.1　放大所选范围

【放大所选范围】可以放大所选择的实体，使其充满图形显示窗口。

放大所选范围	• 菜单：选择几何体，单击【视图】/【修改】/【放大所选范围】。
	• 快捷菜单：右键单击几何体，选择【放大所选范围】🔍。

提示👆 | 该方法也可以应用到多个几何体的选择。

4.7.2　添加新视图

使用【方向】对话框来添加自定义命名视图，用户可以在绘图区域快速恢复模型的缩放倍数和旋转角度。

新视图	• 前导视图工具栏：单击【视图定向】🖼，选择【新视图】✏。
	• 快捷方式：按〈Spacebar〉键，选择【新视图】✏。

步骤29 放大所选范围 选择棘轮零件的头部上表面，单击【放大所选范围】🔍，所选择的平面将充满显示窗口，如图 4-43 所示。

步骤30 添加新视图 按〈Spacebar〉键，打开【方向】对话框。单击【新视图】🔖，设置【视图名称】为"头部"，单击【确定】。关闭【方向】对话框。新的视图名称将会出现在对话框和【视图定向】菜单中，选中后可以返回到模型的此视图。

图 4-43 放大所选范围

4.7.3 绘制等距实体

在绘制草图过程中，可以利用现有模型的边或另一幅草图中的草图元素来创建等距的草图实体，本例中将利用头部特征的边线。用户可以单独选择边，也可以通过选择一个表面来获取表面的边线。在使用过程中，用户应尽可能地选择表面，因为如果以后做了某些修改或删除了某些边线，草图仍能够保持较好的关联。

所选择的边线可以投影到草图平面上，而不管该边线是否位于此平面内。

知识卡片	等距实体	【等距实体】用于在草图中创建模型边线的复制。这些复制从原始实体偏移指定的距离。
	操作方法	• CommandManager:【草图】/【等距实体】⊑。 • 菜单:【工具】/【草图工具】/【等距实体】。 • 快捷菜单: 右键单击绘图区域并选择【草图工具】/【等距实体】⊑。

步骤31 等距表面的边线 选择顶面并单击【草图绘制】🗏，选择顶面并单击【等距实体】⊑，设置等距距离为 2.000mm。如有必要，勾选【反向】复选框，使等距的实体位于头部外轮廓的内侧，如图 4-44 所示。

步骤32 查看等距结果 如图 4-45 所示，偏移创建了两条直线和两个圆弧，等距的实体依赖于创建它的实体特征，并将随实体的改变而改变。此草图自动完全定义，可以用来创建切除特征。

图 4-44 等距实体

步骤33 创建切除特征 创建拉伸切除特征，设置终止条件为【给定深度】，深度设置为 2.000mm，单击【确定】，结果如图 4-46 所示。

步骤34 重命名特征 将此特征重命名为"Recess"（凹口）。

图 4-45 等距结果

图 4-46 切除特征

4.8　剪裁草图几何体

棘轮零件的第二个切除特征是腔槽部分。该特征的草图使用了两个相交的圆，使用剪裁工具将这两个圆剪裁成单一轮廓，其圆心与模型头部现有的圆心重合。

> **步骤35　绘制圆**　选择"Recess"特征的底面新建草图。单击【圆】⊙，以现有中心点作为圆心绘制圆。捕捉到这一位置后，系统将自动创建几何关系。在头部模型的另一边绘制第二个圆，如图 4-47 所示。
>
> **步骤36　为圆心添加几何关系**　单击【添加几何关系】└，打开【添加几何关系】窗口。如图 4-48 所示，选择所绘制的第二个圆和凹口特征的圆形边，然后选择【同心】几何关系并单击【确定】。【同心】关系将使所选择的圆(圆弧)使用同一个圆心，从而定位了所绘制的第二个圆。

图 4-47　绘制圆　　图 4-48　为圆心添加几何关系

4.8.1　剪裁和延伸

1. 剪裁　使用【剪裁实体】工具可以将草图几何体剪短，本例要把草图中两个圆交叠的部分剪掉。剪裁选项包括【强劲剪裁】、【边角】、【在内剪除】、【在外剪除】和【剪裁到最近端】。它们也可以通过【延伸】命令来延长。不同剪裁选项的功能见表 4-5。

> **知识卡片**
>
> **剪裁**
> - CommandManager：【草图】/【剪裁实体】。
> - 菜单：【工具】/【草图工具】/【剪裁】。
> - 快捷菜单：右键单击绘图区域并选择【草图工具】/【剪裁实体】。

表 4-5　剪裁选项的功能

剪 裁 选 项	图例(剪裁前)	图例(剪裁后)
【强劲剪裁】 移除从相交点或端点间光标经过的实体部分		
【边角】 通过保留被选择的几何体到公共交叉点上来进行剪裁		
【在外剪除】 如果几何体与边界相交，保留内部部分。先选择两条边界线(B)，再选择被修剪的几何体(T)的一部分		

89

（续）

剪 裁 选 项	图例（剪裁前）	图例（剪裁后）
【在内剪除】 如果几何体与边界相交，保留外部部分。先选择两条边界线（B），再选择被修剪的几何体（T）的一部分		
【剪裁到最近端】 剪去最靠近交点的几何体或是将边界之间的部分移除		

> **提示** 被剪裁的几何体可以是构造几何体，其可以被删除或保留。同样，在使用剪裁工具时也可以忽略构造几何体。

2. 延伸 用户也可以使用【延伸】工具延长草图几何体，见表 4-6。

> **知识卡片**
>
> **延伸**
> - CommandManager：【草图】/【剪裁实体】/【延伸实体】。
> - 菜单：【工具】/【草图工具】/【延伸】。

表 4-6 延伸实体

操 作 说 明	图例（延伸前）	图例（延伸后）	操 作 说 明	图例（延伸前）	图例（延伸后）
选择最近的需要延伸的端点，单击以延伸到下一个相交点			选择需要延伸的端点，拖放到相交实体以进行延伸		

步骤 37 剪裁圆 单击【剪裁实体】，选择【强劲剪裁】选项。在将要移除的草图实体部分上拖动，系统将找到圆的相交点，并删除多余的部分，如图 4-49 所示。

步骤 38 添加尺寸 给圆弧添加尺寸，将草图完全定义，如图 4-50 所示。

步骤 39 关闭尺寸标注工具 关闭尺寸标注工具的一种简便方法是在键盘上按〈Esc〉键。

图 4-49 剪裁圆

图 4-50 添加尺寸

4.8.2 修改尺寸

由于草图实体是圆弧，系统会自动创建半径尺寸。如果用户希望标注直径尺寸，则可以通过在尺寸上单击右键，选择【显示选项】/【显示成直径】，快速地进行修改。若要修改更多的尺寸属性，可以右键单击尺寸，然后选择【属性】进行修改。

步骤40 显示为直径尺寸 选择任一直径尺寸，然后从关联菜单中单击【显示为直径】 ⊘。对另一个直径尺寸重复操作，结果如图 4-51 所示。

图 4-51 显示直径尺寸

4.8.3 到离指定面指定的距离

【到离指定面指定的距离】终止条件是从一个基准面、面或者曲面甚至是特征的草图平面开始，测量到指定的距离来放置拉伸的终止位置。

在本例中，拉伸的终止位置是从零件底部的面开始测量的，距离为5mm，如图 4-52 所示。

4.8.4 【转化曲面】复选框

【到离指定面指定的距离】终止条件的【转化曲面】复选框在默认情况下是不勾选的。

图 4-52 到离指定面指定的距离

如图 4-53 所示，两个圆柱位于两个相同的半圆形参考曲面下，两个圆柱都是拉伸到顶部离曲面35.6mm(约1.4in)的位置。左边的圆柱在拉伸时勾选了【转化曲面】复选框，而右边的圆柱则在拉伸时不勾选该复选框。

在【到离指定面指定的距离】中的【转化曲面】定义为沿拉伸方向线性地将曲面复制到某个距离作为拉伸的终止条件。如果不使用此复选框，复制的曲面是通过投影法线到原始曲面而创建的。因此，会得到两种不同的结果，如图 4-54 所示。

图 4-53 【转化曲面】复选框(一)

图 4-54 【转化曲面】复选框(二)

提示 在本例中，因为选择的表面是平面，所以勾选和不勾选【转化曲面】复选框都会得到相同的结果。

> **步骤41　切换自定义视图**　按〈Spacebar〉键，打开【方向】对话框，在自定义视图列表中选择"头部"视图。
>
> **步骤42　到离指定面指定的距离**　单击【拉伸切除】◎，终止条件为【到离指定面指定的距离】，设置【等距距离】为5mm。

4.8.5　选择其他

知识卡片	选择其他	【选择其他】用于选择模型内部不能直接选择的隐藏面。
	操作方法	● 快捷菜单：在面上单击右键并选择【选择其他】◎。

选择隐藏或是被遮挡的面可以使用【选择其他】选项。当把光标放在要选择面的区域上并单击右键时，快捷菜单内将出现【选择其他】选项。靠近光标的面将会被隐藏。当光标在对话框中的面列表上移动时，相应的面在屏幕上将高亮显示。

> **步骤43　选择面**　在被隐藏的面上单击右键然后选择【选择其他】。在列表中上下移动光标来高亮显示其他可选择的面，如图4-55所示。用鼠标左键直接选择面或者在列表中选择面。
>
> 单击【确定】并将此特征重命名为"Pocket"（腔槽）。
>
> **技巧** 在选择时，其他面也可以被隐藏。用右键单击要隐藏的面就可将其隐藏，按住〈Shift〉键然后单击右键可以解除隐藏。

图 4-55　选择面

4.8.6　测量

【测量】选项可以用于多种测量任务，包括单个实体的测量或两个实体之间的测量，这些实体包括面、边、顶点和点。测量的默认单位与零件的单位一致，但用户可以在【测量】对话框中进行更改，如图4-56所示。

图 4-56　【测量】对话框

 知 识 卡 片	测量	【测量】可以计算距离、长度、曲面面积、角度、圆周以及点的 X、Y、Z 坐标。对于圆和圆弧，可以显示圆心、最大尺寸和最小尺寸，这些尺寸可以通过【测量】对话框或屏幕上的标注进行修改，见表 4-7。
	操作方法	• CommandManager：【评估】/【测量】。 • 菜单：【工具】/【评估】/【测量】。

表 4-7   测量

测量方法	图 例	测量方法	图 例

步骤 44   **测量点与面之间的距离**   单击【测量】，然后选择图 4-57 所示的点和面。【垂直距离】和【Delta Y】都为 5mm。这个组合的相关信息都会在对话框中显示出来。

图 4-57   测量

提示   可以使用图钉将各测量值的位置固定。

技巧 🔑
在测量工具关闭时，SOLIDWORKS 窗口底部的状态栏显示了一些基本的信息。例如当选择圆的边线时，状态栏将会显示它的半径和圆心坐标，如图 4-58 所示。

半径: 9mm 中心: 0mm,-5mm,-18mm

图 4-58   状态栏

4.9   复制和粘贴特征

简单的草图特征和一些应用特征可以被复制，然后粘贴到一个平面上。复杂的草图特征（例如扫描和放样）不能被复制。同样的，尽管倒角和圆角这样的特征可以被复制，但拔模等应用特征也是不可以被复制的。

一旦粘贴完成，复制的特征就跟原始的特征没有任何关联。新旧特征和各自的草图都可以被独立修改。

在本例中，在零件部位 Head（头部）处需要加工两个直径不同的通孔。下面将先创建一个通孔，然后通过复制的方法来创建第二个通孔。

知识卡片

复制和粘贴
- 菜单：【编辑】/【复制】 📋或者【粘贴】 📋。
- 快捷键：〈Ctrl + C〉 和 〈Ctrl + V〉。
- 快捷键：〈Ctrl〉 + 鼠标拖动。

步骤45   创建圆形通孔   在新的草图上创建一个圆，和腔体上部的圆心重合，并添加尺寸。设置圆的直径为 9mm 并应用【拉伸切除】命令添加完全贯穿的特征，如图 4-59 所示。将新创建的特征命名为 "Wheel Hole"。

步骤46   复制特征   被复制的特征必须能够在 FeatureManager 设计树或者绘图区域识别。在本例中，通过 FeatureManager 设计树选择特征 "Wheel Hole"，如图 4-60 所示。然后通过单击【复制】📋将其复制到粘贴板内。

步骤47   选择面   复制的特征必须被粘贴在平面上。选择特征 "Wheel Hole" 草图所在的平面然后单击【粘贴】📋。

步骤48   复制确认   特征 "Wheel Hole" 所使用草图中的圆具有一个和同平面圆同心的几何关系。在复制特征时，该关系同样被复制。只是系统此时会有一点 "困惑"，不确定新特征草图里的圆该和哪条边重合。所以，如图 4-61 所示，系统给出了三个选项：

图 4-59   创建圆形通孔

- 删除关系。
- 尽管无效但还是保留（悬空）。
- 取消复制操作。

选择【删除】，如图4-62所示。

▸ 🔳 Handle
▸ 🔳 Transition
▸ 🔳 Head
▸ 🔳 Recess
▸ 🔳 Pocket
▸ 🔳 Wheel Hole

图4-60 复制特征　　　　　　　　图4-61 复制确认

提示　　尺寸和关系所引用的对象在被删除后，这种无效的状态就是悬空。悬空的关系一般通过某些特殊的技术是可以修复的。

步骤49　编辑草图　被复制的特征包含特征本身和附带的草图两个部分，但由于原始的关系被删除，该草图目前处于欠定义状态。

更改圆的直径为12mm，拖动圆心使之与坐标系原点重合，如图4-63所示。退出草图，将特征命名为"Ratchet Hole"。

$\phi 12$

图4-62 删除关系　　　　　　　　图4-63 编辑草图

步骤50　添加圆角　添加表4-8所示边和面的圆角。

表4-8 添加圆角

圆角特征	$R=3mm$ 名称 = Handle Fillets （手柄圆角）	$R=1mm$ 名称 = H End Fillets （手柄端圆角）	$R=2mm$ 名称 = T-H Fillets （过渡－手柄圆角）
图例	半径：3mm	半径：1mm	半径：2mm

4.10　编辑圆角特征

最后需要创建的圆角特征是头部特征的上下两条边线。由于这两条边线处的圆角与手柄两端的圆角半径相同，因此可以通过编辑已经创建的手柄两端圆角特征，以增加头部特征的圆角边线。这种方法比创建新圆角再使圆角保持半径相等的方法要好。本例将编辑"H End Fillets"（手柄端圆角）的特征定义。

步骤51 选择并编辑圆角 右键单击"H End Fillets"（手柄端圆角）特征，选择【编辑特征】🖫。使用已命名"头部"视图定向到头部。选择头部特征上下两条边线周围的附加边线，所选择的边线会添加到列表中，现在已经有 6 条边线用于圆角特征，如图 4-64 所示。

步骤52 共享、保存并关闭零件

图 4-64 编辑圆角特征

练习 4-1 带轮

本练习的主要任务是根据所给尺寸完成图 4-65 所示的零件。尽量使用约束关系来保证设计意图。本练习将应用以下技术：

- 草图中的对称。
- 两侧对称拉伸。
- 拔模开/关。
- 绘制圆。

如果用户想要使用已有的草图，请直接跳到操作步骤。用户也可以自己创建新的草图。

新建一个以 mm 为单位的零件，并使用图 4-66 所示的尺寸绘制草图。本例共需三个草图，第一个草图位于前视基准面上，剩下的两个草图位于右视基准面上。

图 4-65 带轮

图 4-66 带轮的尺寸信息

操作步骤

打开名为"Pulley"的零件。

步骤 1 带拔模的拉伸 拉伸基体草图（红色），设置拉伸深度为 10mm，终止条件为【两侧对称】，拔模斜度为 6°，结果如图4-67 所示。

步骤2　拉伸支架　拉伸支架草图(蓝色)，设置拉伸深度为4mm，终止条件为【两侧对称】，并应用相同的拔模斜度，结果如图4-68所示。

步骤3　创建切除和孔特征　使用"Center Cut"草图(绿色)创建切除特征。这个切除在两个方向上都是【完全贯穿】的。然后添加直径为5mm的孔，结果如图4-69所示。在原点的上方，创建第三个直径为3mm的【完全贯穿】的孔，如图4-70所示。

图4-67　带拔模的拉伸

图4-68　支架

图4-69　切除特征

步骤4　添加圆角　在切除特征的底部边线上添加1mm的圆角特征，如图4-71所示。在其他位置添加1mm和0.5mm的圆角，如图4-72所示。

图4-70　创建孔

图4-71　添加圆角(一)

图4-72　添加圆角(二)

注意　　　　创建圆角特征的顺序很重要，R1mm的圆角特征必须在R0.5mm的圆角特征之前创建。

步骤5　共享、保存并关闭零件

练习4-2　对称和等距实体（一）

本练习的主要任务是使用对称和等距实体来完成图4-73所示零件。本练习将应用以下技术：

- 绘制中心线。
- 草图绘制后创建对称。
- 两侧对称拉伸。
- 绘制等距实体。

按图4-74所示创建零件。

图4-73　对称和等距实体(一)

练习4-3　修改棘轮手柄

本练习的主要任务是修改本章创建的棘轮手柄（见图4-75）。本练习将应用以下技术：

● 剪裁和延伸。

本零件的设计意图如下（见图4-76）：

1）零件必须保持关于右视基准面对称。

2）要求过渡部分的截面是平面，截面形状由平面间的距离确定。

图4-74　尺寸信息

图4-75　棘轮手柄

图4-76　设计意图

操作步骤

打开已有的零件。

步骤1　打开棘轮零件进行修改　需要对零件过渡部分（见图4-77）的形状进行修改。

步骤2　编辑草图　在绘图区域右键单击过渡部分表面，选择【编辑草图】。修改草图，添加等间距的水平线，间距为8mm，如图4-78所示。退出草图。

图4-77　修改过渡部分

图4-78　编辑草图

步骤3　编辑特征　编辑"H End Fillets"（手柄端圆角）特征，添加边线。选择上个特征创建的四条边，单击【确定】，如图4-79所示。

步骤4　圆角修改结果　新添加的边线成为手柄端圆角特征的一部分，并更新了下一个圆角特征的形状，如图4-80所示。

选择四条边

图4-79　编辑特征　　　　　　　图4-80　圆角修改结果

步骤5　共享、保存并关闭零件

练习4-4　对称和等距实体（二）

本练习的主要任务是使用对称和等距实体来完成
图4-81所示零件。本练习将应用以下技术：

- 绘制中心线。
- 草图绘制后创建对称。
- 正视于视图方向。
- 绘制等距实体。
- 到离指定面指定的距离。
- 测量。

图4-81　对称和等距实体（二）

操作步骤

打开已有的零件"Offset_Entities"，并按如下步骤创建几何体。

步骤1　等距实体　使用【等距实体】创建草图几何体，如图4-82所示。

步骤2　到离指定面指定的距离　使用【拉伸切除】，选中【到离指定面指定的距离】，距离为10mm。用【选择其他】来选择隐藏的面，如图4-83所示。

切除显示了【到离指定面指定的距离】选项的结果，如图4-84所示。测量工具可以用来检查此数值。

图4-82　等距实体　　　　　图4-83　到离指定面指定的距离　　　　图4-84　结果显示

步骤3　等距表面　创建草图，等距表面为2mm，如
图4-85所示。

步骤4　等距和对称　使用【正视于】定位零件。用
【等距实体】、【中心线】和【镜像实体】来创建和镜像草图
几何体。选择【拉伸切除】/【完全贯穿】完成此步骤，如图
4-86所示。

图4-85　等距表面

图4-86　等距和对称

步骤5　共享、保存并关闭零件

练习4-5　工具手柄

本练习的主要任务是根据所给尺寸和信息，创建图4-87所示的零件。本练习将应用以下技术：

- 草图中的对称。
- 两侧对称拉伸。
- 绘制圆。
- 剪裁和延伸。

（1）设计意图　本零件的设计意图如下：

1）除非特别指出，圆角半径都为2mm。

2）等半径或等直径的圆形边线仍要保持相等。

（2）尺寸视图　依据设计意图，按图4-88所示的尺寸创建零件（切线在所有视图中均被隐藏）。

操作步骤略。

图4-87　工具手柄

图4-88　工具手柄的尺寸信息

练习4-6　惰轮臂

本练习的主要任务是根据所给尺寸和信息，创建图4-89所示的零件。

在练习中使用几何关系保证零件的设计意图。在本练习中，读者需要特别注意此零件的最佳原点位置。要求读者只利用上视、前视和右视基准面建立模型。

本练习将应用以下技术：

- 草图中的对称。
- 两侧对称拉伸。
- 成形到下一面拉伸。

（1）设计意图　本零件的设计意图如下：

1）零件对称。

2）主视图的所有孔均位于零件的中心线上。

3）除非特别说明，所有的圆角半径均为3mm。

4）位于前视和右视基准面上的中心孔共享一个中心点。

（2）尺寸视图　根据图 4-90 所示以及设计意图，以 mm 为单位创建零件模型。

图 4-89　惰轮臂　　　　　　　　　　图 4-90　以 mm 为单位标注尺寸

练习 4-7　成形到一面

本练习的主要任务是使用对称和成形到一面来完成图 4-91 所示零件。本练习将应用以下技术：

- 镜像实体。
- 成形到下一面与成形到一面。

图 4-91　成形到一面的零件

操作步骤

打开名为"Up_To_Surface"的零件。

步骤 1　创建草图　在基准面 Plane2 上使用直线和对称命令创建草图，如图 4-92 所示。

a)　　　　　　　　　　　　　　　　b)

图 4-92　尺寸信息

101

步骤 2　拉伸并选择方向　拉伸草图。单击【拉伸方向】区域，选择蓝色的草图线，如图 4-93 所示。【距离】为 28mm。

a)　　　　　　　　　　　　　　b)

图 4-93　拉伸并选择方向

默认的拉伸方向是垂直于草图轮廓或者草图平面的方向，但有时可能需要向不同的方向拉伸。此时可通过【拉伸方向】来改变默认方向，方向向量可以是草图几何体、模型的边线或轴线，如图 4-94 所示。

步骤 3　成形到一面　在基准面 Plane1 上创建草图并绘制圆，尺寸如图 4-95 所示。拉伸草图，终止条件为【成形到一面】，选择粉红色的面作为终止面。

步骤 4　添加圆角　添加圆角，如图 4-96 所示。

a) 直线方向　　　　　　b) 默认方向

图 4-94　不同的拉伸方向

图 4-95　成形到一面

图 4-96　添加圆角

技巧　创建圆角特征的顺序很重要，R12mm 圆角必须在 R3mm 圆角之前创建。

步骤 5　共享、保存并关闭零件

第5章 阵 列

学习目标

- 创建线性阵列
- 添加圆周阵列
- 正确使用几何体阵列选项
- 创建并使用基准轴、基准面和坐标系参考几何体类型
- 添加镜像
- 使用线性阵列的【只阵列源】选项
- 草图驱动的阵列
- 使用【完全定义草图】添加几何关系与尺寸标注

5.1 使用阵列的优点

当创建特征的多个实例时，阵列是最佳的方法。优先选择阵列的原因有以下几点：

1. 重复使用几何体 原始或源特征只被创建一次。参照源特征，创建和放置源的实例。

2. 方便修改 因为源与实例是相关联的，故实例随着源的改变而改变。

3. 使用装配部件阵列 通过【特征驱动】阵列，在零件级创建的阵列可以在装配体级得到重用。这种阵列可以被用来放置零部件和子装配体。

4. 智能扣件 针对每个孔，智能扣件会自动向装配体添加紧固件。阵列的一个优势是支持智能扣件的使用，如图5-1所示。

5.1.1 阵列类型

SOLIDWORKS 中提供了多种阵列类型。表5-1 列出了阵列的各种类型及其典型应用。

图5-1 智能扣件

> **提示** 表5-1列出了所有类型的阵列，但本章仅会使用到其中的几种。

要使用阵列，用户需要了解源和阵列实例术语的含义。

1. 源 源是被阵列的几何体，可以是一个或多个特征、实体或者面。

2. 阵列实例 阵列实例（或者称作实例）是通过阵列创建的源的"复制品"。它从源派生并且随着源的变化而变化。

5.1.2 阵列选项

阵列特征具有一些相同的选项，但各类型的阵列又有些独特的选项，见表5-2。

表 5-1　阵列类型及其典型应用

阵列类型	典型应用	源 = 阵列实例 =
线性阵列	一个方向等距排列	
线性阵列	两个方向等距排列	
线性阵列	只阵列源的双向排列	
线性阵列	去除一些实例的单向或双向排列	
线性阵列	尺寸变化的单向或双向排列	
圆周阵列	关于中心的等距圆形排列	
圆周阵列	关于中心的等距圆形排列。去除了一些实例，或者角度小于360°	
圆周阵列	关于中心的等距圆形排列，间距双向对称	

（续）

阵 列 类 型	典 型 应 用	源 = 阵列实例 =
圆周阵列	关于中心的指定尺寸变化的圆形排列	
镜像阵列	根据指定平面的镜像定位，可以镜像指定的特征或整个实体	
表格驱动阵列	基于坐标系下 XY 方向的表格来排列	
草图驱动阵列	基于草图定位点排列	
曲线驱动阵列	基于曲线几何体排列	
曲线驱动阵列	基于完全圆周路径排列	
曲线驱动阵列	基于投影曲线排列	
填充阵列	基于同一面的实例排列。填充阵列也可以使用默认的形状，如圆形、方形、菱形或多边形	

（续）

阵 列 类 型	典 型 应 用	源 = 阵列实例 =
变量阵列	基于所选用阵列表格中的尺寸，沿着平面或曲面排列	

表 5-2 阵列选项

阵列类型	选择特征、实体或者面	延伸视像属性	只阵列源	跳过实例	几何体阵列	随形变化	变化的实例
线性阵列	✓	✓	✓	✓	✓	✓	✓
圆周阵列	✓	✓		✓	✓		✓
镜像	✓	✓					
表格驱动阵列	✓	✓					
草图驱动阵列	✓	✓					
曲线驱动阵列	✓	✓	✓	✓	✓	✓	
填充阵列	✓	✓		✓	✓		
变量阵列	只针对特征	✓					所有的实例都变化

提示 在草图中可以选择【线性草图阵列】和【圆周草图阵列】来创建草图几何体的副本，但这些命令并不创建阵列特征。

5.2　线性阵列

根据方向、距离和复制数量，用户可以使用【线性阵列】在一维或二维阵列中创建实例。实例依赖于原始实体，阵列的实例会随着源的更改而改变。

| 知识卡片 | 线性阵列 | 【线性阵列】可以在一个或者两个方向上创建多个实例。边、轴、临时轴、线性尺寸、平面（曲面）、锥面、圆边、草图圆（圆弧）或参考平面都可以作为阵列方向。 |
| | 操作方法 | • CommandManager：【特征】/【线性阵列】▒▒。
• 菜单：【插入】/【阵列/镜像】/【线性阵列】。 |

操作步骤

　　步骤1　打开零件"Linear Pattern" 该零件（见图5-2）包含阵列的源特征。

扫码看视频

　　步骤2　设定方向1　单击【线性阵列】▒▒。选中零件的线性边，可以使用【反向】✓按钮调整方向。选择【间距与实例数】，设定【间距】为50.00mm，【实例】为5，如图5-3所示。

图5-2　**Linear Pattern** 零件

107

> 提示👆　定义阵列方向或轴的几何体上会显示阵列标注，阵列标注上带有【间距】和【实例】关键设置，单击数值区域可以修改这些设置，如图5-4所示。

　　弹出式 FeatureManager 设计树允许用户同时查看 FeatureManager 设计树和 Property-Manager，如图5-5所示。当 PropertyManager 遮挡 FeatureManager 设计树时，用户也能够通过 FeatureManager 设计树来选择特征。弹出式 FeatureManager 设计树透明地覆盖在零件绘图区域上。

　　PropertyManager 自动激活弹出式 Feature-Manager 设计树，单击▶可以展开列表。

图5-3　线性阵列

图5-4　阵列标注

图5-5　弹出式 FeatureManager 设计树

步骤3　**选择特征**　勾选【特征和面】复选框，选择【要阵列的特征】，从弹出式 FeatureManager 设计树中选择"Cut-Extrude1""Fillet1"和"Fillet2"特征。

步骤4　**设定方向2**　展开【方向2】选项组，选择另一条线性边（见图5-6）。单击【间距与实例数】，设置【间距】为 35.00mm，【实例】为 5，如图5-7 所示。

图5-6　选择另一条线性边

图5-7　设定方向2

5.2.1　跳过实例

在阵列预览中，选中实例的重心标记，即可删除该实例。但是，源特征是不能被删除的。每个实例用数组格式来标识，例如（2，3）。

步骤5　**设定可跳过的实例**　展开【可跳过的实例】选项组，选中九个在中间的实例标记。选中的组被添加到列表中，并显示工具提示，如图5-8 所示。单击【确定】以添加"LPattern1"特征。

> **提示**　拖动输入框底部的边可以扩展输入框。

步骤6　**查看源和实例**　从 FeatureManager 设计树中单击阵列特征，系统将以不同颜色高亮显示源和实例，如图5-9 所示。

图5-8　可跳过的实例

图5-9　完成的阵列

粉红色

> **提示**　阵列特征的提示窗包含相关的设置信息，如图5-10 所示。

5.2.2 几何体阵列

从源几何体创建所有实例要耗费大量的时间，而使用【几何体阵列】能有效地缩短这一时间。只有源和实例的几何体相同或者相似时，才能使用【几何体阵列】。

1. 不进行几何体阵列 如果不勾选【几何体阵列】复选框，源的终止条件也会应用于实例。例如，将蓝色源【到离指定面指定的距离】的拉伸切除终止条件应用到橘色实例上，强制它运用与源实例相同的终止条件，结果如图 5-11 所示。

图 5-10 阵列特征提示窗

2. 采用几何体阵列 如果勾选了【几何体阵列】复选框，则使用源的几何体来阵列，而忽略此拉伸切除特征的终止条件，结果如图 5-12 所示。

蓝色 橘色

蓝色

橘色

图 5-11 不进行几何体阵列

图 5-12 采用几何体阵列

109

步骤 7 采用几何体阵列 右键单击线性阵列特征，选择【编辑特征】，勾选【几何体阵列】复选框，如图 5-13 所示。因为板的厚度不变，阵列后的几何体形态一致。

图 5-13 勾选【几何体阵列】复选框

5.2.3 性能评估

【性能评估】是统计模型中每个特征重建时间的工具。使用【性能评估】工具可以发现占用重建时间较长的特征，然后用户可以修改或压缩这些特征以提高建模效率。

知识卡片	性能评估	在【性能评估】对话框中，将特征重建时间由长到短排列： （1）特征顺序 列出了 FeatureManager 设计树中的每个项目，如特征、草图和派生基准面。使用快捷菜单可以选择【编辑特征】、【压缩】等。 （2）时间% 显示重新生成每个特征的时间与零件重建总时间的百分比。 （3）时间 以 s 为单位显示每个特征重建所需的时间。
	操作方法	• CommandManager：【评估】/【性能评估】。 • 菜单：【工具】/【评估】/【性能评估】。

步骤 8 性能评估 单击【性能评估】。在【性能评估】对话框中，将特征的重建时间由长到短排列，如图 5-14 所示。单击【关闭】。

步骤9 关闭几何体阵列 右键单击"LPattern1"特征并选择【编辑特征】。取消勾选【几何体阵列】复选框，并单击【确定】。

步骤10 再次性能评估 再次单击【性能评估】。当取消勾选【几何体阵列】复选框后，"LPattern1"特征占用了更多的重建时间，如图 5-15 所示。

步骤11 共享、保存并关闭零件

图 5-14 性能评估 1

图 5-15 性能评估 2

1. 关于性能评估 针对本例而言，模型重建的总时间小于 1s，对任何一个特征的修改不会存在太大的影响。其次，统计数据中的数值存在有效数字和舍入误差方面的差异。例如，"Feature1"特征的重建时间可能是"Feature2"特征的两倍，分别是 0.02s 和 0.01s，但这并不能说明"Feature1"特征存在问题，有可能"Feature1"特征重建的时间是 0.0151s，而"Feature2"特征重建的时间是 0.0149s，两者仅仅相差 0.0002s 而已。

通过【性能评估】可以发现对重建时间影响较大的特征，然后通过压缩或删除特征既可提高效率，也可通过分析并修改特征以提高效率。

2. 影响模型重建时间的因素 可以分析特征来查明导致重建时间较长的原因。根据特征的类型和使用方式的不同，原因也各不相同。

对于草图特征而言，系统要查找草图参考其他特征的外部几何关系和终止条件。用户应尽可能地将这些关系附加到最早的特征上。对于草图平面也是如此。

> 提示 一般而言，某个特征的父特征越多，其重建速度就越慢。

可参考 8.3.4 节中的"使用【显示/删除几何关系】修改几何关系"在草图中修改几何关系的示例。

对于应用于边或面的特征，系统将检查特征的各种选项和特征在 FeatureManager 设计树中的位置。具体可参考 3.12.2 小节中有关在特征中修改几何关系的示例。

5.3 圆周阵列

根据旋转中心、角度和复制数目，可使用【圆周阵列】创建实例。实例依赖于原始实体，阵列的实例会随着原始实体的更改而改变。

知识卡片	圆周阵列	【圆周阵列】可围绕轴创建并排列特征的多个实例。从圆形面、轴、临时轴、圆/线性边线或角度中都可以得到轴。
	操作方法	• CommandManager：【特征】/【线性阵列】/【圆周阵列】。 • 菜单：【插入】/【阵列/镜像】/【圆周阵列】。

操作步骤

步骤 1　打开零件"Circular_Pattern"

步骤 2　**阵列轴**　单击【圆周阵列】。单击【阵列轴】选项并选择模型的圆柱面，如图 5-16 所示。

步骤 3　**设置圆周阵列**　按照图 5-17 所示设置圆周阵列。在【要阵列的特征】中选择图 5-17 所示的三个特征。设置【角度】为 360°，【实例】为 4，勾选【等间距】和【几何体阵列】复选框，单击【确定】，结果如图 5-18 所示。

扫码看视频

扫码看 3D

111

图 5-16　阵列轴　　　　　　　　　　　图 5-17　设置圆周阵列

> **提示**　只有当使用的角度不是 360°时【反向】↻命令才有意义，如图 5-19 所示。

图 5-18　圆周阵列结果

图 5-19　圆周阵列反向

步骤 4　共享、保存并关闭零件

5.4　参考几何体

在创建阵列过程中，可以使用四种类型的参考几何体，即【基准轴】、【临时轴】、【基准面】和【坐标系】。

1. 基准轴　基准轴特征的创建方法有多种。基准轴特征的优点是可以在 FeatureManager 设计树中重命名和选取，并调整其大小。

2. 临时轴　每个圆柱或圆锥形的特征都有相应的轴，将光标悬停在零件的圆柱面或圆锥面上，可以查看特定的临时轴。通过【视图】/【隐藏/显示】/【临时轴】命令可以查看零件的所有临时轴。模型的每个圆周面都将显示一个临时轴。

基准轴的创建方法见表 5-3。

表 5-3　基准轴的创建方法

创建方法	实　例	创建方法	实　例
【一直线/边线/轴】：将临时轴转换成基准轴		【两平面】：选择两个基准面或者平面	
【两点/顶点】：选择两个草图点或者两个顶点定义轴		【圆柱/圆锥面】：选择圆柱面或圆锥面定义轴（轴线即为其旋转中心线）	
【点和面/基准面】：选择一个基准面（或平面）和一个草图点（或顶点）生成一条通过该点且垂直于面的轴		对任何零件都可以查看并使用临时轴	

知识卡片	基准轴	• CommandManager：【特征】/【参考几何体】/【基准轴】。 • 菜单：【插入】/【参考几何体】/【基准轴】。
知识卡片	临时轴	• 将鼠标悬停在圆柱或圆锥面上。 • 前导视图工具栏：【隐藏/显示项目】/【观阅临时轴】。 • 菜单：【视图】/【隐藏/显示】/【临时轴】。

操作步骤

步骤1 打开零件"Circular_Pattern with Axis"

步骤2 创建基准轴 单击【基准轴】并选择 Front 和 Right 两个基准面。【两平面】选项将被自动选中。单击【确定】添加"基准轴1"，如图 5-20 所示。

图 5-20 创建基准轴

扫码看 3D

扫码看视频

步骤3 圆周阵列特征 单击【圆周阵列】，再单击【阵列轴】并选择"基准轴1"。单击【要阵列的特征】，并单击特征"Cut-Extrude1"。选择【等间距】并将【实例】设置为4，单击【确定】，结果如图 5-21 所示。

步骤4 共享、保存并关闭零件

图 5-21 圆周阵列特征

3. 基准面 使用不同的几何元素，通过【基准面】命令即可创建多种基准面。基准面、平面、边、顶点、曲面和草图几何元素都可以作为【第一参考】、【第二参考】和【第三参考】来构造参考平面。一旦达到建立基准面的条件，状态会显示"完全定义"。

 提示　按〈Q〉键，可以查看和选择零件或装配体零部件中的隐藏平面，如图 5-22 所示。此方法在装配体中创建配合时特别有用。

 技巧 　如果所选条件不能创建一个有效的基准面，会显示图 5-23 所示的提示信息。

图 5-22 查看隐藏平面

图 5-23 提示信息

知识卡片	基准面	• CommandManager:【特征】/【参考几何体】📐/【基准面】📖。
		• 菜单:【插入】/【参考几何体】/【基准面】。

💡 提示 按住〈Ctrl〉键并拖动已有的基准面可创建【偏移距离】的基准面。

基准面的创建方法见表5-4。

表5-4　基准面的创建方法

创建方法	实　例	创建方法	实　例
【偏移距离】:选择模型的一个平坦表面或基准面,输入距离值	使用相同的距离建立一组等距基准面	【角度】:选择模型的一个平坦表面(或平面),同时选取一条边或轴	随意建立一组具有相同角度的基准面
【重合】:选择三个点		【重合】:选择一条线和一个点	
【平行】:选择一个面和一个点		【相切】和【垂直】:选择一个圆柱面和与之垂直的一个平坦表面或基准面	

114

（续）

创建方法	实　例	创建方法	实　例
【相切】和【平行】：选择一个圆柱面和与之平行的一个平坦表面或基准面 第一参考 面<4> 相切 ☑反转等距 第二参考 面<5> 平行 垂直 重合 90.00度 0.100in 两侧对称		【两侧对称】：选择两个与其两侧对称的平面 第一参考 面<1> 平行 垂直 重合 200.00度 1.000in 两侧对称 第二参考 面<6> 平行 垂直 重合 90.00度 0.100in 两侧对称	
垂直于点：选择一条草绘曲线和一个端点 第一参考 直线2@3D草图1 垂直 □将原点设在曲线上 重合 投影 第二参考 点4@3D草图1 重合 投影 0	快捷方法：选择一条线或边，单击【插入】/【草图】，基准面就会被建立并开始草图绘制	创建平行于屏幕的基准面：选择一个顶点和设定一个可选的偏移距离。（可选）在几何体上单击右键，然后选择【生成平行于屏幕的基准面】 基准面 ✓ ✕ ✦ 信息 完全定义 第一参考 顶点<1> 重合 投影 3.000in □反转等距 更新平面	

 提示　　【视图】/【隐藏/显示所有类型】可用于一次性隐藏或显示所有平面、轴和草图。

操作步骤

　　步骤1　打开零件"Mirror_Pattern"　下面将通过几个平面镜像此模型中的切除特征。

 扫码看视频

 扫码看3D

　　步骤2　选择第一参考　单击【基准面】▣并选择模型外侧表面，如图5-24所示。

第一参考
面<1>
平行
垂直
重合
90.00度
0.100in
□反转等距
1
两侧对称

图5-24　选择第一参考

步骤3　选择第二参考　如图 5-25 所示，选择第二个外侧表面，一个预览的基准面将出现在两个参考平面的中间，同时【两侧对称】选项将被自动选中，单击【确定】。将平面命名为"vert_ctr"。

图 5-25　选择第二参考

步骤4　创建第二个基准面　再次单击【基准面】，选择顶面作为【第一参考】，单击【平行】，如图 5-26 所示。

步骤5　选择临时轴　将光标悬停在中心孔的圆柱面上，选择出现的临时轴，然后单击【确定】。该平面平行于顶面并通过孔的中心，如图 5-27 所示。将平面命名为"hor_ctr"。

图 5-26　创建第二个基准面　　　　　　　　　　图 5-27　选择临时轴

提示 👆 若要自动显示临时轴，确保在【工具】/【选项】/【系统选项】/【显示】中，勾选了【将鼠标悬停在圆柱面上时显示临时轴】复选框。

5.5　镜像

【镜像】可在基准面或平坦表面的另一侧复制原始实体或者创建实例。创建的实例依赖于原始实体，镜像的实例会随着原始实体的更改而改变。

知识卡片	镜像	【镜像】可在基准面的另一侧创建一个或者多个特征或实体的实例，也可以将这些特征以次要镜像面为基准进行阵列。基准面可以是基准面或者平面。
	操作方法	● CommandManager：【特征】/【线性阵列】🔡/【镜像】◫◫。 ● 菜单：【插入】/【阵列/镜像】/【镜像】。

步骤6　镜像　单击【镜像】▶，选择"vert_ctr"基准面作为【镜像面/基准面】，选择库特征"Keyed Hole 1"作为【要镜像的特征】，如图 5-28 所示。不要单击【确定】。

图 5-28　镜像

步骤7　次要镜像　选择"hor_ctr"基准面作为【次要镜像面/平面】，如图 5-29 所示。

图 5-29　次要镜像

步骤8　切除到其他特征　阵列的"Keyed Hole 1"特征切除到现有的圆角特征并穿过前面的壁面，如图 5-30 所示。下面将修改特征以解决问题。

步骤9　修改特征　双击"Keyed Hole 1"特征，将距离边线的尺寸更改为 0.625，如图 5-31 所示。此外，将特征的切除深度更改为【成形到下一面】，单击【确定】并重建模型。

图 5-30　切除到其他特征　　　　　　　图 5-31　修改特征

步骤10　共享、保存并关闭零件

镜像实体时需要通过一个面来镜像所有的几何实体，使用普通的面和实体即可。

> **提示** 【镜像面/基准面】必须是平面。

知识卡片	要镜像的实体	• 【镜像】的 PropertyManager：选择【要镜像的实体】。

操作步骤

  步骤1 打开名为"Mirror_Body"的零件

  步骤2 选择镜像平面 单击【镜像】并选择图 5-32 所示的平面。选择【完整预览】，如图 5-33 所示。

图 5-32 选择镜像平面

图 5-33 选项设置

扫码看 3D

扫码看视频

  步骤3 选择要镜像的实体 单击【要镜像的实体】选项，并从绘图区域选择零件，如图 5-34 所示，单击【确定】✔。

图 5-34 选择要镜像的实体

  步骤4 共享、保存并关闭零件

5.6　坐标系

图 5-35　坐标系

【坐标系】允许用户在任何位置创建笛卡儿坐标系，如图 5-35 所示。它们可以与测量和质量属性工具一起使用，或将 SOLIDWORKS 文档导出为其他格式，或创建草图，或在特征和阵列中创建方向。

坐标系特征是唯一的，其中包含几个可以单独选择的组件：三个轴、三个平面和一个点。

- 轴可以用作拉伸和阵列特征的方向矢量，如图 5-36 所示。
- 平面可以用作二维草图和阵列中的法线方向，如图 5-37 所示。
- 该点可以用作草图或配合的定位，如图 5-38 所示。

图 5-36　坐标系的轴　　　　图 5-37　坐标系的平面　　　　图 5-38　坐标系的点

坐标系的创建方法见表 5-5。

表 5-5　坐标系的创建方法

创建方法	实　例
【位置】：选择顶点、原点或边线	
【用数值定义位置】：从零件原点偏移	

119

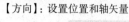

（续）

创建方法	实　例
【方向】：设置位置和轴矢量 	
【用数值定义旋转】：从零件原点旋转 	

知识卡片	坐标系	● CommandManager:【特征】/【参考几何体】/【坐标系】。 ● 菜单:【插入】/【参考几何体】/【坐标系】。

5.7　对称阵列

当需要对称两个方向的阵列时，可以使用【对称】选项。

扫码看视频

120

知识卡片	对称阵列	• 【线性阵列】的 PropertyManager：勾选【对称】复选框。

> 提示👆 创建两个方向的非对称阵列时，可以使用【仅阵列源】选项。

操作步骤

步骤1 **打开名称为"Symmetric Pattern"的零件**

步骤2 **添加坐标系** 后续将使用坐标系来定义阵列的方向。单击【坐标系】，选择"原点"作为【位置】并单击【确定】 ✓ ，如图5-39所示。

步骤3 **显示坐标系** 单击【视图】/【隐藏/显示】/【坐标系】，如图5-40所示。

图 5-39 添加坐标系

图 5-40 显示坐标系

步骤4 **方向1阵列** 单击【线性阵列】 ，选择坐标系的 X 轴作为阵列方向，单击【间距与实例数】，在【间距】中输入30.00mm，在【实例】中输入2，选择"3_Prong_Plug2"作为【特征和面】，如图5-41所示。

图 5-41 方向1阵列

> **提示** 现有的阵列特征可以用作【特征和面】，这使得用户能够对阵列进行阵列。

步骤5 **方向2阵列** 在【方向2】中勾选【对称】复选框，【方向2】组框的其余部分将被清除，如图5-42所示。单击【确定】，如图5-43所示。

方向 2(2)   ∧
☑ 对称

图 5-42   方向 2 阵列   图 5-43   阵列结果

> **提示** 如图5-43所示，原始特征在两个方向上都形成了阵列。

步骤6 **共享、保存并关闭零件**

5.8   到参考

【到参考】选项用于创建基于几何体而非实例数的阵列，适用于知道间距但不知道实例数的情况。【到参考】会决定阵列的界限。系统会比较源特征上的局部参考与界限，只有界限内的实例才会被生成，如图5-44a所示。

如果同时使用了【偏移距离】，系统会根据源特征上的局部参考和偏移距离来计算阵列界限，如图5-44b所示。

图 5-44   到参考

> **提示** 选择的内容可以是顶点、边线、面或基准面。

知识卡片	到参考	• 【线性阵列】的 PropertyManager：选择【到参考】选项。

操作步骤

步骤1　打开零件 "Up To Reference"

步骤2　选择参考　单击【线性阵列】🔠，选择平面作为阵列方向。设置【间距】为 30.00mm，勾选【特征和面】复选框并选择切除特征和圆角，如图 5-45 所示。

扫码看 3D

123

扫码看视频

图 5-45　选择参考

步骤3　选择源参考　单击【到参考】选项并选择图 5-46 所示的绿色边线。单击【所选参考】选项并选择紫色边线。源特征和参考之间的距离限制了实例数。

图 5-46　选择源参考

步骤4　设置间距　间距会控制实例数，将【间距】设为 80mm。因为第四个实例已经超过了参考边线，所以在当前间距下只能生成三个实例，如图 5-47a 所示。

图 5-47 设置间距

　　将【间距】设为 70mm。这时有四个实例生成，到参考和参考边线刚好对齐，如图 5-47b 所示。如果将距离稍微增大一点，实例数会重新回到 3。

　　将【间距】改为 50mm，结果如图 5-47c 所示。

　　步骤5　双向阵列　设置第二个方向上的【间距】为 35mm，并设置跳过实例，结果如图 5-48 所示。

　　步骤6　共享、保存并关闭零件

图 5-48　双向阵列

5.9　草图驱动的阵列

【草图驱动的阵列】由草图点来控制创建阵列的实例，参考可以是阵列源的重心或者指定点。图 5-49 所示为结构钢板上孔的阵列。

图 5-49　结构钢板上孔的阵列

草图驱动的阵列	【草图驱动的阵列】可以创建多个基于草图点的阵列实例，且阵列前草图必须是已经绘制好的。
操作方法	● CommandManager：【特征】/【线性阵列】 ▤▤/【草图驱动的阵列】 ⁂。 ● 菜单：【插入】/【阵列/镜像】/【草图驱动的阵列】。

技巧 🔑　草图驱动的阵列只使用点几何体，其他几何体（如构造线）可以用于辅助定位点几何体，但不能用于阵列。

操作步骤

步骤 1　打开零件 "Sketch_Driven"（见图 5-50）　此零件包含了源特征（Hole）和已经存在的线性阵列（Standard Linear）。

扫码看 3D

扫码看视频

图 5-50　零件 Sketch_Driven

点是一种较为实用的草图几何体类型，用于定位孔向导中的孔和驱动草图驱动的阵列，用户可以单独创建点，也可以基于几何图形创建点。

125

| 知识卡片 | 点 | 【点】工具用来在激活的草图中绘制点实体。草图实体点可用来在草图中进行定位，而其他几何体（如端点）则不能。 |
| | 操作方法 | • CommandManager：【草图】/【点】 ▣。
• 菜单：【工具】/【草图绘制实体】/【点】。
• 快捷菜单：右键单击绘图区域，选择【草图绘制实体】/【点】 ▣。 |

使用【线段】工具可沿着直线、圆弧或圆创建等距点，如图 5-51 所示。为了保持等距，【等距】关系将被应用到这些已创建的点上。

图 5-51　等距点

| 知识卡片 | 线段 | • 菜单：【工具】/【草图工具】/【线段】。 |

　　步骤 2　绘制草图点　在模型上表面新建草图，新建构造线并添加一些点，其尺寸标注如图 5-52 所示。退出草图。

　　步骤 3　草图驱动的阵列　单击【草图驱动的阵列】 ▤ 并选择新建的草图。如图 5-53 所示，参考点选择【重心】，在【特征和面】中选择 "Hole" 特征。单击【确定】。

图 5-52　绘制草图点

图 5-53　草图驱动的阵列

　　步骤 4　添加点　创建另一个草图并添加图 5-54 所示的一些点，使用推理线使它们水平对齐。

> **提示**　　点不能直接添加至已经存在的草图端点上，否则会弹出一个"无法在现有点上方放置用户点"的提示消息。这时，用户可以先在几何体外部某处画点，然后将该点与草图端点添加重合关系。

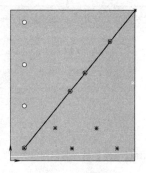

图 5-54　添加点

5.10　自动标注草图尺寸

【完全定义草图】可以在草图中创建尺寸和关系。此工具支持部分尺寸标注类型，例如基准、链尺寸和尺寸链，水平或竖直方向尺寸集的起始点均可重新设置，见表 5-6。

> **提示**　　在某些图例中，上色草图轮廓被关闭以便清楚地示意。

知识卡片	完全定义草图	【完全定义草图】包括要添加的几何关系、尺寸类型、尺寸起始位置以及尺寸放置位置的定义选项。
	操作方法	• 菜单：【工具】/【标注尺寸】/【完全定义草图】。 • CommandManager：【草图】/【显示/删除几何关系】/【完全定义草图】。 • 快捷菜单：在绘图区域单击右键，选择【完全定义草图】。

表 5-6　自动标注草图尺寸

操作说明	图例
未定义的草图几何关系	
选择【链】选项且以原点为起始点 **提示**　为了使画面清晰，某些尺寸已经被移动	

（续）

操 作 说 明	图 例
选择【基准】选项且以原点为起始点	
选择【尺寸链】选项且以原点为起始点	

128

> 提示 　　当中心线几何体被运用在草图中时将会出现【中心线】选项，用户可以以中心线为基准进行尺寸标注。

　　步骤5　完全定义草图　单击【完全定义草图】⊞，其选项设置如图 5-55 所示。勾选【几何关系】复选框。在【尺寸】选项处，选择草图中心线的端点作为两个方向尺寸的基准。【水平尺寸方案】与【竖直尺寸方案】方向均选择【基准】。单击【计算】按钮后再单击【确定】✓。

　　步骤6　设置尺寸值　添加水平几何关系和尺寸以完全定义草图，按图 5-56 所示设置各尺寸值，完成后关闭该草图。

> 提示 　　通过此方法可以完全定义草图尺寸和几何关系，也可以对它们进行编辑。如果需要，用户可以删除或者替换这些尺寸。

图 5-55　完全定义草图设置

图 5-56　设置尺寸值

步骤 7　创建阵列　以新建的草图以及特征"Hole"为阵列源创建一个草图驱动的阵列，结果如图 5-57 所示。

步骤 8　共享、保存并关闭零件

图 5-57　草图驱动的阵列

练习 5-1　线性阵列

本练习的主要任务是通过线性阵列的【间距与实例数】和【到参考】创建零件的特征阵列，结果如图 5-58 所示。本练习将应用以下技术：

- 线性阵列。
- 跳过实例。
- 到参考。

图 5-58　线性阵列零件

扫码看 3D

操作步骤

步骤 1　打开零件　打开已存在的零件"Linear"，如图 5-59 所示。该零件含有用于阵列的源特征。

步骤 2　创建线性阵列　使用源特征创建阵列，参照图 5-60 所示的尺寸。

图 5-59 零件 Linear

图 5-60 线性阵列尺寸

步骤3 共享、保存并关闭零件

练习 5-2 草图驱动的阵列

本练习的主要任务是在零件中应用【草图驱动的阵列】来创建阵列特征，结果如图 5-61 所示。本练习将应用以下技术：

- 草图驱动的阵列。

图 5-61 草图驱动的阵列零件

操作步骤

步骤1 打开零件 打开已存在的零件"Sketch Driven Pattern"，如图 5-62 所示。该零件含有用于阵列的源特征。

步骤2 创建草图驱动的阵列 使用图 5-63 所示的尺寸定义草图，以用于阵列。

图 5-62 零件 Sketch Driven Pattern

图 5-63 尺寸信息

步骤3 共享、保存并关闭零件

130

练习5-3 跳过实例

本练习的主要任务是使用提供的信息完成图 5-64
所示的零件。本练习将应用以下技术：

- 线性阵列。
- 跳过实例。
- 镜像。

图 5-64 跳过实例零件

操作步骤

    步骤1 创建新零件 新建一个以 mm 为单位的零件。

    步骤2 创建基体特征 创建长方体，尺寸为 75mm×380mm×20mm。在长度方向添加一个参考平面，以方便后续使用，如图 5-65 所示。

    步骤3 创建源特征 利用异形孔向导的 ANSI Metric 钻孔创建阵列源特征，如图 5-66 所示。

前视基准面

图 5-65 添加参考平面

图 5-66 创建源特征

    步骤4 阵列孔 如图 5-67 所示，跳过实例，阵列孔。

    步骤5 阵列特征的阵列 阵列现有的阵列，创建一个由多个孔组成的对称阵列，如图 5-68 所示。

图 5-67 阵列孔

图 5-68 阵列特征的阵列

    步骤6 修改孔直径 将孔的直径改为 4mm，并重建。

    步骤7 共享、保存并关闭零件

练习5-4 线性阵列和镜像

本练习的主要任务是使用提供的信息完成图 5-69 所示的零件。本练习将应用以下技术：

- 线性阵列。
- 镜像特征。
- 镜像实体。

图 5-69 线性阵列和镜像零件

操作步骤

步骤1　打开零件"Linear & Mirror"

步骤2　创建线性阵列　使用现有特征创建线性阵列，其中三个凹槽的间距为 0.20in，结果如图 5-70 所示。

步骤3　镜像特征　使用凸台和切除特征做镜像，结果如图 5-71 所示。

步骤4　创建对称体　使用实体创建镜像，根据模型的一半完成整个模型，结果如图 5-72 所示。

步骤5　共享、保存并关闭零件

图 5-70　创建线性阵列

图 5-71　镜像特征

图 5-72　完成的模型

练习 5-5　镜像实体

本练习的主要任务是使用提供的信息完成图 5-73 所示的零件。本练习将应用以下技术：

- 镜像。
- 镜像实体。

图 5-73　镜像实体零件

操作步骤

步骤1　打开零件"Mirror Body"　在弹出的特征识别消息框中单击【否】，如图 5-74 所示。

图 5-74　零件 Mirror Body

步骤2　镜像实体　使用现有的实体，创建关于模型的一个或两个平面的镜像，如图 5-75 所示。

图 5-75　镜像实体

练习 5-6 圆周阵列

本练习的主要任务是使用提供的信息完成图 5-76 所示的零件。本练习将应用以下技术：

- 圆周阵列。

图 5-76 圆周阵列零件

操作步骤

打开已有的零件 "Circular"（见图 5-77），使用等间距圆周阵列，创建源特征为 "CutRevolve1" 和 "Fillet2" 的十二个实例的阵列。完成的模型如图 5-78 所示。

图 5-77 零件 Circular

图 5-78 完成的模型

练习 5-7 基准轴与多种阵列

本练习的主要任务是使用草图驱动的阵列来创建阵列特征，如图 5-79 所示。本练习将应用以下技术：

- 基准轴。
- 线性阵列。
- 圆周阵列。
- 草图驱动的阵列。

图 5-79 零件 Single Die

操作步骤

打开已有零件"Single Die"，按图 5-80 所示在零件的每个面上都创建点的特征。每个面设置不同的颜色可以帮助区分不同的面。在步骤 4 中颜色将被删除。

图 5-80　零件尺寸参考

提示　在进行每一步操作之前，先将零件旋转至图示方向。

步骤 1　创建基准轴　使用右视基准面和上视基准面创建一条基准轴，再使用上视基准面、右视基准面、前视基准面来创建另外两条轴，如图 5-81 所示。三条基准轴穿过立方体中心。

步骤 2　创建点数二　使用【线性阵列】和【可跳过的实例】选项创建点数为二的面，如图 5-82 所示。

步骤 3　为剩下的面创建合适的点数

1）创建点数三。使用【圆周阵列】和基准轴先创建面中心的特征，再使用【草图驱动的阵列】和【特征和面】选项来创建其余的特征，如图 5-83 所示。

图 5-81　创建基准轴　　　　图 5-82　创建点数二　　　　图 5-83　创建点数三

134

2）创建点数四。使用【圆周阵列】和基准轴来创建其余的特征，如图 5-84 所示。

3）创建点数五。使用与创建点数三相似的步骤来完成该面特征的创建，如图 5-85 所示。

4）创建点数六。使用【圆周阵列】与基准轴，在面的任意一个角上创建特征，再使用【线性阵列】创建其余的特征，如图 5-86 所示。

135

图 5-84　创建点数四

图 5-85　创建点数五

图 5-86　创建点数六

步骤 4　删除面颜色（可选步骤）　建模时对实体不同的面分配不同的颜色可以帮助区分各面。当建模完成后，可将颜色删除。按下述步骤操作：

1）在前导视图工具栏中单击【编辑外观】 🔵。

2）通过单击右键选择【消除选择】以清除【所选几何体】。

3）单击【选取面】，并选择四个非红色的面。

4）单击【移除外观】，再单击【确定】，结果如图 5-87 所示。

图 5-87　删除面颜色

步骤 5　共享、保存并关闭零件

第6章 旋 转 特 征

学习目标
- 创建旋转特征
- 应用特殊尺寸标注技术来绘制旋转特征草图
- 使用多实体技术
- 创建扫描特征
- 计算零件的物理属性
- 对零件进行初步的应力分析

6.1 实例研究：手轮

该手轮需要创建旋转特征、圆周阵列和扫描特征。同时，本章也包括一些基本分析工具的应用。手轮结构如图6-1所示。

该零件建模过程中的一些关键步骤如下：

1. 设计意图 描述并解释零件的设计意图。

2. 旋转特征 零件的中心是轮轴，这是一个旋转特征。创建此特征时以草图的构造线作为旋转轴。

3. 多实体 创建分离的轮轴和轮缘，用第三个实体轮辐把它们连接起来。

图6-1 手轮结构

4. 扫描特征 轮辐使用扫描特征来创建，它由两个草图组成，即扫描轮廓沿着扫描路径移动，形成扫描特征。

5. 分析 使用包含在SOLIDWORKS中的分析工具，用户可以实现基本的分析功能，例如质量属性计算和初步应力分析。根据分析结果，用户可以有针对性地修改零件设计。

6.2 设计意图

该零件的设计意图如图6-2所示。

- 轮辐必须均布。
- 手轮的轮缘中心位于轮辐的末端。
- 轮轴和轮缘共享同一个中心。
- 轮辐通过轮轴的中心。

扫码看3D

图6-2 手轮的设计意图

6.3 旋转特征——轮轴

本节将创建旋转特征——轮轴。这是该零件的第一个特征，由几何体绕轴旋转而成。旋转特征的草图中包含轴对称几何体和一条中心线（作为轴）。此旋转特征将用作手轮的中心。在合适的情况下，也可用草图直线作为中心线。

扫码看视频

操作步骤

    步骤1 用"Part_MM"模板新建零件 将零件保存为"Handwheel"。

6.3.1 旋转特征的草图几何体

    使用与拉伸特征相同的工具和方法创建旋转特征。本例将使用直线和圆弧创建轮廓，使用中心线作为旋转轴。

    步骤2 绘制矩形 单击右视基准面，从关联工具栏中选择【草图绘制】命令。从原点创建矩形，如图6-3所示。

    步骤3 创建构造线 选择图6-4所示的竖直线，单击【构造几何线】命令，将该线转换为构造线。

    原先的草图上色阴影现在消失了，这是因为草图轮廓不再闭合。

图6-3 绘制矩形   图6-4 选择竖直线

3点圆弧	【3点圆弧】命令可以基于三个点（两个端点和一个圆弧上的点）创建圆弧。
操作方法	• CommandManager：【草图】/【圆心/起/终点画弧】 / 【3点圆弧】 。 • 菜单：【工具】/【草图绘制实体】/【3点圆弧】。 • 快捷菜单：在绘图区域内单击右键，选择【草图绘制实体】/【3点圆弧】 。

    步骤4 插入3点圆弧 单击【3点圆弧】 ，将光标放置于左侧的竖直边线上并单击，沿这条边线向下拖动一定距离后释放鼠标，然后选择并向着离开草图的方向拖动圆弧曲线上的点，结果如图6-5所示。

    步骤5 剪裁草图 使用【剪裁】中的【强劲剪裁】选项，剪裁掉圆弧内侧直线部分，结果如图6-6所示。

图6-5 插入3点圆弧   图6-6 剪裁掉圆弧内侧直线

6.3.2 控制旋转特征草图的规则

除了在第 2 章中介绍的一般草图规则外，旋转特征的草图还需要一些特殊的规则，包括：

- 指定一条中心线或直线作为旋转轴。
- 草图不能穿过旋转轴。

如图 6-7 所示，中间的中心线不能作为旋转轴，但右侧的竖直边线可作为旋转轴。

6.3.3 草图尺寸标注

用于旋转特征的草图，其尺寸标注方法和其他草图的标注方法基本相同。创建旋转用草图特征后，线性的相对中心线标注的尺寸，可以转换为直径尺寸或半径尺寸。

图 6-7 中心线不能作为旋转轴

步骤6 **标注圆弧尺寸** 如图 6-8 所示，选择竖直线，然后按住〈Shift〉键选中圆弧的圆周为圆弧标注尺寸。标注的尺寸是圆弧的切线到竖直线之间的距离。使用〈Shift〉键可以使尺寸标注在圆弧的弧线上而不是标注在圆心。

步骤7 **修改标注尺寸** 修改尺寸为 4mm，结果如图 6-9 所示。

步骤8 **标注其他尺寸** 按图 6-10 所示标注其他尺寸。

图 6-8 标注圆弧尺寸

图 6-9 修改标注尺寸

图 6-10 标注其他尺寸

6.3.4 直径标注

在完成的旋转特征中经常出现一些直径尺寸。标注这些尺寸通常需要选中中心线（旋转轴），然后根据放置尺寸的位置来决定添加半径尺寸还是直径尺寸。如果不选中中心线，就无法将尺寸转变为直径标注。

提示 仅当中心线作为旋转轴时该选项才可用。绘制旋转特征时并不一定要标注直径尺寸。

步骤9 **中心线对称标注** 在中心线和外侧竖直线之间添加一个水平线性尺寸。先不要单击鼠标放置尺寸。注意观察出现的尺寸，如果此时放置尺寸，将会得到半径尺寸标注，如图 6-11 所示。

步骤10　转换为直径尺寸标注　将光标移到中心线右侧，尺寸标注变为直径尺寸标注。

单击以放置尺寸，更改数值为 25mm，并按〈Enter〉键，结果如图 6-12 所示。

图 6-11　中心线对称标注

图 6-12　标注结果

通常直径尺寸前面应该有直径符号 φ，这里应为 φ25。当利用草图创建旋转特征后，系统会自动在 25mm 前添加直径符号。

> **提示**　如果用户在操作过程中不小心放错了尺寸位置，则只能得到半径尺寸。用户也可对它进行修正，单击尺寸，在 PropertyManager 中打开【引线】选项卡，单击【直径】⊘按钮。

6.3.5　创建旋转特征

绘制完上述草图后，即可利用该草图创建旋转特征。此步骤较为简单，完全（360°）旋转，特征就会自动生成。

知识卡片	旋转特征	【旋转】命令利用轴对称的草图与一条轴创建旋转特征。用户可以利用旋转特征创建凸台或切除。旋转轴可以是中心线、直线、线性边或者临时轴。如果草图只有一条轴，系统将自动选定其作为旋转轴；如果多于一条时，则必须从中选取一条。
	操作方法	• CommandManager：【特征】/【旋转凸台/基体】⊗。 • 菜单：【插入】/【凸台/基体】/【旋转】。

步骤11　创建特征　单击【旋转凸台/基体】⊗。将弹出消息框询问是否自动闭合当前的开环草图。单击【确定】。设置【方向1】为【给定深度】，旋转角度为 360.00°，如图 6-13 所示。单击【确定】✔以创建特征，如图 6-14 所示。

步骤12　完成特征　旋转后的实体为此零件的第一个特征。将其重命名为"Hub"，如图 6-15 所示。

步骤13　编辑草图　选择"Hub"的一个面，从绘图窗口左上角【选择导览列】处选择草图1并单击【编辑草图】，如图 6-16 所示。

图 6-13　特征参数

图 6-14　创建特征

图 6-15　完成特征

图 6-16　编辑草图

> **提示** 也可以右键单击 FeatureManager 设计树中的特征来操作，效果是相同的。

步骤 14　正视于视图　单击【正视于】以使视图正视于草图，以便可以看到草图的确切形状和大小。

知识卡片	绘制圆角	【绘制圆角】命令用来在单步操作内剪裁并创建相切圆弧。如果边角已被剪裁，选择顶点创建圆角。
	操作方法	• CommandManager:【草图】/【绘制圆角】。 • 菜单:【工具】/【草图工具】/【圆角】。 • 快捷菜单: 在绘图区域单击右键，选择【草图工具】/【绘制圆角】。

　　步骤 15　绘制草图圆角　单击【绘制圆角】，设置圆角值为 5.00mm，确认【保持拐角处约束条件】复选框被勾选，如图 6-17 所示。

　　步骤 16　选择端点　选择圆弧处的两个端点，单击【确定】。尺寸会驱动这两个区域，并只在最后一次选择处出现，如图6-18所示。

　　因为在所绘制圆角的终点上有尺寸标注，所以在原来尖角的位置会出现【虚拟交点】符号，用来代表消失的尖角。虚拟交点可用于标注尺寸或者添加几何关系。

提示 光标悬停在端点上方时可以显示圆角的预览。

步骤 17　退出草图　退出草图编辑状态以使更改生效，结果如图 6-19 所示。

图 6-17　绘制草图圆角　　　　图 6-18　选择端点　　　　图 6-19　编辑草图后的模型

6.4　创建轮缘

手轮的轮缘也是一个旋转特征，它是由类似于槽口的轮廓旋转 360°生成的。轮缘的草图轮廓包括两条直线和两个 180°的圆弧，如图 6-20 所示。单独创建轮缘实体，先不与轮轴合并。

6.4.1　槽口

直槽口和圆弧槽口都是基于直线和圆弧的普通形状，如图 6-21 所示。槽口是由直线、圆弧、点和构造几何体组成的单一整体。

图 6-20　轮缘草图　　　　　　　　　　　　图 6-21　槽口

1. 介绍：槽口　【槽口】工具用来创建基于不同标准的直槽口和弧形槽口，有基于直线的两种类型和基于圆弧的两种类型，具体见表 6-1。各种槽口类型都有创建几何尺寸的选项。

表 6-1　槽口类型

槽 口 类 型	结　果
直槽口 ⊂⊃	放置两个圆弧的中心点，然后向外拖动形成槽口宽度，创建【直槽口】

（续）

槽口类型	结　果
中心点直槽口 ⊡	放置几何中心和其中一个圆弧的中心点，然后向外拖动形成槽口宽度，创建【中心点直槽口】
3 点圆弧槽口 ⌒	【3 点圆弧槽口】的创建类似于建立【3 点圆弧】，然后向外拖动形成槽口宽度
中心点圆弧槽口 ⌒	【中心点圆弧槽口】的创建类似于建立【圆心/起/终点画弧】（参见"第 2 章　草图"），然后向外拖动形成槽口宽度

142

知识卡片　中心点直槽口
- CommandManager：【草图】/【直槽口】⊡/【中心点直槽口】⊡。
- 菜单：【工具】/【草图绘制实体】/【中心点直槽口】。
- 快捷菜单：在绘图区域单击右键，选择【草图绘制实体】/【中心点直槽口】⊡。

步骤 18　绘制草图　在右视基准面上新建草图，并定位模型视图到此方向。

步骤 19　中心点直槽口　单击【中心点直槽口】⊡，勾选【添加尺寸】复选框，选择【总长度】，然后单击要放置的中心点，再向右单击水平放置点，最后拖放槽口宽度，单击【确定】✔，修改尺寸，如图 6-22 所示。

图 6-22　中心点直槽口

技巧　　　　勾选【添加尺寸】复选框将自动添加槽口尺寸。

步骤20　绘制旋转轴　使用【中心线】工具添加一条放置在原点的中心线，并设置为【竖直】和【无限长度】，如图6-23所示。该中心线将作为旋转轴。添加中心线到槽口中心点的尺寸和槽口中心线到轮轴顶面边线的尺寸，如图6-24所示。现在草图已完全定义。

图 6-23　绘制旋转轴　　　　　　　　　图 6-24　添加尺寸

2. 潜在的多义性　该草图含有两条中心线，系统不能区分哪一条是旋转轴。用户可以在【旋转】命令前或后选择中心线。

步骤21　完成特征　选择竖直中心线。单击【凸台/基体】/【旋转】，设置旋转角度为360.00°，如图6-25所示。将特征重命名为"Rim"。

图 6-25　完成特征

6.4.2　多实体

当零件含有多于一个实体时即为多实体，如图6-26所示。在特征相互分开时，采用多实体是设计零件最有效的方法。

如图6-27所示，实体文件夹中列出了实体及数目。这些实体可以通过后续的合并或组合形成单一实体。

图 6-26　多实体

6.5 创建轮辐

轮辐特征是使用【扫描】特征创建的。扫描是使用闭环的轮廓沿着开环的路径移动。本示例中的"路径"是用直线和相切圆弧绘制的草图，"轮廓"是一个椭圆的草图。创建的扫描特征将已有的"Hub"和"Rim"特征连接起来，并形成单一实体。

轮辐特征是重要特征，可以通过阵列创建一系列均匀分布的轮辐特征。

图 6-27　实体文件夹

步骤22　打开显示窗格　在 FeatureManager 设计树中，单击 >展开显示窗格。它包含几个纵列，用于改变设计树中的显示属性选项。

步骤23　搜索　使用名称或者部分名称在 FeatureManager 设计树搜索框 ▽　　　中查找。

在 FeatureManager 设计树搜索框里输入"草"来查找，便显示特征"Hub"和"Rim"的草图。单击 >展开显示窗格。

图 6-28　显示特征草图

单击特征"Hub"的草图图标，显示其草图，如图 6-28 所示。在"Rim"特征上重复该操作。

步骤24　设置草图　在右视基准面上创建新草图，更改显示方式为【隐藏线可见】。

步骤25　绘制直线　从轮轴草图边界内的中心线开始绘制一条水平直线，如图 6-29 所示。

步骤26　绘制切线弧　从图 6-30 所示的直线端点起绘制切线弧，绘制时不需要指定尺寸。

图 6-29　绘制直线

图 6-30　绘制切线弧

步骤27　连续绘制切线弧　保持在绘制切线弧命令状态，使用上一个圆弧的终点作为起点，继续绘制圆弧，使此圆弧与上一个圆弧相切，并使圆弧的终点保持水平相切，如图 6-31 所示。

> 技巧
> 当竖直参考线与圆弧中心重合时，圆弧的切线即是水平的。

步骤28　绘制水平线　绘制最后一条水平直线，长度通过后续的尺寸标注来确定，如图 6-32 所示。

步骤29　添加几何关系　拖动直线的左端点，使其与轮缘草图上的中心点重合，添加【重合】几何关系。在另一端的直线和圆弧的中心点之间也添加【重合】几何关系，如图 6-33 所示。

图 6-31　连续绘制切线弧

图 6-32　绘制最后一条水平直线

图 6-33　添加几何关系

步骤 30　返回上色模式显示　单击【上色】 📦 并隐藏 "Hub" 和 "Rim" 草图。

6.5.1　完成路径和轮廓草图

已绘制的草图几何体将作为轮廓草图的扫描路径。

步骤 31　添加尺寸　给圆弧添加【相等】几何关系，并添加尺寸来定义外形，如图 6-34 所示。

技巧🔑　创建尺寸时单击端点和中心点会有更多的选项。

步骤 32　退出草图　由于不在特征当中使用此草图，单击【退出草图】 ↰ 以关闭草图。

图 6-34　添加尺寸

知识卡片	插入椭圆	绘制椭圆与绘制圆相似，将光标放置到所需的中心位置，拖动鼠标到要创建长轴的长度后释放鼠标按键。然后，拖动椭圆的外线来创建短轴的长度。
	操作方法	• CommandManager:【草图】/【椭圆】 ⊘。 • 菜单:【工具】/【草图绘制实体】/【椭圆】。 • 快捷菜单:在绘图区域单击右键,选择【草图绘制实体】/【椭圆】 ⊘。

⚠️注意　为了完全定义椭圆，必须标上尺寸或者约束长轴和短轴的长度，此外还要约束任意一轴的方向。其中一种方法是在主轴两端点和椭圆中心添加【水平】几何关系。

步骤 33　绘制椭圆　在前视基准面上新建草图。单击【椭圆】 ⊘，勾选【添加构造线】复选框，将中心点放置在直线的端点上，从圆心移动鼠标，并单击以确定长轴的位置，再次单击以确定短轴，如图 6-35 所示。

步骤 34　添加尺寸和几何关系　添加几何关系，使圆心与长轴的一个端点水平，并添加图 6-36 所示的尺寸。退出草图。

图 6-35　绘制椭圆　　　　　　　　图 6-36　添加尺寸和几何关系

知识卡片	扫描	【扫描】通过扫描截面和扫描路径两个草图创建特征。截面沿着路径移动而创建此特征。
	操作方法	• CommandManager：【特征】/【扫描凸台/基体】。 • 菜单：【插入】/【凸台/基体】/【扫描】。

提示　　　【圆形轮廓】选项使用一个可以设定直径的圆作为扫描轮廓。

　　步骤 35　扫描　单击【扫描凸台/基体】，选择闭环的轮廓线草图作为【轮廓】，选择开环的草图作为【路径】，如图 6-37 所示。单击【确定】。

　　步骤 36　查看结果　命名新的特征为"Spoke"。在合并新特征后，只有一个实体，如图 6-38 所示。

　　步骤 37　阵列轮辐（Spoke）　单击【圆周阵列】，选中圆柱面作为

图 6-37　扫描

阵列旋转的中心。设置【实体数目】为 3，并选择【等间距】选项，结果如图 6-39 所示。

图 6-38　查看结果　　　　　　　　图 6-39　阵列轮辐（Spoke）

6.5.2　旋转视图

　　使用【旋转视图】可以自由旋转模型视图。也可以选择轴、直线、边、顶点或平面来约束视图的旋转方向。操作方法为单击【旋转视图】工具并选择模型的中心线。

使用鼠标滚轮选中临时轴并拖动，可以获得相同的效果。用户也可使用中键选择要转动的实体，然后按住中键进行拖动。

步骤38　旋转视图　使用鼠标中键单击轮轴的圆形边线或柱面，然后拖动中键以激活旋转命令，如图6-40所示。

图6-40　旋转视图

6.5.3　边线选择

边线选择工具可以选择某种方式组合的模型边线。边线选择工具是一种多重选择方法，可以与其他选择方式组合使用，如本例中的离散边线选择。

本例中，选择一条边线即可提供若干种不同的边线组合方式（显示为蓝色和虚线），每种方式都有不同的图标和名称，如图6-41所示。

> **提示**　边线选择工具的组合数量、图标和命名，会根据所选边线的类型和位置而发生变化。边线选择工具可以被关闭或忽略，以直接选择需要的边线。

图6-41　边线选择工具

1. 直接选择　直接选择六条边或者两个面可以获得类似效果，如图6-42所示。选择一个面意味着这个面上所有的边都将被选择。

图6-42　直接选择

> **提示**　通过面选择的方法可以更好地适应模型尺寸调整所带来的影响。

147

步骤39　添加圆角　单击【圆角】并勾选【显示选择工具栏】复选框，选择一条边并选择【所有凹陷】，设置参数为3mm，如图6-43所示。

图 6-43　添加圆角

2. 其他选择选项　也可以通过框选或者快捷键来进行边线选择。

● 从左向右进行框选，所有在矩形框范围之内的边线都将被选中，如图6-44所示。

● 通过〈Ctrl + A〉键来选择所有的边。

6.5.4　倒角

倒角是在模型的边上形成斜角。在许多情况下，倒角操作选择边或面的方式与圆角操作相似。

图 6-44　框选边线

知识卡片	倒角	【倒角】会在一条边或者多条边，一个顶点或者多个顶点上创建斜角。其形状可由两个距离或者一个距离加一个角度来定义。
	操作方法	● CommandManager：【特征】/【圆角】⬛/【倒角】⬛。 ● 菜单：【插入】/【特征】/【倒角】。 ● 快捷菜单：右键单击平面或边线，选择【倒角】⬛。

步骤40　添加倒角　在"Hub"特征的顶面边线上增加【倒角】特征。设置【倒角类型】为【距离-距离】，【倒角参数】为【非对称】。输入图6-45所示距离值。

距离 1：4mm
距离 2：2mm

a)　　　　　　　　　　　　b)

图 6-45　添加倒角

| 知识卡片 | 将圆角转换为倒角 | 创建倒角的另一种方法是转换已有的圆角，用户可以在编辑特征时或通过快捷菜单完成。 |
| | 操作方法 | • 快捷方式：右键单击一个面或边，选择【将圆角转换为倒角】🔧。 |

6.5.5　RealView 图形

带有经过认证的图形加速卡的计算机可以使用【RealView 图形】功能。当该功能激活时，可以提供高品质的实时材料纹理，如图 6-46 所示。

a) 打开 RealView　　　　　　　　　b) 关闭 RealView

图 6-46　使用 RealView 后的效果对比

| 知识卡片 | RealView 图形 | • 菜单：【视图】/【显示】/【RealView 图形】。
• 前导视图工具栏：【视图设定】🖥/【RealView 图形】🔵。 |

> 提示　如果用户不能使用【RealView 图形】，可跳过这一节至步骤 45。

> 提示　如果【RealView 图形】不可用，此图标是灰色的。

1. 外观、布景和贴图　在【外观、布景和贴图】任务窗格中有三个主要的文件夹：外观（color）、布景和贴图，如图 6-47 所示。

图 6-47　外观、布景和贴图

步骤 41　打开 RealView 图形功能　单击【RealView 图形】🔵，激活真实预览功能。

步骤 42　设置外观与布景　从【外观】/【油漆】/【粉层漆】文件夹中，选择【铝粉层漆】外观并拖放到手轮模型上。

从【布景】/【基本布景】文件夹中，选择【带完整光源的黑色】布景并拖放到图形窗口。效果如图 6-48 所示。

技巧🔑　　可以在前导视图工具栏的【应用布景】🔵列表中选择所需的布景景观，如图 6-49 所示。另外一种选择方法是单击图标，每次循环显示列表中的一个选项。

图 6-48　效果图

图 6-49　选择布景景观

2. 外观　通过【外观】可以编辑颜色和纹理选项。此菜单包括【颜色/图像】和【映射】选项卡。

- 颜色：可以从外观文件夹中选择更多的颜色。
- 映射：可以从外观文件夹中选择更多的映射控制选项。

步骤43　设置颜色　单击【编辑外观】。使用【灰度等级】颜色板更改颜色，在颜色样块中选择白色或浅灰色。单击【确定】，如图6-50所示。

> 提示　应用外观并没有对零件指定材料。

> 技巧　单击【视图】/【显示】/【环境封闭】，为着色模型增加真实感。

步骤44　关闭 RealView 图形功能　单击【RealView 图形】⚫，关闭真实预览功能。

步骤45　共享、保存并关闭零件

图 6-50　选择颜色

151

6.6　编辑材料

使用【编辑材料】命令可以添加和修改零件的材料。根据材料属性可以进行计算，包括【质量属性】和【SimulationXpress】。不同的零件配置也可以设定不同的材料，详细内容请参阅第 10 章。

请注意，添加外观不等同于定义零件的材料。外观只控制模型的显示，而编辑材料则会添加材料属性，用于计算质量和密度。多数材料同时还跟外观有关。

> 技巧　零件模板（*.prtdot）可以包含预定义的材料。

> 知识卡片　**编辑材料**　● 快捷菜单：右键单击材料图标▤，选择【编辑材料】▤。

操作步骤

步骤1　打开零件"HW_Analysis"　打开已存在的零件"HW_Analysis"。此零件添加了一些特征，以用于本示例的应力分析。

扫码看视频

步骤2　编辑材料　右键单击【编辑材料】▤，选择【solidworks materials】/【红铜合金】/【铝青铜】，如图6-51所示。所选材料的外观如图6-52所示。

> 提示　所选材料的属性、外观、剖面线都已经被指定。

步骤3　查看颜色　单击【应用】和【关闭】，FeatureManager 将自动更新零件材料的名称（见图6-53），结果如图6-54所示。

> 提示　双击材料也可以将材料添加到零件。

图 6-51   编辑材料

图 6-52   所选材料的外观

图 6-53   更新材料名称

图 6-54   更新零件材料

6.7   质量属性

使用实体建模的好处之一是方便进行工程计算，例如计算质量、重心和惯性矩。在 SOLID-WORKS 中，用户只需单击鼠标就可以完成这些计算。

 提示   【截面属性】可以根据模型的平面或者草图生成。草图可以被选择或激活。

用户可以添加【质心】（COM）特征，还可以测量质心和其他实体之间的距离。质心可以通过【质量属性】对话框添加，或者通过【插入】/【参考几何体】/【质心】添加。

知识卡片	质量属性	利用【质量属性】命令可以计算整个实体的质量特性，包括质量、体积、重心位置等方面的信息，并在绘图区域临时显示主要的轴线。
	操作方法	• CommandManager：【特征】/【质量属性】👓。 • 菜单：【工具】/【评估】/【质量属性】。

步骤4　计算质量属性　单击【质量属性】👓，【密度】沿用【铝青铜】中的设置。如图 6-55 所示，对话框中显示了计算结果。

> 提示　对于不符合正确物理描述的零件，用户可以使用【覆盖质量属性】选项以覆盖质量、质心和惯性矩。当使用采购零部件的简化模型时，此功能较为有用。

单击【选项】/【使用自定义设定】选项，可以设定单位。用户还可以设置其他选项，包括密度和计算的精度，如图 6-56 所示。

图 6-55　质量属性

图 6-56　质量/剖面属性选项

零件的【质量属性】也可以通过【自定义属性】来指定。这些信息可以用于材料明细表。

6.8　文件属性

文件属性描述了基于 Windows 系统的文件的细节，以用于识别文件。例如，描述性的标题、作者的姓名、主题和用以识别主题或其他重要信息的关键字。文档属性可用于显示关于文件的信息，或者帮助组织文件以便于它们能被容易地找到。用户可以基于文档属性搜索文档。

SOLIDWORKS 文件具有一些独有的文件属性，这些独有的文件属性比普通 Windows 文件默认属性更加适合在工程中应用。用户也可以根据需要添加附加的属性。

文件属性有时也被称为元数据。

6.8.1　文件属性的分类

文件属性可分为以下几类：

1. 自动属性　自动属性由创建该属性的应用程序所维护。这些属性包括文件创建日期、最后一次修改的日期和文件大小。

2. 预设置属性　预设置属性已经存在，但用户必须向属性内添加文本数据。在 SOLIDWORKS 中预设置的属性存储于 Property. txt 文件中。用户可以编辑该文件以添加或删除预设置属性。

3. 自定义属性　自定义属性由用户自己定义，并应用于整个文档。

4. 配置特定属性　配置特定属性只应用于特定的配置。

5. SOLIDWORKS 特定属性　有几个自定义属性可自动被 SOLIDWORKS 更新。这些属性包括零件的质量和材质。

知识卡片	文件属性	● 菜单栏:【文件属性】。 ● 菜单:【文件】/【属性】。

6.8.2　创建文件属性

用户可以直接在文件中创建文件属性，也可通过其他方法创建。

1. 直接方式　文件属性由用户直接添加至文件中。

2. 系列零件设计表　系列零件设计表可以通过列表头 $ PRP@ property 创建，其中 property 是被创建的属性的名称。该属性的内容将使用在系列零件设计表中创建的信息。

3. 自定义属性选项卡　添加属性的表单模板可以使用 SOLIDWORKS【属性标签编制程序】进行创建。这些表单数据可以通过任务窗格的【自定义属性】选项卡获取。

4. SOLIDWORKS PDM 程序　SOLIDWORKS PDM 向插入到库中的零件添加若干个自定义属性，包括数量、状态、描述、项目和版本信息。SOLIDWORKS PDM 也可以通过设置向文件添加由库管理员定义的附加属性。

6.8.3　文件属性的用途

文件属性可用于多种操作。

1. 零件、装配体和工程图　文件属性可用于创建由变量控制的注释。链接至文件属性的注解可随属性的变化而更新。

2. 装配体　【高级选择】和【高级显示/隐藏】可以基于特定的文件属性选择零部件。具体的操作步骤参阅《SOLIDWORKS® 高级装配教程（2022 版）》。

3. 工程图　文件属性可用于填写标题栏、材料明细表和修订表的数据。具体的操作步骤请参阅《SOLIDWORKS® 工程图教程（2023 版）》。

所有的 SOLIDWORKS 文档共有的系统定义属性见表 6-2。

表 6-2　SOLIDWORKS 文档共有的系统定义属性

属 性 名 称	数　值	属 性 名 称	数　值
SW-作者	摘要信息对话框中的作者栏	SW-关键字	摘要信息对话框中的关键字栏
SW-详述	摘要信息对话框中的备注栏	SW-上次保存者	摘要信息对话框中的上次保存者栏
SW-配置名称	零件或装配体 ConfigurationManager 中的配置名称	SW-上次保存的日期	摘要信息对话框中的上次保存时间栏
		SW-长日期	当前日期为长格式（如 2023 年 9 月 12 日）
SW-生成的时间	摘要信息对话框中的创建时间	SW-短日期	当前日期为短格式（如 2023-9-12）
SW-文件名称	不带扩展名的文件名称	SW-主题	摘要信息对话框中的主题栏
SW-文件夹名称	在末尾带有反斜杠的文件夹名称	SW-标题	摘要信息对话框中的标题栏

步骤 5　设置文件属性　单击【文件属性】，然后单击【自定义】选项卡，激活【属性名称】文本框第一行。使用单元格右侧箭头，选择预先定义属性中的【说明】。在【数值/文字表达】文本框中输入 "Handwheel for Globe Valve" 作为说明，如图 6-57 所示。

图 6-57　设置文件属性

步骤6　新建自定义属性　在【属性名称】文本框中输入名称"质量"。在【数值/文字表达】下拉菜单中选择【质量】。【评估的值】将显示当前的质量，如图 6-58 所示。关闭此对话框。

图 6-58　自定义属性

> 提示　　用户也可以使用【配置特定】选项卡，根据配置来定义不同的属性。详细内容请参阅第 10 章。

6.9　SOLIDWORKS SimulationXpress 简介

手轮的三维实体和材料都定义完毕，用户已经获得了仿真需要的所有信息，以判断力作用在此零件上的反应。下面将使用 SOLIDWORKS SimulationXpress 工具来完成这项工作。

SOLIDWORKS SimulationXpress 是 SOLIDWORKS 为用户提供的初步应力分析工具，利用它可以帮助用户判断目前设计的零件是否能够承受实际工作环境中的载荷。

SOLIDWORKS SimulationXpress 是 SOLIDWORKS Simulation 的子集。

6.9.1　概述

SOLIDWORKS SimulationXpress 利用设计分析向导为用户提供了一个易用的、按向导进行的设计分析方法。向导要求用户提供用于零件分析的信息，如夹具、载荷和材料。这些信息代表了零件的实际应用情况。例如，用户可以考虑当手轮转动时会出现什么情况。

运行 SOLIDWORKS SimulationXpress 时，需要输入产品代码。产品代码可以由 SOLIDWORKS 序列号生成。更多细节参见启动 SimulationXpress 时的对话框。

轮轴安装在零件上，该零件将对手轮产生一个反转动的作用力，对于手轮来说这是一个夹具，其约束了手轮的转动。当转动摇把旋转手轮时，有一个作用力作用在手轮轮辐的摇把安装孔上，这就是载荷。这种情况下，会对轮辐造成什么影响？轮辐是否弯曲？轮辐是否会折断？这不仅决定于手轮零件所采用的材料，还依赖于轮辐的形状、大小以及载荷的大小，如图 6-59 所示。

6.9.2 网格

为了对模型进行分析，SOLIDWORKS SimulationXpress 会自动对模型进行网格划分，即将整个模型细分为更小的更易分析的块。这些块被称为"单元"。

尽管用户看不到模型中划分的单元，但可以在分析零件之前设置网格划分的精细程度，如图 6-60 所示。

图 6-59 手轮的受力情况   图 6-60 网格

6.10 SOLIDWORKS SimulationXpress 的使用方法

设计分析向导可以指导用户逐步完成分析步骤，这些步骤从【选项】到【优化】，如下所示：

1）选项：设置通用的材料、载荷和结果的单位系统。

2）夹具：选择面，指定分析过程中零件的固定位置。

3）载荷：指定导致零件受力和变形的外部载荷，如力或压力。

4）材料：从标准的材料库或用户自定义的材料库中选择零件所采用的材料。

5）运行：开始运行分析程序，可以设置零件网格划分的精细程度。

6）结果：显示分析结果，包括安全系数（FOS）、应力和变形。此步骤有时也称为后处理。

7）优化：选择尺寸得到优化后的结果值。

知识卡片	操作方法	• CommandManager：【评估】/【SimulationXpress 分析向导】🔩。 • 菜单：【工具】/【Xpress 产品】/【SimulationXpress】。

操作步骤

步骤 1 启动 SimulationXpress 单击【SimulationXpress】🔩，分析向导出现在任务窗格中，如图 6-61 所示。

扫码看视频

提示 👆 第一次运行【SimlationXpress】时需要输入 SimlationXpress 产品代码。用户可以根据对话框中的提示来获得代码。

图 6-61 SimulationXpress 分析向导

6.11 SimulationXpress 界面

SOLIDWORKS SimulationXpress 启动界面从任务窗格开始，SOLIDWORKS SimulationXpress 选项卡显示任务的顺序列表。选取的选项和 SimulationXpressStudy 树显示在 PropertyManager 中，如图 6-62 所示。

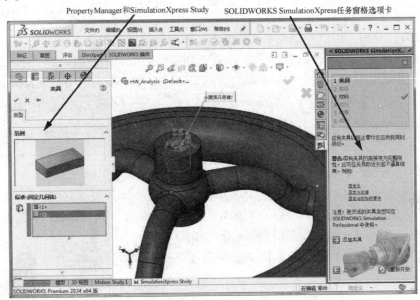

图 6-62　SimulationXpress 界面

在【选项】对话框中可以设置【单位系统】和【结果位置】。

> 步骤2　设置【选项】　设置单位为公制，并使用默认的【结果位置】。勾选【在结果图解中为最大和最小值显示注解】复选框，单击【确定】，然后单击【下一步】➡。

6.11.1 第1步：夹具

夹具用于"固定"零件的面，使零件在分析过程中保持不动。用户至少需要约束零件的一个面，以防止由于刚性实体运动而导致分析失败。如果用户正确完成了任一步骤，设计分析向导将会显示绿色的◎图标。

> 步骤3　打开夹具页面　单击➡添加夹具。
>
> **技巧** 将鼠标移到蓝色的超链接上（如固定孔）来查看示例。
>
> 步骤4　选择约束面　选中形成 D 型孔的圆柱面和平面，如图 6-63 所示。
> 单击【确定】✔，然后单击【下一步】。

图 6-63　选择约束面

SimulationXpress Study 树是在完成分析向导步骤后生成的，如图 6-64 所示。SimulationXpress Study 树分割 FeatureManager 设计树，并位于其下方。

分析完成后，算例树包括夹具、外部载荷、网格和分析结果。

图 6-64　SimulationXpress 算例

6.11.2　第 2 步：载荷

打开【载荷】页面，用户可以在零件的表面上添加外部力和压力。

【力】是指作用力的总和，如 200lbf⊖，适用于指定受力方向的表面。

【压力】是指平均分布到某个表面上的力，如 300lbf/in²⊖，垂直应用于该表面上。

> **提示** 指定的力作用于每一个面。例如，用户选择了三个面，并指定作用力为 50lbf，那么 SimulationXpress 认为总的作用力大小是 150lbf（每个面是 50lbf）。

步骤 5　打开载荷页面　在本例中，选择【力】作为载荷的类型。单击➡【添加力】。

步骤 6　选择受力表面　如图 6-65 所示，选择圆柱面作为受力表面。单击【选定的方向】并选择 "Right Plane"。设置【力】为 3000N，单击【确定】✔，单击【下一步】。

图 6-65　选择受力表面

6.11.3　第 3 步：选择材料

下一个步骤是选择零件的材料。用户可以从系统提供的标准材料库中选择材料，也可以添加用户自定义的材料。

步骤 7　选择材料　已选择的当前材料是【红铜合金】列表中的【铝青铜】。如果想要改变材料，单击【3 材料】和【更改材料】，然后在列表中选择其他的材料覆盖当前材料。此列表和【编辑材料】命令弹出的列表是相同的。保留当前已设定的材料【铝青铜】，单击【下一步】，如图 6-66 所示。

图 6-66　选择材料

⊖　lbf 是力的单位，1lbf = 4.44822N。——编者注

⊖　lbf/in² 是压力的单位，1lbf/in² = 6894.76Pa。——编者注

6.11.4 第4步：运行

经过上述步骤以后，SimulationXpress 已经收集到了进行零件分析所必需的信息，现在可以创建网格，计算位移、应变和应力。

> **步骤8 打开运行页面** 所需信息已经准备齐全并且求解器也已准备就绪。单击➡【运行模拟】。

6.11.5 第5步：结果

用户可以通过【结果】页面显示零件分析的结果。整个 SimulationXpress Study 树显示在被分割的 FeatureManager 设计树中，包括算例的所有输入和输出，如图 6-67 所示。

> **技巧** 在动画停止的状态下，可以双击其中的结果特征〔例如 Stress(-vonMises-)〕以查看结果。

SimulationXpress 使用最大 von Mises 应力标准来计算安全系数分布。此标准表明，当等量应力（von Mises 应力）达到材料的屈服强度时，柔性材料开始屈服。屈服强度（SIGYLD）是一种材料属性。SimulationXpress 对某一点的安全系数等于屈服强度除以该点的等量应力。

任何位置上的安全系数表示如下：

- 安全系数小于1.0，表示该位置的材料已经开始屈服，设计不安全。
- 安全系数等于1.0，表示该位置的材料刚开始屈服。
- 安全系数大于1.0，表示该位置的材料尚未屈服。

右侧树状图内容：

SimulationXpress Study (-Default-)
HW_Analysis (-[SW]铝青铜-)
▼ 夹具
  固定-1
▼ 外部载荷
  力-1 (按条目: 3000 N:)
▼ 结果
  Stress (-vonMises-)
  Displacement (-合位移-)
  Deformation (-位移-)
  Factor of Safety (-最大 von

图 6-67 **SimulationXpress Study** 树

> **步骤9 查看结果** 变形图解的预览画面将出现在屏幕中。变形通过一定比例放大，使用户更容易查看。如果零件的变形符合预期，单击➡【是，继续】查看下一个结果。
>
> **步骤10 查看安全系数** 图 6-68 所示的安全系数（FOS）小于1，表明零件的这个区域应力过大，设计不安全。红色的区域表示安全系数小于1。单击➡【查阅结果完毕】，单击➡【下一步】。

图 6-68 安全系数

6.11.6 第6步：优化

【优化】页面可通过重复变化某一个尺寸的数值并依次进行校验，从而将【安全系数】、【最大应力】和【最大位移】限定在可接受的范围内。

优化是在给定的边界条件数值内依据上述约束进行的。

> **步骤11 优化模型** 在"您想优化您的模型吗?"中单击【是】，并单击【下一步】。
>
> **步骤12 选择要更改的尺寸值** 选择尺寸 14mm（椭圆长轴的长度）作为要更改的尺寸，如图 6-69 所示。单击【确定】。
>
> **步骤13 设置变量和约束** 设置【最小】和【最大】变量值为 18mm 和 22mm，如图 6-70 所示。在【约束】栏中选择【安全系数】，并设置最小值为1。单击【运行】。

图 6-69　更改尺寸值

图 6-70　设置变量和约束

步骤14　查看结果　经过若干次的迭代校核，优化最终完成。单击【结果视图】选项卡，如图 6-71 所示。最终的更改结果在稍微增加质量的条件下达到了安全系数的预期要求。

步骤15　优化结果　选择【优化值】，单击【下一步】，单击【4 运行】和【运行模拟】。

	初始	优化
D1Sketch4 (0.0195542)	14mm	19.554169mm
安全系数	0.672736	1.043159
质量	2.79881 kg	2.8727 kg

图 6-71　查看结果

6.11.7　更新模型

用户在 SOLIDWORKS 中做的更改和分析中的优化能自动反映到 SimulationXpress 中，更改的内容包括模型、材料、夹具和载荷。通过重新分析现有的分析可得到最新结果。

步骤16　保存数据　在 SOLIDWORKS SimulationXpress 窗口单击【关闭】，单击【确定】以保存数据。

步骤17　修改模型　优化过程修改了所选尺寸的数值。在图形窗口的底部单击【模型】选项卡，修改尺寸（在 Spoke 特征 Sketch4 草图内）为 20mm，重建模型，如图 6-72 所示。

步骤18　重新得到数据　再次启动 SimulationXpress，运行模拟。

步骤19　共享、保存并关闭文件　在 SOLIDWORKS Simulation-Xpress 窗口单击【关闭】，单击【确定】以保存数据。

步骤20　共享、保存并关闭零件

图 6-72　修改模型

6.11.8　结果、报表和 eDrawings 文件

下面是不同类型分析输出的示例（见表 6-3），包括分析结果、报表和 eDrawings 文件。

表 6-3　不同类型分析输出的示例

类　型	显　示	类　型	显　示
Stress（-vonMises-）		Deformation（-位移-）	
Displacement（-合位移-）		Factor of Safety（-最大 von Mises 应力-）	
Word 报表		eDrawings 文件	

练习 6-1　法兰

本练习的主要任务是使用提供的信息和尺寸创建图 6-73 所示的模型。灵活使用几何关系实现设计意图。本练习将应用以下技术：

- 旋转特征。

（1）设计意图　此零件的设计意图如下：

1）阵列的孔等距分布。

图 6-73　法兰

2）孔的直径相等。

3）所有圆角的半径尺寸都为 6mm。

> ⚠️ **注意** 构造圆可以通过圆的属性生成。

（2）尺寸信息 根据图 6-74 所示的尺寸信息，结合设计意图创建零件。

图 6-74 法兰的尺寸信息

练习 6-2 轮子

本练习的主要任务是使用提供的信息和尺寸创建图 6-75 所示的模型。灵活运用几何关系实现设计意图。本练习将应用以下技术：

- 旋转特征。

（1）设计意图 此零件的设计意图如下：

1）零件关于轮轴中心线对称。

2）轮轴具有拔模特征。

（2）尺寸信息 根据图 6-76 所示的尺寸信息，结合设计意图创建零件。

图 6-75 轮子　　　　　　　　　　图 6-76 轮子的尺寸信息

- 草图中的文字（可选步骤） 在草图中可以添加文字，并用来创建拉伸凸台或拉伸切除。文字可以自由放置，可以使用尺寸或几何关系定义位置，也可以使文字沿草图曲线或模型边线分布。

文字	- CommandManager：【草图】/【文字】🅰。 - 菜单：【工具】/【草图绘制实体】/【文字】。 - 快捷菜单：右键单击绘图区域，选择【文字】🅰。

操作步骤

步骤1　构造几何体　在模型的前平面上绘制构造线和构造圆弧。

🔑 **技巧** 　在圆弧终点和竖直中心线之间添加【对称】几何关系。

步骤2　创建曲线上的文字　如图6-77所示，创建两个文本，分别附在两个圆弧上。文本属性见表6-4。

步骤3　拉伸特征　创建拉伸凸台特征，设置深度为1mm，拔模斜度为1°，如图6-78所示。

👆 **提示** 　拉伸文字比较耗费时间。

步骤4　保存并关闭零件

图 6-77　曲线上的文字

图 6-78　拉伸特征

表 6-4　文本属性

第一个文本	第二个文本
• 文字：Designed using	• 文字：SOLIDWORKS
• 字体：Courier New，11pt	• 字体：Arial Black，20pt
• 对齐：中心对齐	• 视图对齐：两端对齐
• 宽度因子：100%	• 宽度因子：100%
• 间距：100%	• 间距：两端对齐的情况下不可用

练习6-3　导向件

本练习的主要任务是使用提供的信息和尺寸创建图6-79所示的模型。灵活运用几何关系实现设计意图。本练习将应用以下技术：

• 槽口。

图 6-79　导向件

操作步骤

新建单位为 mm 的零件，命名为"导向件"。按以下步骤创建模型。

> **提示** 👆　下面各图显示了草图关系（【视图】/【隐藏/显示】/【草图关系】）以作为示意。

步骤 1　绘制直线和圆角　在前视基准面创建草图。绘制草图直线、圆角和角度尺寸，如图 6-80 所示。

图 6-80　绘制直线和圆角

步骤 2　等距实体　使用【等距实体】命令偏距 20mm，如图 6-81 所示。

步骤 3　闭合末端　使用相切圆弧和直线封闭末端，如图 6-82 所示。

步骤 4　拖放到原点　拖放圆弧中心点到原点，自动建立与原点的重合关系，如图 6-83 所示。

步骤 5　创建虚拟交点　创建虚拟交点来表示直线的交点。通过选择图 6-84 所示两条直线并单击【点】来完成创建。

图 6-81　等距实体

图 6-82　闭合末端

图 6-83　拖放到原点

步骤 6　完全定义草图　为草图添加图 6-85 所示的尺寸来完全定义草图。

图 6-84　创建虚拟交点

图 6-85　完全定义草图

步骤 7　拉伸草图　将刚创建好的草图拉伸 10mm，如图 6-86 所示。

　　步骤8　添加圆形凸台　在模型的顶面添加新的草图，绘制一个圆，添加相切和重合几何约束。完全定义并拉伸草图，距离为 10mm，如图 6-87 所示。

　　步骤9　添加圆角　添加半径为 20mm 的圆角，如图 6-88 所示。

图 6-86　拉伸草图

　　步骤10　槽口　使用【直槽口】创建图 6-89 所示的几何特征，在槽口选项中选择【总长度】和【添加尺寸】。用直槽口草图创建完全贯穿的拉伸切除。

图 6-87　添加圆形凸台

图 6-88　添加圆角

图 6-89　槽口

　　技巧🔑　槽口草图应该被完全定义，可能需要添加【平行】关系。

　　步骤11　添加通孔　添加直径为 20mm 的通孔，如图 6-90 所示。

图 6-90　添加通孔

　　步骤12　共享、保存并关闭文件

练习6-4　椭圆

本练习的主要任务是使用椭圆来创建图 6-91 所示的零件。

图 6-91　椭圆模型

本练习将应用以下技术：

● 插入椭圆。

新建一个单位为 mm 的零件，按图 6-92 所示创建模型。

图 6-92 详细建模信息

练习 6-5 扫描

本练习的主要任务是利用扫描特征创建下面四个零件。扫描需要截面和路径或圆形轮廓和路径。本练习将应用以下技术：

- 扫描特征。

（1）止滑销 止滑销通过中心线描述扫描的路径，如图 6-93 所示。

图 6-93 止滑销

（2）开口销 定义内侧边线为开口销零件的扫描路径，如图 6-94 所示。

图 6-94 开口销

（3）回形针　定义中心线为回形针零件的扫描路径，如图 6-95 所示。

图 6-95　回形针

（4）斜接扫描　定义外侧边线为斜接扫描零件的扫描路径，如图 6-96 所示。

图 6-96　斜接扫描

练习 6-6　SimulationXpress 应力分析

本练习的主要任务是对零件进行初步的应力分析，如图 6-97 所示。本练习将应用以下技术：

- 夹具。
- 载荷。
- 选择材料。
- 运行。
- 结果。

图 6-97　应力分析

操作步骤

步骤 1　**打开零件 "Pump Cover"**　该零件是高压油罐的上盖，如图 6-98 所示。启动 SimulationXpress 设计分析向导。

步骤 2　**设置单位**　单击【选项】设置单位体系为【公制】，同时勾选【在结果图解中为最大和最小值显示注解】复选框。

步骤 3　**定义夹具**　选择四个安装脚的顶面和四个螺栓孔的圆柱面，如图 6-99 所示。

图 6-98　零件 Pump Cover　　　　**图 6-99　定义夹具**

步骤4　**定义载荷组**　选择【压力】作为载荷的类型。右键单击零件"Pump Cover"内表面上的任意一点，从快捷菜单中选择【选择相切】。

步骤5　**设置压力值**　设置压力值为 250psi⁻。

步骤6　**指定材料**　选择【铝合金】，并从列表中单击【2014 合金】。

步骤7　**运行模拟**

步骤8　**分析结果**　分析结果显示安全系数小于1，说明零件应力过大，查看应力和变形图解，如图 6-100 所示。

图 6-100　分析结果

步骤9　**更改材料**　在 SimulationXpress Study 中右键单击"Pump Cover（-2014 合金）"图标，选择【应用/编辑材料】，设定材料为【其他合金】/【蒙乃尔（R）400】。

步骤10　**更新模型**　单击【运行模拟】，利用新设定的材料再次进行分析。安全系数应该大于1。

步骤11　**共享、保存并关闭零件**

⊖　psi 是压力的单位，1psi = 6894. 76Pa。——编者注

第7章 抽壳和筋

7.1 概述

对于薄壁零件（见图7-1），不管是铸造成形的，还是注塑成形的，它们都包含一些相同的造型步骤和操作，这些操作有抽壳、拔模和筋等。在本章的示例中将完成添加拔模、创建基准面、抽壳和创建筋的操作。

此零件建模过程中的一些关键步骤如下：

1. 相对于参考平面拔模 相对于参考平面和给定方向的拔模。

2. 抽壳 抽壳是掏空零件的过程，用户可以选择去除零件的一个或多个表面。抽壳特征是一种应用特征。

3. 筋工具 筋工具可以用来快速地创建一条或多条筋。利用最少的草图元素，在模型的边界面之间创建筋。

图 7-1　薄壁零件

4. 薄壁特征 在旋转、拉伸、扫描与放样过程中选择薄壁特征选项来创建具有一定厚度的实体。

7.2 分析和添加拔模

铸造成形和注塑成形的零件都需要拔模。有多种方法可以创建拔模，但重要的是能够在零件上检查拔模并且添加拔模角度。

操作步骤

　　步骤1　打开零件 打开零件 "Shelling&Ribs"，如图7-2所示。

图 7-2　零件 Shelling&Ribs

扫码看 3D　　　扫码看视频

7.2.1 选择集

用户可以为需要多次选择的几何体创建选择集。每个选择集内可以包含一个或多个几何体。可以用零件的顶点、边、面或特征来创建选择集。如果是装配体，也可以在选择集中添加零部件。在本例中，将会保存单个面为一个选择集。但根据几何体类型的不同，保存方法会有所变化，主要有以下几种：

1）保存点、边、面时，右键单击对应的几何体，然后选择【选择工具】/【保存选择】。

2）保存特征时，右键单击对应的面，然后在【特征（<特征名称>)】下选择【保存选择】。

3）保存零部件时，右键单击对应的面，然后在【零部件（<零部件名称>)】下选择【保存选择】。

> **提示** 用户可以更新现有选择集中的内容。

> **知识卡片** 选择集
> ● 快捷菜单：在绘图区域右键单击面，并选择【选择工具】/【保存选择】/【新建选择集】。

步骤2 保存选择集 在底面（见图7-3）上单击右键，选择【选择工具】/【保存选择】/【新建选择集】。选择集被保存在 Selection Sets 文件夹中，命名为"选择集4 (1)"，如图7-4所示。

图7-3 选择底面

Shelling&Ribs (Def
- History
- Selection Sets
  - 选择集4(1)
    - 面
- Sensors

图7-4 保存选择集

> **提示** 用户可以重命名选择集。

7.2.2 拔模分析

【拔模分析】工具能够根据设定的拔模角度确定零件是否有足够的拔模量以从模具中移出。

> **知识卡片** 拔模分析
> ● CommandManager：【评估】/【拔模分析】。
> ● 菜单：【视图】/【显示】/【拔模分析】。

步骤3 拔模分析 单击【拔模分析】。

步骤4 设置拔模方向 在弹出式 FeatureManager 设计树中将"选择集4 (1)"作为拔模方向，箭头指向如图7-5所示。

步骤5 查看拔模结果 如图7-6所示，单击【反向】切换箭头方向，设置【角度】为2.00°。依照拔模的种类，表面被分配了不同的颜色。其中三个黄色显示的面需要做拔模处理。单击【确定】完成该操作。面的颜色保留显示状态。

图7-5 设置拔模方向

图7-6 拔模分析

7.2.3 拔模的其他选项

到现在为止，已经介绍了一种创建拔模特征的方法，即在【插入】/【凸台/基体】/【拉伸】命令中使用【拔模】选项。

有时此方法无法处理具体情况。例如，用户需要在已经创建的面上添加拔模时，此方法便无法解决问题。

知识卡片	拔模	【拔模】使用户能够在模型的表面相对于一个中性面或一条分型线添加拔模。
	操作方法	• CommandManager：【特征】/【拔模】◐。 • 菜单：【插入】/【特征】/【拔模】。

7.2.4 中性面拔模

在添加拔模的过程中需要选择一个【中性面】，然后再选择一个或多个【拔模面】。

　　步骤6　中性面拔模　单击【拔模】◐，并在【拔模类型】中选择【中性面】。选择背面作为【中性面】，设置【拔模角度】为 2.00°，选择三个黄色的面作为拔模面，如图7-7所示，单击【确定】以完成命令。

> **提示**　如果需要，单击【反向】，使箭头的方向与图7-7中所示的方向一致。

　　步骤7　查看分析结果　用户会注意到刚才所选面的颜色变化，这些面现在已经符合拔模分析的边界设定。再次单击【拔模分析】◐工具，关闭颜色显示。结果如图7-8所示。

171

> **技巧**　放大上视图可以显示拔模面，如图7-9所示。

图 7-7　中性面拔模　　　　　　　　图 7-8　分析结果　　　　图 7-9　局部放大的拔模面

7.3　抽壳

抽壳操作用来"掏空"实体。用户可以为不同的表面指定不同的壁厚，也可以选择被移除的表面。在本例中，所有零件的壁厚都是相等的。

7.3.1 操作顺序

多数塑料零件都有圆角，如果抽壳前对边线添加圆角并且圆角半径大于壁厚时，零件抽壳后形成的内边线就会自动形成圆角，内壁圆角的半径等于圆角半径减去壁厚。利用这个优点可以省去在零件内部创建圆角的烦琐工作。

如果壁厚大于圆角半径，内圆角将会是尖角。

知识卡片		
抽壳	【抽壳】会以移除所选的表面并对剩余的表面形成一定厚度的方式，创建薄壁零件，也可以在同一个抽壳命令中创建多个厚度。
操作方法	● CommandManager：【特征】/【抽壳】🗐。 ● 菜单：【插入】/【特征】/【抽壳】。

> 技巧 🔑 在选择面之前请关闭【显示预览】，否则每次选择都将更新预览，从而降低操作速度。

7.3.2 选择表面

抽壳命令可以移除模型的一个或多个表面，也可以形成完全中空的密封体。抽壳的各种情形见表 7-1。

表 7-1 抽壳的各种情形

选择内容	示例
选中一个表面	
选中一个表面	
选中多个表面	
没有选中表面	

⚠️ 注意 此结果是用剖切视图命令产生的【剖面视图】

步骤 8 抽壳 单击【抽壳】🗐，并设置【厚度】为 1.500mm。取消勾选【显示预览】复选框，从选择集隐藏的底面开始，选择图 7-10 所示的九个表面作为【移除的面】，单击【确定】。除了那些移除的面之外所有的壁厚都是相等的，结果如图 7-11 所示。

图 7-10 抽壳

图 7-11 抽壳结果

步骤9 偏移距离平面 使用选择集选择图 7-12 所示的平面并单击【基准面】以创建新的基准面。设置【偏移距离】为 10.000mm，方向为反向（与模型相交）。单击【确定】，将"基准面 1"重命名为"Plane1"。

图 7-12 偏移距离平面

7.4 筋

【筋】工具允许用户使用最少的草图几何元素创建筋特征。创建筋时，需要指定筋的厚度、位置、筋材料的方向和拔模角度。

与其他草图不同，筋草图不需要完全与筋特征的长度相同。因为筋特征会自动延伸草图的两端到下一特征。

筋的草图可以简单，也可以复杂。既可以简单到只有一条直线来形成筋的中心，也可以复杂到详细描述筋的外形轮廓。根据所绘制筋草图的不同，所创建的筋特征既可以垂直于草图平面拉伸，也可以平行于草图平面拉伸。简单的筋草图既可以垂直于草图平面拉伸，也可以平行于草图平面拉伸，而复杂的筋草图只能垂直于草图平面拉伸。筋草图拉伸的示例见表 7-2。

表 7-2 筋草图拉伸的示例

拉伸方向	图 例
简单草图，拉伸方向与草图平面平行	

（续）

拉伸方向	图 例
简单草图，拉伸方向与草图平面垂直	
复杂草图，拉伸方向与草图平面垂直	

知识卡片	筋	【筋】可以创建指定厚度、带或不带拔模的筋。筋的形状依赖于定义筋顶部的草图轮廓线。
	操作方法	• CommandManager：【特征】/【筋】。 • 菜单：【插入】/【特征】/【筋】。

174

步骤 10　绘制草图　在基准面 Plane1 上创建新草图。单击【直线】，勾选【中点线】复选框。从中心附近绘制一条水平线，再添加第二条直线，然后添加图 7-13 所示尺寸。

> **提示**　直线可以是欠定义的，因为不需要保证直线端点与模型边线重合。【筋】特征会延长实体几何，与模型壁面相交。即使直线穿过了模型壁面，筋特征仍然只会保留零件壁面内部的部分。这个简单的草图只是定义筋在顶部的位置以及生成筋的方向。

图 7-13　绘制草图

步骤 11　创建筋　单击【筋】工具，并按图 7-14 所示设置参数：
• 厚度：1.500mm，选择【在草图基准面处】，向草图【两侧】创建筋。
• 拉伸方向：垂直于草图方向。

● 拔模角度 📦：向外拔模 3.00°。

单击【确定】。

技巧 🗝️　　预览拉伸方向，如果筋拉伸的方向不正确，勾选【反转材料方向】复选框。

图 7-14　创建筋

步骤 12　创建筋草图　选择右视基准面创建新草图。更改显示方式为【隐藏线可见】。

步骤 13　创建草图线　从顶点到筋之间生成一条水平直线，如图 7-15 所示。保留草图的欠定义状态。

步骤 14　创建筋　单击【筋】 📐，选择【平行于草图】 ◇，其他设置与前面的筋特征相同，创建筋。

图 7-15　创建草图线

7.5 剖面视图

知识卡片	剖面视图	【剖面视图】使用一个或多个剖切平面来剖切模型视图。剖切平面可以动态地拖动和旋转。【剖面视图】有【平面副】和【分区】两个选项。基准面和平面常被用作剖切平面。
	操作方法	● 菜单：【视图】/【显示】/【剖面视图】。 ● 前导视图工具栏：【剖面视图】 🗔。

1. 平面副　【平面副】选项通过平面切除模型，如图 7-16 所示。

2. 分区　【分区】选项使用交叉区域切除模型的一部分，该区域通过平面限定，并且允许有多个剖切，如图 7-17 所示。

提示 ☝️　　通过单击【保存】并保存为【工程图注解视图】的方式来创建工程图中使用的剖面视图，使用【视图调色板】即可将已保存的剖面视图添加到工程图中。

图 7-16　平面副

175

图 7-17 分区

步骤 15 **创建剖面视图** 单击【剖面视图】，选择【前视基准面】，单击【平面副】选项，拖动箭头以剖切图形，如图 7-18 所示，单击【确定】。

步骤 16 **创建草图** 在右视基准面上创建草图，如图 7-19 所示。

176

图 7-18 创建剖面视图

图 7-19 创建草图

7.6 转换实体引用

在激活的草图中，【转换实体引用】可以用来复制现有的模型边线，边线被投影到草图平面上，无论这些边线是否在此草图平面上，见表 7-3。

知识卡片	转换实体引用	【转换实体引用】可以用来复制现有的模型边线到激活的草图中。
	操作方法	• CommandManager：【草图】/【转换实体引用】。 • 菜单：【工具】/【草图工具】/【转换实体引用】。 • 快捷菜单：右键单击绘图区域，选择【草图工具】/【转换实体引用】。

表 7-3　转换实体引用选项

转换实体引用选项	图　　示
边	
面	
内环（使用【逐个内环面】选项）	

　　　　步骤17　转换边线　单击【转换实体引用】⬜，选择前一个筋特征的线性边并将其转换在当前激活的草图平面上，单击【确定】。拖动端点，如图 7-20 所示。

　　　　步骤18　完成筋　参考前面的方法来创建另一个筋特征，如图 7-21 所示。再一次单击【剖面视图】将其关闭。

图 7-20　转换边线　　　　　　　　　　　图 7-21　完成筋

7.7　完整圆角

　　【完整圆角】选项是在相邻的三个面上创建相切的圆角特征。任何一个面组都可以包含多个面，但是同一个面组里的面必须是相切连续的，如图 7-22 所示。

知识卡片	完整圆角	在设置【完整圆角】时不需要设定半径值，半径的大小在选择面组时自动确定。
	操作方法	• 【圆角】的 PropertyManager：【完整圆角】。

中央面组被移除

边侧面组被剪裁

图7-22　完整圆角

步骤19　添加完整圆角　单击【圆角】并选择【完整圆角】⬜选项。在【圆角项目】选项框中，选择图7-23所示的各个面。注意每个加强筋上的圆角必须单独添加。

步骤20　完成圆角　使用步骤19的方法添加另一个圆角，如图7-24所示。

提示　单击鼠标右键可以快速确认面组。

图7-23　完整圆角选项与结果　　　　图7-24　完成圆角

步骤21　共享、保存并关闭文件

7.8　薄壁特征

【薄壁特征】是使用一个开环的草图轮廓并定义壁厚来实现的。壁厚可以自定义，且在厚度方向可以选择是向内加厚还是向外加厚。特征生成方向可以是单向、两侧对称或者是双向。当使用开环草图轮廓并应用薄壁时将生成薄壁特征，闭环草图轮廓同样也能生成薄壁特征。用户可以用拉伸、旋转、扫描以及放样来生成薄壁特征。生成薄壁特征的示例见表7-4。

表7-4　生成薄壁特征的示例

方法	图　例	方法	图　例
旋转，开环轮廓		拉伸，开环轮廓	
旋转，闭环轮廓		拉伸，闭环轮廓	

知识卡片	薄壁特征	● 【旋转】的 PropertyManager：【薄壁特征】。 ● 【拉伸】的 PropertyManager：【薄壁特征】。

179

操作步骤

步骤1　打开零件"Thin_Features"

步骤2　旋转薄壁　选择草图"strainer"并单击【旋转凸台/基体】。当系统询问草图是否需要被自动封闭时，选择"否"。设置【薄壁特征】厚度为5.00mm，向外加厚。单击【确定】，如图7-25所示。

扫码看视频

步骤3　拉伸薄壁　选择草图"bracket"并单击【拉伸】。设置方向为【两侧对称】，厚度为5.00mm。勾选【自动加圆角】复选框，设置圆角半径为3.00mm，如图7-26所示。

图7-25　旋转薄壁

图7-26　拉伸薄壁

步骤4　选择拉伸方向　选择拉伸方向为旋转实体方向，类型为【成形到下一面】，单击【确定】，结果如图7-27所示。

图 7-27　选择拉伸方向

a) 成形到一面

b) 成形到下一面

图 7-28　【成形到一面】和
【成形到下一面】

> **提示**　本例提供了以下两种拉伸方式的对照：【成形到一面】（见图 7-28a）和【成形到下一面】（见图 7-28b）。

步骤5　转换边线　反转模型视图并在图 7-29 所示平面上新建草图。单击【转换实体引用】，选择图 7-29 所示的圆形边线。单击【确定】。

> **技巧**　如果用户提前选择了边线，则不会出现【转换实体引用】对话框。

图 7-29　转换边线

- **快捷方式栏**　快捷方式栏或〈S〉键菜单是用户可自定义的菜单栏，在草图、零件、装配体或工程图模式下工作时，该菜单栏都会显示适当的图标。

此菜单栏是"非上下文"的，这意味着其显示的图标不受选择项目的限制，在该模式下用户可以将任何命令添加到菜单中，并且都有一个【搜索所有命令】栏，如图 7-30 所示。

图 7-30　不同模式下的快捷方式栏

使用【工具】/【自定义】/【快捷方式栏】选项卡可以自定义该类型工具栏。

| 知识卡片　快捷方式栏 | 快捷键：〈S〉。 |

步骤6　创建拉伸特征　按〈S〉键，单击【拉伸凸台/基体】，将草图拉伸5mm并远离模型，如图7-31所示，显示右视基准面。

步骤7　新建参考基准面　按住〈Ctrl〉键并拖动右视基准面75mm来新建参考基准面，如图7-32所示。

图 7-31　创建拉伸特征

图 7-32　新建参考基准面

步骤8　转换平面　在新的基准面上新建草图，选择"拉伸-薄壁1"特征的端面，如图7-33所示。单击【转换实体引用】。

步骤9　拉伸草图　使用【成形到下一面】拉伸草图，单击【确定】，如图7-34所示。

图 7-33　转换平面

图 7-34　拉伸草图

步骤10　共享、保存并关闭文件

练习7-1　泵壳

使用提供的尺寸创建图7-35所示的零件。灵活地使用几何关系实现设计意图。本练习将应用以下技术：

- 抽壳。

（1）设计意图　此零件的设计意图如下：

1）零件凸出部分的尺寸和形状完全相同。

2）孔尺寸相同。

3）所有圆角半径均为 3mm。

4）零件厚度一致。

5）沟槽在边线上居中。

6）除了沟槽，零件是关于两个基准面对称的。

（2）尺寸视图　根据图 7-36 所示的尺寸，结合设计意图创建零件。

图 7-35　泵壳

图 7-36　泵壳的尺寸信息

练习 7-2　柱形工具

使用提供的尺寸创建图 7-37 所示的零件。本练习将应用以下技术：

- 抽壳。
- 剖面视图。
- 转换实体引用。

图 7-37　柱形工具

操作步骤

新建一个以 mm 为单位的零件，并命名为 "Tool Post"。

> 提示　为表达清楚，步骤图例中显示了草图几何关系。

步骤 1　创建草图轮廓　在上视基准面上新建草图。按照图 7-38 所示创建出多段直线和一段圆弧，同时标注尺寸。

步骤 2　旋转凸台　按照图 7-39 所示添加旋转特征。在旋转中草图的圆弧形成了球面。

图 7-38　创建草图轮廓

图 7-39　旋转凸台

步骤3　抽壳　将旋转体向内抽壳 16mm，删除图 7-40 所示的两个面。

步骤4　创建剖面视图　按图 7-41 所示创建剖面视图来显示模型内部构造，剖面方法应为【分区】，并选择上视基准面和前视基准面。

图 7-40　抽壳

图 7-41　创建剖面视图

步骤5　切除特征　在前视基准面上通过转换实体引用和绘制直线来创建开环的草图，此处使用了直径尺寸标注但并不会被用于旋转的草图。使用【完全贯穿-两者】选项创建拉伸切除特征，切除后的效果如图 7-42 所示。

步骤6　镜像切除特征　使用上视基准面，镜像上一步中完成的切除特征，如图 7-43 所示。

图 7-42　切除特征

步骤7　切除特征　首先创建图 7-44a 所示的草图，然后使用【完全贯穿】方法创建拉伸切除特征。回到【剖面视图】可以显示零件的内部构造，如图 7-44b 所示。

步骤8　共享、保存并关闭零件

图 7-43　镜像切除特征

a)　　　　　　　　　　b)

图 7-44　切除特征

练习 7-3　压缩盘

本练习的主要任务是使用提供的尺寸创建图 7-45 所示的零件。灵活地使用几何关系实现设计意图。本练习将应用以下技术：

- 抽壳。
- 筋工具。
- 转换实体引用。

（1）设计意图　此零件的设计意图如下：

1）零件是对称的。

2）筋是等间距分布的。

3）所有倒角和圆角半径均为 1mm。

（2）尺寸视图　根据图 7-46 所示的尺寸，结合设计意图创建零件。

图 7-45　压缩盘

图 7-46　压缩盘的尺寸信息

练习 7-4　吹风机壳

本练习的主要任务是根据所提供的步骤，创建图 7-47 所示的零件。本练习将应用以下技术：

- 拔模分析及添加拔模特征。
- 抽壳。
- 筋工具。
- 完整圆角。

用户可以选择使用已有的草图文件，也可以自己创建草图。新草图以 mm 为单位，外形尺寸如图 7-48 所示，草图平面选择右视基准面。

图 7-47 吹风机壳

图 7-48 吹风机的外形尺寸

操作步骤

在"Lesson 07 \ Exercise"文件夹中打开已有的零件。

步骤1 打开零件"Blow Dryer"

步骤2 拉伸基体 拉伸 25mm 形成零件的第一个特征，如图 7-49 所示。

图 7-49 拉伸基体

步骤3 拔模 使用上视基准面作为中性面，给外表添加 2°的拔模角度。图 7-50 所示的是从出风口方向观察到的部分前视图。

> **技巧** 出风口所在的面不需要拔模。

步骤4 创建圆角 依次创建 R16mm 和 R11mm 的圆角特征，如图 7-51 所示。

图 7-50 部分前视图

图 7-51 创建圆角

步骤5 检查拔模 使用【拔模分析】，分析参数选择右视基准面，检查角度为 2°。

步骤6 完成零件 根据图 7-52 所示的尺寸信息完成此零件。

- 壁厚是相等的。
- 通风孔与筋的尺寸是相等的。
- 所有凸台均需要 2°的拔模斜度。
- 除筋部采用完整圆角外，其余圆角均为 1mm。

步骤7 共享、保存并关闭文件

图 7-52 吹风机的尺寸信息

练习 7-5　刀片

本练习的主要任务是根据提供的信息和尺寸创建图 7-53 所示的零件。本练习将应用以下技术：

- 完整圆角。
- 薄壁特征。

图 7-53　刀片

操作步骤

创建一个新零件，按照图 7-54 所示尺寸创建模型。

图 7-54　详细建模信息

186

练习 7-6　角件

使用提供的尺寸创建图 7-55 所示零件，灵活地使用几何关系实现设计意图。本练习将应用以下技术：

- 转换实体引用。
- 薄壁特征。

此零件的设计意图如下：

1）零件是对称的。

2）除非有特别说明，所有内外圆角半径都是 2mm。

利用图 7-56 所示信息，结合设计意图创建零件。

图 7-55　角件模型

图 7-56　角件工程图

练习 7-7　回转臂

使用提供的尺寸创建图 7-57 所示回转臂，灵活地使用几何关系实现设计意图。本练习将应用以下技术：

- 转换实体引用。
- 完整圆角。
- 薄壁特征。

此零件的设计意图如下：

1）零件是对称的。

2）所有内外圆角半径都为 2mm。

利用图 7-58 所示信息，结合设计意图创建零件。

图 7-57　回转臂

图 7-58　回转臂工程图

第8章　编辑：修复

8.1　零件编辑

在 SOLIDWORKS 中，用户可以在任何时间编辑任何内容。这有助于查看或修复模型历史记录中的任何草图或特征。为了说明这一点，本章将对编辑零件的主要工具进行介绍和回顾。

修改零件的一些关键流程如下：

1. 添加和删除几何关系　有时由于设计的改变，必须要删除或修改草图中的几何关系。

2. 什么错　建模过程中出现错误，可以用【什么错】来查明错误的原因。

3. 编辑草图　【编辑草图】可以修改任何草图的几何元素和关系。

4. 检查草图合法性　【检查草图合法性】可以查找草图中的问题，检验草图用于特征的合法性。用户必须先编辑草图，再检查草图合法性。

5. 编辑特征　通过【编辑特征】改变特征的创建方式。编辑特征与创建特征所用的对话框相同。

8.2　编辑的内容

对零件（见图 8-1）进行编辑的内容非常广泛。从修补损坏的草图到在 FeatureManager 设计树中重新排序都属于编辑的内容。这些内容可以归纳为三类：查看模型信息、修复模型错误和更改零件设计。

8.2.1　查看模型信息

对模型进行非破坏性的检测可以得到很多重要的信息，例如模型是如何创建的、如何添加几何关系、对模型可以进行什么样的更改等。本章将重点介绍使用编辑工具和退回来查看模型信息。

8.2.2　查找并修复问题

图 8-1　零件编辑

在建模过程中，找到并修复问题是一项关键的技术。对零件的很多修改，如【编辑特征】、【编辑草图】和【重新排列】等，都可能会使特征出现错误。这部分将讨论如何找到错误并采取相应的解决办法。

零件中存在的问题出现在零件的草图或特征中。尽管错误的种类很多，但有些错误会出现得更频繁。例如，悬空尺寸和几何关系是很常见的，草图中的无关几何体也是较为常见的。

打开一个带有错误的零件可能会看到混乱的局面，接近建模开始处的错误经常会使很多后续的特征失败。若修复了最初的错误，其他的错误也可能会被解决。在审校和更改之前，应该对有错误的模型进行一些修复工作。

8.2.3　设置

在【工具】/【选项】对话框中的两处设置将会影响错误的处理方式。【每次重建模型时显示错误】确保每次重建后都会显示【什么错】对话框；使用【如果出现重建错误】下拉列表将会显示当带有错误的零件被打开时可以采取的措施。用户可选择出错时提示、停止或继续。

当模型局部有改动时，可以针对变动的尺寸使用重建模型，但是【强制重建】将会对模型的所有特征进行一次重建。用户可以使用快捷键〈Ctrl + Q〉来进行强制重建。

下面将首先调整这些设置。

操作步骤

　　步骤 1　错误设置　单击【工具】/【选项】/【系统选项】/【信息/错误/警告】，勾选【每次重建模型时显示错误】复选框并在【显示 FeatureManager 树警告】下拉列表中选择【始终】。单击【确定】。

　　步骤 2　打开零件 "Editing CS"　可看到此零件有很多错误。

　　步骤 3　特征失败　打开零件后，系统显示一个【什么错】的消息框。每个错误按照特征名称列于对话框中。此时模型不可见，错误将导致许多特征失败。

扫码看视频

8.2.4　【什么错】对话框

【什么错】对话框列出了零件中的所有错误。这些错误分为【错误】和【警告】两类，【错误】导致特征创建失败，而【警告】不会。其他的几列给出了一些诊断信息，包括一些情况的预览，如图 8-2 所示。

扫码看 3D

图 8-2　【什么错】对话框

> **提示**　单击问号⑦可打开有关此类型错误的在线帮助。

> **技巧**　对话框中的信息可以根据列排序。单击【类型】标题栏，信息将按照【错误】和【警告】类型排序，如图 8-3 所示。

图8-3　按类型排序

> 提示
>
> 　　此对话框的显示由菜单中【工具】/【选项】/【系统选项】/【信息/错误/警告】/【每次重建模型时显示错误】复选框控制。只有勾选该复选框，此对话框才会出现。此外，还可以用其他方法进行控制：
> - 通过【工具】/【选项】对话框。
> - 通过【什么错】对话框：【在重建模型过程中显示什么错】。
> - 通过【什么错】对话框：【显示错误】和【显示警告】。

　　步骤4　查看 FeatureManager 设计树　关闭【什么错】对话框，在 FeatureManager 设计树中列出了许多标记的错误，如图8-4所示。记号位于特征的旁边，各自有特殊的意义：
- **顶层错误**　【顶层错误】记号🔽表示在设计树下有错误。在装配体和工程图当中查看零件的错误是非常有用的。
- **错误**　【错误】记号❌表示此特征有问题，无法创建几何体。特征的名称用红色表示。
- **警告**　【警告】记号⚠️表示此特征有问题，但可以创建几何体。悬空的几何体和几何关系通常会出现这种情况。特征的名称用黄色表示。
- **正常特征**　【正常特征】没有警告记号也没有错误记号。特征的名称用黑色表示。

　　1. 搜索特征树　可以使用 FeatureManager 搜索栏▽　　　　　　　搜索需要的特征内容。输入"sk""fil"和"pa"的搜索结果如图8-5所示。单击"×"可清除搜索内容。

　　2. 平坦树视图　在零件文档中，可以将 FeatureManager 设计树设置为按创建的顺序显示特征，而不是按层次显示。使用平坦树视图，曲线、2D 草图和 3D 草图不会被吸收到引用它们的特征中，而是按创建的先后顺序显示。在 FeatureManager 设计树中使用平坦树视图显示方式，可以方便地查看出错零件的特征和相关的草图。

	平坦树视图	• 快捷菜单：在 FeatureManager 设计树顶部单击右键，选择【树显示】/【显示平坦树视图】。 • 快捷键：〈Ctrl + T〉。

　　步骤5　显示平坦树视图　使用快捷键〈Ctrl + T〉显示平坦树视图。被"main"特征使用的草图"Sketch1"位于特征"main"的上面。所有的草图和特征都会按照创建的先后顺序排列显示，如图8-6所示。

图 8-4   FeatureManager 设计树   图 8-5   搜索特征树   图 8-6   显示平坦树视图

8.2.5   从哪里开始

特征在设计树中以从上到下的顺序重建。修改错误的最好方法是从第一个有错误的特征开始修改,本例的第一个错误特征是"main"特征。基体特征的错误会导致一系列子特征的错误,如图 8-7 所示。

191

图 8-7   特征之间的关联性

步骤6　显示什么错　【什么错】选项可以用来单独显示所选特征的错误信息。右键单击"main"特征，选择【什么错】。错误信息指出由于其中一个端点被多个实体错误地共享，这个特征不能使用该草图，如图8-8所示。

图8-8　"main"特征的"什么错"

技巧 将光标移到FeatureManager设计树中出错的特征上，将会出现错误提示信息。其中会显示与【什么错】对话框中相同的错误描述信息，如图8-9所示。

如果启用了【动态参考可视化】，则提示信息将会连接到特征的直线上，如图8-7所示。

步骤7　编辑草图　【什么错】的信息提示了草图"Sketch1"的问题。关闭对话框并编辑该特征的草图。

提示 勾选【工具】/【选项】/【系统选项】/【草图】/【在创建草图以及编辑草图时自动旋转视图以垂直于草图基准面】复选框，可以在创建和编辑草图时使视图自动垂直于草图基准面。

图8-9　在FeatureManager上显示"什么错"

8.3　草图问题

虽然草图包含几何体、关系或者尺寸，但它们不能被重建是有原因的。可能是因为多余的直线连接在已有的端点上，或者共享了一些没有用的几何体，如图8-10所示。

提示 在连续的轮廓中存在单个缝隙是可以接受的。

图8-10　显示检查结果

步骤8　整屏显示全图　有些离得很远的无意间绘制的几何体也会导致草图问题。单击【整屏显示全图】🔍，草图中所有的几何体都会被显示。如图8-11所示，发现一小片没关联的几何体。

图8-11　整屏显示全图

提示 在旧版本软件中创建的闭环草图轮廓并不会上色显示。

8.3.1　框选取

框选取允许用户使用拖拽框选中多个草图元素。草图元素是否被选中由拖拽的方向决定。尺寸也可以被选中。

从左向右：只有在框选线内部的完整几何体被选中。

从右向左：在框选线内部和相交的几何体都被选中。

> **技巧** 在框选的时候配合〈Shift〉键可以将选中的对象添加到选择集中。使用〈Ctrl〉键框选可以将原先未选中的对象添加到选择集中，而原先已选中的对象将转换为未选中。

知识卡片		
套索选取	【套索选取】：用户可以使用自由拖拽的窗口选中多个草图实体。	
	【顺时针】：只有完全位于套索内部的几何体才会被选中。	
	【逆时针】：在套索内部或与套索相交的几何体都会被选中。	
操作方法	• 快捷菜单：右键单击绘图区域，选择【选择工具】/【套索选取】。	
	• 菜单：【工具】/【套索选取】。	

> **步骤9　框选多余的线**　使用从左向右的框选方式选中多
> 余的线并将其删除，如图 8-12 所示。放大剩下的几何图形。
>
>
>
> 图 8-12　框选多余的线

8.3.2　检查草图合法性

用户可以使用【检查草图合法性】来检查草图是否可以用于某种特征。由于不同的特征需要不同的草图（例如，旋转特征需要一条用于旋转的轴），因此用户选择的特征类型决定了系统对草图的检查结果。任何妨碍特征创建的草图元素都会被高亮显示。此命令也可用于检查丢失的或不恰当的草图元素。

知识卡片		
检查草图合法性	• 菜单：【工具】/【草图绘制工具】/【检查草图合法性】。	

> **提示** 如果检查草图合法性时检查出草图有问题，将会自动启动【修复草图】。
> 如果退出的草图存在问题导致其特征无法成功重建，系统会提示用户使用【检查特征草图】以显示问题。用户可以选择进行草图检查，也可以退出草图并继续重建。

• **使用命令搜索**　搜索功能对于查找和使用不常用的命令较为有用，如图 8-13 所示。选择【命令】作为搜索类型，输入命令的部分名称后，出现命令列表。无法使用的命令显示为灰色。单击列表中的命令名称可启动该命令。

> **提示** 【显示命令位置】◉可用于显示此命令位于用户界面的位置。

图 8-13　使用命令搜索

知识卡片		
命令搜索	• 菜单：【帮助】/【搜索】/【命令】。	

步骤 10　**检查草图合法性**　使用【搜索】功能启动【检查草图合法性】命令。其将检查草图中的错误元素，并与此【轮廓类型】的要求进行比较。在本例中，【特征用法】设置为【基体拉伸】，【轮廓类型】由特征类型决定，如图 8-14 所示。单击【检查】，并在消息框内单击【确定】，启动【修复草图】对话框。

图 8-14　检查草图合法性

8.3.3　修复草图

知识卡片	修复草图	【修复草图】工具用于在草图中发现错误并允许用户修复这些错误，修复草图会罗列并描述这些错误，还可以使用放大镜显示错误的具体位置。
	操作方法	• CommandManager:【草图】/【修复草图】。 • 菜单:【工具】/【草图工具】/【修复草图】。

知识卡片	放大镜	【放大镜】工具用于在零件或者装配体中发现和选择较小的边或面。放大镜通常在其他工具激活时配合使用。下面是相关的操作功能: • 使用鼠标中键按钮/滚轮缩放放大镜内部几何体。 • 使用〈Alt + 中键按钮/滚轮〉显示模型截面。 • 使用〈Ctrl + 中键按钮/滚轮〉移动放大镜和指示器。
	操作方法	• 快捷键:〈G〉。

步骤 11　**修复草图**　【修复草图】自动启动。设定【缝隙】为 0.010mm，单击【刷新】。这时显示有三个错误，放大镜里显示的是第一个问题，如图 8-15 所示。

步骤 12　**查看错误**　单击【下一个】，由于两个问题基本上在相同的区域，所以放大镜也出现在相同的地方。滑动滚轮缩放有问题的区域，问题描述如下:"实体很小。是故意的吗?"

单击较短的直线并将其删除，然后单击【刷新】，如图 8-16 所示。

步骤 13　**查看两点缝隙**　下一个问题是两点缝隙。放大镜显示，两端点之间有一小块缝隙。选择这两个端点，添加【合并】几何关系，如图 8-17 所示。

图 8-15　修复草图

图 8-16　查看错误

图 8-17　合并两个端点

步骤 14 最后的问题 单击【刷新】🔄，显示最后的问题，选中线并删除，如图 8-18 所示。单击【刷新】🔄，确认结果为"没找到问题"，关闭【修复草图】对话框。

步骤 15 添加相等几何关系 按图 8-19 所示为两条直线添加【相等】几何关系，完成草图。

图 8-18 最后的问题

图 8-19 添加相等几何关系

步骤 16 退出草图

8.3.4 使用停止并修复

修复第一个特征后，将显示一条消息，以帮助确定下一个编辑。消息的内容是："特征 Sketch2 出现警告，可能会使以后的特征失败。您想在 SOLIDWORKS 重建以后的特征之前修复 Sketch2 吗?"下面是信息提示的两种选择：

- 继续（忽略错误）：重建模型并允许用户选择下一步编辑。
- 停止并修复：在下一个错误或警告的特征处停止，退回控制棒会放置在该特征后面。

步骤 17 停止并修复 在消息框中单击【停止并修复】。

步骤 18 下一个错误 列表框中列出的第一个错误存于"Cut-Extrude1"特征的"Sketch2"草图中。信息表明它的错误是悬空的草图实体。当尺寸或几何关系的参考不存在时，就会出现类似的错误信息。

图 8-20 【隐藏悬空尺寸和注解】选项

> 提示 悬空尺寸和几何关系可以在视图中隐藏。【隐藏悬空尺寸和注解】选项在菜单【工具】/【选项】/【文档属性】/【出详图】选项中，如图 8-20 所示。

1. 重新定义共线关系 悬空的共线几何关系可以通过重新连接到模型上相应的边而得到快速修复。

步骤 19 编辑草图 单击"Sketch2"草图，从什么错提示框的顶部选择【编辑草图】，如图 8-21 所示。

步骤 20 悬空的几何关系 草图中的一条直线显示为悬空颜色。选择该直线，显示其拖动控标。此拖动控标可以用来拖放以进行修复。当选择该直线时，其几何关系会在 PropertyManager 中显示，悬空的几何关系颜色和草图中的颜色相同，如图 8-22 所示。

步骤 21 重新定义几何关系 拖动红色的拖动控标，将其放置在基体特征最上方的水平边线上。系统将共线几何关系从丢失的实体（删除的平面）替换成模型的边线。此时草图不再悬空，如图 8-23 所示。

图 8-21　编辑草图　　　　图 8-22　悬空的几何关系　　　　图 8-23　重新定义
几何关系

2. 使用【显示/删除几何关系】修改几何关系　有些几何关系，只能使用【显示/删除几何关系】命令进行修改。此命令可以对草图中的所有几何关系进行分类显示。

> **知识卡片**　显示/删除几何关系　● 使用【显示/删除几何关系】可以系统地查询草图中的所有实体，也可以基于某种条件分类显示草图几何关系，如悬空的几何关系或过定义的几何关系等。另外，使用【显示/删除几何关系】还可以修改悬空的几何关系。

步骤22　撤销操作　单击【撤销】，取消修改悬空的几何关系。

步骤23　显示/删除几何关系　单击【显示/删除几何关系】 ⌊₀，从【过滤器】下拉列表中选择【悬空】，该对话框只显示悬空的几何关系。选择"共线2"几何关系，如图8-24所示。

步骤24　查看几何关系中的实体　在 PropertyManager 中展开【实体】选项组，其中显示了选择的几何关系所利用的实体。其中一个实体处于【完全定义】状态，而另一个处于【悬空】状态，如图8-25所示。

图 8-24　显示/删除几何关系

图 8-25　查看几何关系中的实体

步骤25　**替换错误实体**　选择标为【悬空】的实体，并选择基体特征最上方的水平边线（参考步骤21）。单击【替换】，再单击【确定】。

步骤26　**退出草图**

步骤27　**向前推进**　在FeatureManager设计树中单击右键，然后选择【退回到尾】。此时再次看到一条信息，显示已在零件中检测到问题。选择【停止并修复】以将退回控制棒定位到树中的问题位置，并停止重建模型。

步骤28　**查看消息**　将光标停在"Sketch3"上，什么错提示草图基准面缺失，用户可以使用【编辑草图平面】进行修复，如图8-26所示。

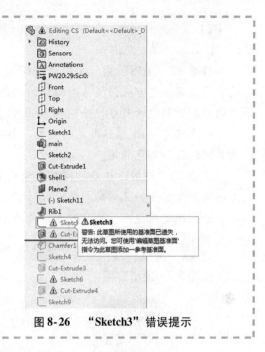

图8-26　"Sketch3"错误提示

8.3.5　修复草图基准面问题

当作为草图平面的基准面或者是特征的平面被移除时，会出现另外一种常见的错误。在本例中，草图出现错误并需要指定一个新的草图基准面。

知识卡片	编辑草图平面	用户可以使用【编辑草图平面】命令将用于绘制草图的平面换成其他平面，新的草图平面不必与原始平面平行。
	操作方法	• 快捷菜单：右键单击草图，选择【编辑草图平面】🖐。 • 菜单：【编辑】/【草图平面】。

步骤29　**编辑草图平面**　单击"Sketch3"，选择【编辑草图平面】🖐。PropertyManager列出了"**遗失**基准面"作为草图基准面（见图8-27），同时在绘图区域显示遗失基准面的虚线，如图8-28所示。

步骤30　**选择替换平面**　选择零件的前平面作为替换面，如图8-29所示。单击【确定】，特征被修复。

图8-27　编辑草图平面

图8-28　遗失基准面的虚线

图8-29　选择替换平面

步骤31　**向前推进**　向前推进到"Cut-Extrude4"特征之后，出现下一个错误信息。将鼠标悬停在特征上，查看错误信息。

1. 重新连接尺寸　悬空尺寸可通过重新连接至模型而被快速地修复，尺寸数值将反映新距离。

技巧 🔑 不管尺寸是否悬空都可以使用重新连接来修复。

步骤 32　编辑草图　编辑"Cut-Extrude4"特征的草图"Sketch6"。注意到尺寸 9mm 的颜色与显示悬空几何关系时标记的颜色相同，该尺寸曾经依附的几何体已不存在，因此其被识别为悬空的尺寸，如图 8-30 所示。

单击尺寸 9mm 显示其拖动控标。标记为红色的一端即为悬空端，这与显示悬空几何关系时标记的颜色相同。

步骤 33　拖放　拖动控标并在边线光标出现时将其放置在零件底部的边上。这时尺寸和几何体将变回正常的颜色，尺寸的值将随之更新以反映几何体的尺寸，如图 8-31 所示。如果想更改这个尺寸，双击编辑即可。

提示 ✋ 如果放置的位置不适当，光标会变为 ⊘ 符号。

步骤 34　退出草图

图 8-30　悬空的尺寸

图 8-31　拖放尺寸

2. 重新连接同圆心和等半径几何关系　悬空的同圆心和等半径几何关系可通过将其重新连接到模型中相类似的圆弧边线而快速地得到修复。

步骤 35　向前推进　将特征推进至"Cut-Extrude8"之后。

步骤 36　编辑草图　编辑特征"Cut-Extrude8"的草图"Sketch13"。单击最右侧悬空的圆（同心）以显示拖动控标。拖放此拖动控标到后面的圆边线上，如图 8-32 所示。对最左侧悬空的圆（等半径）也重复相同的操作。

步骤 37　退出草图

步骤 38　退回到尾　在 FeatureManager 设计树上单击鼠标右键，

图 8-32　编辑草图

选择【退回到尾】。出现消息框显示"Fillet2"特征存在问题，单击【继续（忽略错误）】以将退回控制棒移动到尾部。

3. 高亮显示问题区域　有些错误信息含有预览符号 👁。如果单击此符号，系统将会高亮显示有问题的区域。如果直接在特征上使用【什么错】，也将自动显示有问题的区域。

步骤39　高亮显示问题信息　单击预览符号 将显示发生问题的区域，如图8-33所示。发生错误的区域将以虚线的形式高亮显示，如图8-34所示。在此区域内的圆角特征失败。

图8-33　高亮显示问题信息

图8-34　图形错误

8.3.6　FeatureXpert

FeatureXpert功能只在圆角和拔模失败的特殊情况下才可使用。在本例中，"Fillet2"特征失败了，如图8-35所示。FeatureXpert将会利用所有相邻的圆角去创建解决方案。这种自动生成的解决方案也许会将某一组已有的圆角集合再次拆分成不同的圆角特征，并重新排列顺序。FeatureXpert是基于SOLIDWORKS SWIFT技术的一项功能。

图8-35　"Fillet2"特征失败

> 提示　用户必须先选择【启用FeatureXpert】，该选项可以在【工具】/【选项】/【系统选项】/【普通】里设置。

199

步骤40　FeatureXpert　单击【什么错】对话框上的【FeatureXpert】，可以看到原来的圆角已被拆分为多个新的圆角特征。

步骤41　重建模型　现在重建模型将不会出现任何错误和警告，如图8-36所示。保存并关闭模型。

步骤42　共享、保存并关闭所有文件

图8-36　重建模型

8.3.7　圆角修复

圆角和倒角的缺失边线在绘图区域中显示为虚线几何体。用户可以在【编辑特征】的【要圆角化的项目】组框中单击右键并选择【修复所有缺失的参考】来修复它们，如图8-37所示。若要清除缺少的边线标记，请单击【清除所有缺失的参考】。

图8-37　圆角修复

8.4 冻结特征

用户可以使用冻结栏来冻结特征。所有冻结栏上方的特征都将被冻结，不能重建且不能编辑。这些特征的前面将会添加锁定特征🔒的图标，如图8-38所示。当用户想要延后重建或防止某些特征发生改变时，冻结栏会是非常有效的工具。冻结特征将无法编辑，如果用户尝试更改一个冻结特征的尺寸时，将得到下面的消息：由于与尺寸关联的特征已冻结，修改尺寸已被禁用。按照下面的步骤可启用冻结栏。

图 8-38 冻结特征

冻结栏之上的特征是不可编辑或重建的，在冻结栏之后创建的特征是可以编辑的，如图8-39所示。按照下面的步骤可关闭冻结栏。

图 8-39 冻结与可编辑特征区域

练习 8-1 错误 1

本练习的主要任务是利用给定的信息和尺寸编辑零件，修正错误和警告，并完成此零件，如图8-40所示。本练习将应用以下技术：

- 使用【什么错】对话框。
- 检查草图合法性。
- 重新创建共线几何关系。
- 重新定义尺寸。
- 高亮显示问题区域。

图 8-40 零件 Error1

操作步骤

打开已有零件 "Error1" 并进行编辑，以去除错误和警告。利用如图 8-41 所示的工程图作为向导创建零件。

图 8-41   Error1 的工程图

练习 8-2   错误 2

本练习的主要任务是利用给定的信息和尺寸编辑零件，修正错误和警告，并完成此零件，如图 8-42 所示。本练习将应用以下技术：

- 使用【什么错】对话框。
- 发现并修复问题。
- 检查草图合法性。

	Base-Extrude-Thin
	Boss-Extrude2
	Rib2
	Cut-Extrude1
	Fillet1
	Fillet2
	Fillet3
	CBORE for 3/8 Binding
	Mirror1
	Extrude1
	Fillet4
	CBORE for 3/8 Binding

201

图 8-42   零件 Error2

操作步骤

打开已有零件 "Error2" 并进行编辑，去除错误和警告。利用如图 8-43 所示的工程图作为向导创建零件。

图 8-43   Error2 的工程图

提示   在 "Mirror1" 特征中勾选【合并实体】复选框，完成的零件应该是单一实体。

练习 8-3 错误 3

本练习的主要任务是利用给定的信息和尺寸编辑零件，修正错误和警告，并完成此零件，如图 8-44 所示。本练习将应用以下技术：

- 使用【什么错】对话框。
- 检查草图合法性。
- 使用【显示/删除几何关系】修复几何关系。
- 重新定义尺寸。
- 高亮显示问题区域。

修正前

修正后

图 8-44　零件 Error3

操作步骤

打开已有零件"Error3"并进行编辑，去除错误和警告。利用如图 8-45 所示的工程图作为向导修复零件。

图 8-45　Error3 的工程图

练习 8-4　添加拔模斜度

本练习的主要任务是利用给定的信息和尺寸对现有的零件进行修改，使用编辑技术保持设计意图，如图 8-46 所示。本练习将应用以下技术：

图 8-46　零件 Add Draft

- 编辑草图平面。

操作步骤

　　打开已有零件"Add Draft"，按照图 8-47 所示对模型进行编辑修改，使之具有 5°的拔模斜度。

图 8-47 尺寸信息

第9章 编辑：设计更改

9.1 零件编辑

在 SOLIDWORKS 中，用户可以随时编辑任何内容，其编辑功能非常强大。为了说明这一点，本章将使用主要的零件编辑工具设计更改如图 9-1 所示的零件。

下面列出了更改零件的一些关键流程。

1. 模型信息 使用 Part Reviewer 评估模型的创建方式。

2. 编辑模型 使用编辑工具修改几何体和设计意图。经常用到的编辑命令有：编辑草图、编辑特征、编辑草图平面、重新排列、退回以及更改尺寸值，下面会逐一介绍这些命令。

3. 草图轮廓 通过利用单个草图中的多个轮廓，用户能够使用一个草图来创建多个特征。

图 9-1 零件编辑

9.2 设计更改

对零件进行更改，有些会改变零件的结构，有些仅改变尺寸值。零件的设计更改可能像改变尺寸值一样非常简单，也可能像移去外部参考一样非常困难。本节将通过一系列的零件更改来逐一讲解，重点讲解编辑特征，而不是删除和重新插入特征。编辑特征使得用户保留了对工程图、装配体或其他部件的参考，当用户删除特征时，参考也会随之丢失。

如果设计资料已经发布到制造中，则需要创建修订版，或者在零件的形状、配合或功能发生变化时创建新的零件。Cloud Services for SOLIDWORKS 内置了设计历史记录和修订管理功能。

如图 9-2 所示，需要对零件进行如下更改：

- 圆形凸台在筋的上方居中。
- 筋的末端是半圆形的。
- 圆形凸台要与右边线相切。

图 9-2 更改要求

- 基座上需要建立带孔的方槽。
- 圆形凸台与背部的竖直板平齐。
- 只有基座需要抽壳。

操作步骤

步骤 1　打开零件 "Editing＿Design＿Changes"　此零件在创建时有几个错误，但已经被修复了。由于该模型不符合设计意图，需要进行更改。本章将在审查整个模型的建模过程后做出相应的修改。

扫码看视频

9.3　模型信息

如图 9-3 所示，此零件有一些因特征顺序不当引起的模型错误。当进行设计更改时，这些错误就会变得更加明显。为了了解该零件的构造，下面将逐步重复此零件的创建过程，并介绍将要用到的一些工具。在重建每个特征时都需要了解零件的设计意图。

图 9-3　模型信息

9.3.1　Part Reviewer

知识卡片	Part Reviewer	【Part Reviewer】命令可以用来浏览零件特征的创建过程和步骤。在控制面板上使用箭头控制浏览步骤和顺序，查看模型特征和草图的创建，在浏览的同时可以添加注解信息，以便于沟通交流。
	操作方法	• CommandManager：【评估】/【Part Reviewer】🔧。 • 菜单：【工具】/【SOLIDWORKS 应用程序】/【Part Reviewer 】。

205

步骤 2　打开 Part Reviewer　单击【评估】/【Part Reviewer】🔧。在任务窗格上显示【Part Reviewer】选项卡，单击控制面板上的按钮，显示零件的创建过程，如图 9-4 所示。

步骤 3　显示草图　在【Part Reviewer】面板上，单击【显示草图细节】🔧。查看零件特征所引用的草图。

步骤 4　查看 "Base＿Plate" 特征　单击【跳到开头】⏮ 按钮。"Base_Plate" 特征是由矩形通过拉伸特征创建的，如图 9-5 所示。

图 9-4　【Part Reviewer】选项卡

图 9-5　"Base＿Plate" 特征

步骤 5　查看 "Sketch1" 草图　单击【前进】⏭ 按钮。绘图区域中显示了草图和预览。矩形草图固定在原点位置，并且有长度和宽度约束尺寸，如图 9-6 所示。

步骤6　查看"Base_Fillet"特征　单击【前进】▶按钮，注意不必关闭"Sketch1"草图，可直接前进到下一个特征。等半径的圆角创建在"Base_Fillet"特征的前面边角上，如图9-7所示。

步骤7　查看"Vertical_Plate"特征　单击【前进】▶按钮。此特征的草图绘制于模型的后表面，然后向前方拉伸，如图9-8所示。

图9-6　"Sketch1"草图

图9-7　"Base_Fillet"特征

图9-8　"Vertical_Plate"特征

步骤8　预览注解信息　在"Vertical_Plate"特征上有一个评论：请仔细检查此特征的厚度。在FeatureManager设计树的备注文件夹中会显示具体的评论信息内容。

> 技巧🔓
> 如果要添加Part Reviewer之外的备注，可在FeatureManager设计树上，右键单击特征后，选择【评论】/【添加备注】。如果要查看评论标记，在FeatureManager设计树上右键单击顶部零件，选择【树显示】/【显示备注指示符】。

步骤9　删除备注　单击【编辑特征名称和备注】✎按钮。然后单击【删除】以删除备注，或编辑相应的备注内容，如图9-9所示。

步骤10　编辑草图　单击【前进】▶按钮。"Vertical_Plate"特征的草图自动切换到编辑预览，用户可以查看草图几何体和连接点，如图9-10所示。

图9-9　删除备注

图9-10　编辑草图

步骤11　显示/删除几何关系　单击【显示/删除几何关系】⊥。，查看草图元素之间的几何关系。在PropertyManager中设置【过滤器】为【全部在此草图中】，在几何关系列表中单击每个几何关系并查看几何关系实体，如图9-11所示。用户可以查看草图元素之间以及草图元素与模型其他部分之间是如何连接在一起的。

步骤12　参考基准面"Circular_Plane"　单击【前进】▶按钮。此基准面是为下一个特征——圆形凸台而创建的，其位于"Sketch2"草图之后，如图9-12所示。

图 9-11　显示/删除几何关系　　　图 9-12　参考基准面 "Circular _ Plane"

9.3.2　从属

从属是 FeatureManager 设计树中特征之间的关联关系。在编辑特征、删除特征或重新排序特征时，从属的相关信息是非常重要的。

父特征——目标特征所依赖的特征。

子特征——依赖于目标特征的特征。

知识卡片	动态参考可视化	光标悬停在 FeatureManager 设计树中的某个特征上，【动态参考可视化】会通过箭头表明特征之间的父级和子级关系。
	操作方法	● 快捷菜单：在设计树上右键单击某个顶层零件或装配体，然后选择【动态参考可视化（父级）】或者【动态参考可视化（子级）】。

207

知识卡片	父子关系	【父子关系】可以用来显示特征间的依附从属关系。与动态参考可视化类似，它通过另一种简易的方式显示父子关系，如图 9-13 所示。 图 9-13　父子关系
	操作方法	● 快捷菜单：右键单击某个特征，选择【父子关系】。

步骤 15　查看"Circular_Boss"特征　单击【前进】▶按钮。该特征使用"Circular_Plane"作为草图平面，然后从后部拉伸穿过零件，如图 9-15 所示。

步骤 16　查看"Rib_Under"特征　单击【前进】▶按钮。该特征的草图是一个矩形，向上拉伸到"Circular_Boss"特征，如图 9-16 所示。

图 9-14　动态参考可视化

图 9-15　"Circular_Boss"特征

图 9-16　"Rib_Under"特征

> **提示**　由于已经关闭【显示草图细节】，因此未出现"Circular_Boss"的"Sketch3"草图。

步骤 17　查看"Wall_Thickness"特征　单击【前进】▶按钮。零件通过抽壳剩下两个圆形表面和开放的底表面。剖面移除后的细节如图 9-17 所示。

步骤 18　查看"CounterBore"特征　单击【前进】▶按钮。使用【孔向导】在顶平面上创建了一个【沉头孔】，因为薄壁的影响，该孔看起来像一个普通的切除特征，如图 9-18 所示。

步骤 19　查看"LPattern1"特征　单击【前进】▶按钮。"LPattern1"特征是"CounterBore"特征的线性阵列，如图 9-19 所示。

图 9-17　"Wall_Thickness"特征

图 9-18　"CounterBore"特征

图 9-19　"LPattern1"特征

步骤 20　查看"Rib_Fillet"特征　单击【前进】▶按钮。"Rib_Fillet"特征在连接"Circular_Boss"特征和"Base_Plate"特征的加强筋上创建了大圆角，如图 9-20 所示。

步骤 21　查看"Circ_Fillet"特征　单击【跳到末尾】▶▶按钮。此特征在"Vertical_Plate"特征的两侧创建了小圆角，如图 9-21 所示。

图 9-20　"Rib_Fillet"特征

图 9-21　"Circ_Fillet"特征

步骤 22　关闭 Part Reviewer　在 Part Reviewer 中单击【关闭】以关闭任务窗格。

9.4　重建工具

对模型进行重建可以实现对模型所做的修改，如果重建模型的时间较长，会大大降低零件建模的效率。用户可以通过本节介绍的一些工具来优化重建时间。

9.4.1　退回特征

使用退回特征的方法可以减少模型的重建时间。例如，对"Vertical_Plate"特征进行修改，可以退回到该特征之后的位置，如图 9-22 所示。

修改了零件的某个特征后，零件会被重建。根据退回控制棒的位置，只有退回控制棒之前的特征会被重新建模。零件中的其他特征，在退回控制棒移动时才会被重新建模。

9.4.2　冻结栏

冻结栏可以用来冻结其上方的特征，冻结特征不能被重建。

9.4.3　重建进度和中断

模型在重建时，在 SOLIDWORKS 窗口的状态栏中将会显示一个进度条。用户可以按〈Esc〉键来中断正在进行的重建。

9.4.4　特征压缩

【特征压缩】是减少模型重建时间的常用方法。压缩的特征不会被重建。可以使用配置来排列压缩特征的组合，如图 9-23 所示。

9.4.5　常用工具

通常对于特征的修改主要可以使用以下四种工具：
- 编辑特征。
- 编辑草图。
- 编辑草图平面。
- 删除特征。

9.4.6　删除特征

任何特征都可以从零件中删除，但必须考虑其是否被其他特征所引用，否则那些引用它的特征也将随着该特征的删除而删除。【确认删除】对话框列出了所有将随着此特征一起被删除的依赖项目，大多数特征的草图不会被自动删除。然而，使用【异形孔向导】创建的孔特征，其草图将会随着孔的删除而删除。同时，对于那些具有相互依赖关系的特征，删除父特征的同时子特征也将被删除。

图 9-22　退回特征

图 9-23　特征压缩

步骤 23　**删除特征**　选择并删除"CounterBore"特征。单击【高级】以查看细节，如图 9-24 所示。内含特征"Sketch5"和子特征"LPattern1"都将被删除。单击【是】，确认删除。

图 9-24　删除特征

9.4.7 重排特征顺序

重排特征顺序可以改变特征在模型中的顺序。特征顺序的改变受特征间父子关系的限制。其操作方法是在 FeatureManager 设计树中拖放特征到其他特征上，将该特征放置在目标特征的后面。

> **提示** 用户不能将子特征排列到父特征的前面。

步骤 24　重排特征顺序　试着将抽壳特征"Wall_Thickness"放在"Base_Fillet"特征之后，如图 9-25 所示。在拖动过程中，光标显示"不能移动"⊘形状，提示用户不能在此位置放置。使用【动态参考可视化（父级）】选项，确定"Wall_Thickness"特征的依赖关系。

图 9-25　重排特征顺序

为了便于用户重排特征顺序，需要删除"Circular_Boss"特征的参考引用。

步骤 25　编辑特征　右键单击"Wall_Thickness"特征，选择【编辑特征】命令。

在绘图区域中，选择高亮显示的两个圆柱面，在【移除的面】列表中将会显示一个单独的面，如图 9-26 所示。单击【确定】。

> **提示** 当再次选择被选中的对象时，将会取消选择。删除选中对象的另外一种方法是：在列表中选择某个对象，然后按〈Delete〉键。但使用这种方法可能会造成一些混乱，因为用户可能不清楚"面<1>"究竟代表哪个面。

步骤 26　查看父子关系的变化　编辑"Wall_Thickness"特征会引起从属关系变化。此时仅列出了一个"Base_Plate"父特征，如图 9-27 所示。现在可以进行特征的重新排序了。

图 9-26　编辑特征

图 9-27　查看父子关系的变化

步骤 27　重排顺序　拖动"Wall_Thickness"特征并放在"Base_Fillet"特征上，以重排顺序。将"Wall_Thickness"特征排在"Base_Fillet"特征之后，如图 9-28 所示。

步骤 28　查看结果　现在抽壳操作仅作用于零件的第一个和第二个特征，如图 9-29 所示。

步骤 29　编辑草图　编辑"Vertical_Plate"特征的草图。

图 9-28　重排顺序

210

步骤30 添加新的几何关系 右键单击最右侧的竖直线和圆弧的公共端点，如图 9-30 所示。单击【使相切】δ命令，添加两个元素的相切几何关系。

图 9-29 查看结果

图 9-30 添加相切几何关系

当草图状态由完全定义变为过定义时，将会出现用于修复草图的工具（参考草图状态），以修复所有不合理的草图状态。

步骤31 过定义 新添加的几何关系使草图出错。现在此草图处在过定义状态，如图 9-31 所示。

图 9-31 过定义

9.4.8 SketchXpert

【SketchXpert】选项用以自动修复草图的过定义、无法找到解或发现无效的解状态。此选项基于 SOLIDWORKS 的智能特征技术。

> 提示   对于零件的一般性编辑、修改已在第8章中介绍。

> 知识卡片 | **SketchXpert** | • 快捷菜单：在绘图区域单击右键，选择【SketchXpert】。
• 状态栏：【过定义】 ⚠过定义 。

步骤32 弹出过定义消息 当草图过定义时，屏幕右下角弹出消息。在状态栏中单击【过定义】，如图 9-32 所示。

步骤33 诊断 单击【诊断】按钮，并单击 >> 按钮以显示各种可能的解决方案，如图 9-33 所示。每种方案包含不同的几何关系与尺寸组合。被标记有红色斜线的尺寸和几何关系将被移除。它们将被列在【更多信息/选项】组框中，见表9-1。

图 9-32 弹出过定义消息

图 9-33 诊断

表 9-1　可能的解决方案

步骤 34　选取方案　单击【接受】和【确定】以选择删除水平线性尺寸的方案，如图 9-34 所示。

图 9-34　选取方案

212

【手工修复】选项也可用于修复过定义草图。使用此选项可以选取并删除相互冲突的几何关系或尺寸，如图 9-35 和图 9-36 所示。

图 9-35　显示定义冲突

图 9-36　手工修复

步骤 35　退出草图

步骤 36　查看重建模型结果　"Circular_Boss" 特征移动到了其圆柱面与 "Base_Plate" 特征的外侧边线相切的位置，圆角也移动到了新位置，如图 9-37 所示。

步骤 37　编辑 "Rib_Under" 特征草图　"Rib_Under" 特征的草图仍然与 "Base_Plate" 特征的外侧边线重合。单击【视图】/【隐藏/显示】/【草图几何关系】，以查看几何关系，如图 9-38 所示。

图 9-37　重建模型结果　　　　　　图 9-38　编辑 "Rib_Under" 特征草图

步骤 38　删除几何关系　删除和模型右侧竖直边线的【共线】关系，如图 9-39 所示。

步骤 39　绘制新几何体　拖动矩形到靠近圆形凸台底部的中间位置。编辑草图，为右边线添加【竖直】关系，添加和删除几何体，标注图 9-40 所示的尺寸。

> 💢 提示　临时切换至等轴测视图，选择从凸台的圆形边线到圆弧的最小圆弧条件尺寸。

步骤 40　显示临时轴　创建圆弧的圆心与临时轴间的重合几何关系，将使筋位于圆形凸台的中心上，如图 9-41 所示。打开显示临时轴的选项，并添加圆弧圆心和临时轴的重合关系。退出草图并关闭临时轴显示。

图 9-39　删除几何关系　　　图 9-40　绘制新几何体　　　图 9-41　圆弧圆心与临时轴重合

步骤 41　编辑草图平面　展开 "Circular_Boss" 特征，右键单击该特征的草图，选择【编辑草图平面】💠命令。此处不需要编辑草图内容，如图 9-42 所示。

步骤 42　选择平面或基准面　当前草图使用的平面高亮显示，现在可以选择一个新的草图平面。选择模型的后表面，单击【确定】，如图 9-43 所示。特征 "Circular_Boss" 已经被编辑。草图现在参考模型的表面而不是基准面。

图 9-42　编辑草图平面

213

步骤 43　查看父子关系　查看"Circular _ Plane"基准面的父子关系（见图 9-44），现在该基准面已经没有子特征了。

图 9-43　选择新的草图平面　　　　　　　　　图 9-44　查看父子关系

知识卡片	清理未使用的特征	通过【清理未使用的特征】可以自动找到并有选择性地清理模型中未使用到的特征。这些特征包括所有配置中被压缩的特征和所有没有子特征的特征。 该功能可以同时找到并清理多个特征，在本例中将只有一个特征会被清理。
	操作方法	● 快捷菜单：在 FeatureManager 设计树中的最顶层特征处单击右键并选择【清理未使用的特征】。

步骤 44　清理未使用的特征　单击【清理未使用的特征】，并勾选唯一一个被找到的特征"Circular _ Plane"，单击【确定】删除该特征，如图 9-45 所示。

图 9-45　清理未使用的特征

步骤 45　编辑特征　编辑"Circ _ Fillet"特征。添加如图 9-46 所示的边，并单击【确定】。

步骤 46　查看结果　如零件上的"Circ _ Fillet"特征所示，另外的相切边线将被倒圆角，如图 9-47 所示。

步骤 47　共享、保存并关闭所有文件

214

图 9-46　编辑特征　　　　图 9-47　查看结果

9.5　草图轮廓

　　【草图轮廓】允许用户选择由几何体交叉形成的草图的一部分，并利用所选择的草图轮廓创建特征。通过草图轮廓，用户可以使用草图的一部分来创建特征。利用草图轮廓的另一个优点是草图可以被再次利用，用户可以分别利用草图的不同部分单独创建特征。在 SOLIDWORKS 中，可以使用【轮廓选择工具】和【结束选择轮廓】两个命令来选择轮廓和结束轮廓的选择。

9.5.1　可用的草图轮廓

　　在一幅草图中，往往包括多个可用的草图轮廓。通过草图几何体相交而形成的草图轮廓，可以单独使用，也可以和其他轮廓组合使用。就本例而言，草图所形成的独立区域轮廓和轮廓的组合见表 9-2。

表 9-2　独立区域轮廓和轮廓的组合

独立区域			
独立草图轮廓			
组合草图轮廓			

提示 多个开环和闭环轮廓可以用作【草图轮廓】以创建拉伸的薄壁特征，如图 9-48 所示。

图 9-48 使用多个轮廓创建薄壁特征

操作步骤

步骤1 打开零件"Partial_Editing CS" 打开已有的零件，除了附加的草图"Contour Selection"之外，该零件与之前的零件是相同的。草图"Contour Selection"包含了封闭在矩形中的两个圆。

扫码看视频

步骤2 重新排序和退回 重新排序以使"Contour Selection"草图位于"Base Fillet"特征和"Wall_Thickness"特征之间，【退回】到"Contour Selection"草图和"Wall_Thickness"特征之间的位置，如图 9-49 所示。

步骤3 创建切除特征 单击【切除拉伸】⬛，展开【所选轮廓】，单击长方形的单独轮廓。创建切除特征，给定深度为 10mm。将该特征重命名为"Hole _ Mtg"，如图 9-50 所示。

图 9-49 重新排序和退回

图 9-50 创建切除特征

9.5.2 共享草图

用户可以多次使用同一个草图，以创建多个特征。特征创建完后，所使用的草图将被吸收成为特征的一部分，并且草图会自动隐藏。当用户激活【轮廓选择工具】并选择了轮廓以后，草图将自动显示在绘图区域。

步骤4　创建另一个切除特征　在 FeatureManager 设计树中展开特征 "Hole_Mtg"，右键单击草图 "Contour Selection"，并选择【轮廓选择工具】，选择两个圆形封闭区域，如图 9-51 所示。

图 9-51　创建另一个切除特征

提示　按住〈Ctrl〉键后可以进行多选。

步骤5　完全贯穿　单击【拉伸切除】拉伸两个圆形区域，并选择终止条件为【完全贯穿】，重命名此特征为 "Thru_Holes"。

步骤6　退回到尾　在 FeatureManager 设计树中单击右键，从弹出的快捷菜单中选择【退回到尾】命令。

注意　这两个孔在抽壳操作中创建了额外的、不需要的表面，如图 9-52 所示。

步骤7　重排特征顺序　将 "Thru_Holes" 特征拖到 "Wall_Thickness" 特征之后。以便 "Thru_Holes" 特征不受抽壳操作的影响，结果如图 9-53 所示。

步骤8　修改零件壁厚　将抽壳特征的壁厚改成6mm，重新建模，结果如图 9-54 所示。

图 9-52　退回到尾后的零件

图 9-53　重排特征顺序

图 9-54　修改零件壁厚

9.5.3　复制圆角

创建新圆角的一种便捷方法是从现有的特征中进行复制。新圆角特征和原圆角特征的形状和类型相同，但两者间没有关联。

步骤9　复制圆角　按住〈Ctrl〉键拖动 "Circ_Fillet" 圆角特征到模型的边线上，松开鼠标，如图 9-55 所示。

用户可以在 FeatureManager 设计树中选择圆角特征，也可以直接从模型中选择以复制圆角。

技巧　倒角特征也可以使用相同的方法进行复制。

图 9-55　复制圆角

217

步骤10　**创建新圆角特征**　在边线上已创建了一个新圆角。编辑此圆角特征，添加另一侧的边线，并将圆角半径改为3mm，结果如图9-56所示。

步骤11　**选择剖切平面**　选择如图9-57所示的平面，将该平面用作剖切平面。

图9-56　创建新圆角特征

图9-57　选择剖切平面

提示👆　用户不必预先选择剖切平面。如果没有进行任何选择，系统将使用默认的剖切平面，通常为前视基准面。

步骤12　**剖面视图**　单击【剖面视图】📖，选择【平面副】剖面方法，将选择的平面作为剖切平面，使用箭头拖至如图9-58所示的位置。

步骤13　**共享、保存并关闭所有文件**

图9-58　剖面视图

9.6　创建设计修订版

在下面的示例中，将讲解如何使用Cloud Services for SOLIDWORKS创建新的设计修订版。用户可以从任务窗格的3DEXPERIENCE选项卡中，对3DEXPERIENCE平台中的文件执行产品生命周期管理（PLM）操作。MySession面板显示活动文件的树状视图，以及可以通过操作栏和上下文菜单访问的操作列表，如图9-59所示。

图9-59　**MySession** 面板

操作步骤

步骤1　**打开零件"Replace Entity"**　打开已有零件，如图9-60所示。

步骤2　**保存到平台**　单击【文件】/【保存到3DEXPERIENCE】，如图9-61所示。单击【保存】。

图 9-60 打开零件 Replace Entity

图 9-61 保存到平台

步骤 3 发布零件 在任务窗格的 MySession 面板中，选择零件，然后从【生命周期】操作栏中单击【成熟度】，如图 9-62 所示。在出现的【成熟度】图表中，单击【发布】，如图 9-63 所示。注意到此时零件的【成熟度状态】为"已发布"，如图 9-64 所示。

图 9-62 【成熟度】命令

图 9-63 发布零件

219

步骤4 **修订零件** 在任务窗格的 MySession 面板中，选择零件，然后从【生命周期】操作栏中单击【新修订版】，如图 9-65 所示。在出现的对话框的【修订版备注】中输入"修改轮廓"，单击

图 9-64 已发布

【修订】，如图 9-66 所示。注意到此时零件的【修订版】为"B.1"，【成熟度状态】为"工作中"，如图 9-67 所示。当保存零件时，用户将会更新零件的 B.1 修订版。零件的修订版 A.1 保持不变，用户可以根据需要进行检索。

图 9-65 【新修订版】命令

图 9-66 输入修订版备注

图 9-67 修订零件

9.7 替换草图实体

【替换草图实体】用于在现有草图中的单个实体替换另一个实体，同时还保持与此几何体相关的下游关联，如图 9-68 所示。当草图实体被删除时也将激活替换草图实体的功能。【草图实体删除确认】对话框将为此目的提供【替换实体】选项。

图 9-68 替换草图实体

知识卡片	替换草图实体	• 菜单：【工具】/【草图工具】/【替换实体】。 • 快捷菜单：右键单击草图几何体，并选择【替换实体】。

操作步骤

步骤1 **确保零件"Replace Entity"处于打开状态**

步骤2 **添加圆弧** 编辑"Sketch1"草图，添加一个【3点圆弧】，并标注尺寸，如图 9-69 所示。

步骤3 **删除直线** 删除圆弧下方原有的直线并在弹出的【草图实体删除确认】对话框中单击【替换实体】按钮，如图 9-70 所示。

扫码看视频

扫码看 3D

图 9-69 添加圆弧

图 9-70 删除直线

步骤 4 替换实体 选择【制作结构】并选择圆弧作为替换项。单击【确定】，如图 9-71 所示。

步骤 5 重建模型 退出草图，对模型进行重建，不会出现任何错误，如图 9-72 所示。

步骤 6 共享、保存并关闭所有文件

图 9-71 替换实体

图 9-72 重建模型

练习 9-1 设计更改

本练习的主要任务是对已有零件进行设计更改，结果如图 9-73 所示。本练习将应用以下技术：

- 从属。
- 删除特征。
- 重排特征顺序。
- 复制圆角。

图 9-73 设计更改零件

操作步骤

步骤 1 打开零件 打开已有零件"Changes"，如图 9-74 所示。下面对此零件进行几处更改。

步骤 2 删除特征 删除"Cut-Extrude1""Wall_Thickness"和"Cut-Extrude2"特征以及相关联的特征，如图 9-75 所示。

步骤 3 修改壁厚 将"Base_Plate"特征和"Vertical_Plate"特征的厚度都设置为 12mm，结果如图 9-76 所示。

图 9-74 零件 Changes

图 9-75　删除特征

图 9-76　修改壁厚

步骤 4　切除特征　移除 "Circular_Boss" 特征和 "Rib_Under" 特征右侧的一部分 "Vert_Plate" 特征，结果如图 9-77 所示。

为了保持圆角特征，在必要时可以使用【编辑】、【退回】和【重新排序】命令。

步骤 5　创建圆角　创建另一个和 "Circ_Fillet" 半径相等的圆角，如图 9-78 所示。

步骤 6　创建柱形沉头孔　使用以下设置创建两个柱形沉头孔（见图 9-79）：

- ANSI Metric 标准。
- M6 六角头螺栓的柱形沉头孔。
- 【完全贯穿】。

图 9-77　切除特征

为了避免底切，在必要时可以对特征进行重新排序。

图 9-78　创建圆角

图 9-79　创建柱形沉头孔

步骤 7　共享、保存并关闭零件

练习 9-2　编辑零件

本练习的主要任务是使用提供的信息和尺寸对现有的零件进行修改，使用几何关系和【成形到下一面】的终止条件实现设计意图，如图 9-80 所示。本练习将应用以下技术：

- 从属。
- 重排特征顺序。

图 9-80　编辑零件

操作步骤

打开已有的 "EDITING" 零件，进行修改，编辑和添加几何体、几何关系，使结果如图 9-81 所示。

图 9-81 尺寸信息

练习 9-3 SketchXpert

使用 SketchXpert 修复零件，如图 9-82 所示。本练习将应用以下技术：

- SketchXpert。

图 9-82 零件 SketchXpert

操作步骤

打开零件 "SketchXpert"，按下面步骤修改草图。

步骤 1 编辑草图 展开特征 "Base-Extrude"，编辑草图 "Sketch1"，如图 9-83 所示。

步骤 2 解决方案 启动 SketchXpert 功能，单击【诊断】。选择一种解决方案，如图 9-84 所示。

步骤 3 修复其他草图 使用 SketchXpert 修复剩余两个草图。编辑 "Cut-Extrude1" 特征下面的 "Sketch3"，选择图 9-85 所示的解决方案。

编辑 "φ10.0（10）Diameter Hole1" 特征下面的 "Sketch9" 草图，使用【手工修复】删除如图 9-86 所示的几何关系。

图 9-83 编辑草图

图 9-84 解决方案   图 9-85 修复其他草图   图 9-86 手工修复

步骤 4 共享、保存并关闭零件

练习 9-4 草图轮廓

本练习的主要任务是利用提供的信息创建零件，通过拉伸轮廓来创建零件的各个部分（见表 9-3）。本练习将应用以下技术：

- 草图轮廓。
- 共享草图。

表 9-3 零件信息

零件信息	图 例
#1 深度：50mm、30mm	
#2 深度：3.5in、1in、2.5in	

零件信息	图 例
#3 深度：30mm、10mm	
#4 深度：1.5in、0.5in	
Handle Arm	
Oil Pump	
Idler Arm	

第 10 章 配 置

学习目标
- 在单个 SOLIDWORKS 文件中使用配置来表示零件的不同版本
- 压缩与解除压缩特征
- 利用配置更改尺寸值
- 利用配置压缩特征
- 了解对带有配置的零件进行更改时会出现的问题
- 使用设计库将特征插入到零件中

10.1 概述

配置允许用户在同一个文件中表示零件的不同版本。例如，通过压缩加工特征（孔、倒角、凹口等），以及修改图 10-1a 所示的两个零件的尺寸，可以得到图 10-1b 所示的两个锻件的大体形状。

本章将学习在零件中使用配置。

下面解释一些与配置有关的专业术语。

1. 配置名称 【配置名称】显示在 ConfigurationManager 中。配置名称用于区分在零件或装配体中的不同配置。

2. 压缩/解除压缩 【压缩】用于临时删除有关特征。当一个特征被压缩后，系统会将其视为不存在。这意味着依赖它的其他特征也

图 10-1 配置

会被压缩。此外，系统会从内存中删除被压缩的特征，以释放系统资源。压缩后的特征可以随时解除压缩。

3. 其他配置项目 除了可以压缩和解除压缩特征外，还有一些项目可以利用配置来进行控制：
- 方程式。
- 草图约束。
- 外部草图关系。
- 草图尺寸。
- 草图基准面。
- 结束条件。
- 颜色。

10.2　使用配置

零件和装配体都可以具有配置。工程图本身没有配置，但可以在工程视图中显示模型的不同配置。

扫码看视频

10.2.1　访问 ConfigurationManager

ConfigurationManager 和 FeatureManager 设计树在同一个窗口中，用户可以通过窗口顶部的选项卡来切换窗口的显示内容。单击图标 📇 ，窗口中会显示带有默认配置列表的 ConfigurationManager（显示在右上角）。默认配置的名称是"Default"，如图 10-2 所示。此配置是建模时创建的零件——没有任何改变或压缩。当想切换回 FeatureManager 设计树时，单击图标 ⑧ 。

ConfigurationManager 包括配置和显示状态两个窗格。

● 分割 FeatureManager 窗口　很多情况下，如果能够同时显示 FeatureManager 设计树和 ConfigurationManager 就可以提高工作效率，这是完全可以实现的。用户可以不使用窗口顶部的选项卡切换窗口的显示内容，而是将 FeatureManager 窗口分割为两个窗格，一部分显示 FeatureManager 设计树，另一部分显示 ConfigurationManager。

分割的方法是从窗口的顶部向下拖动分割条 ————————————，将窗口分为两个窗格，通过窗口顶部的选项卡来控制每个窗格的显示内容，如图 10-3 所示。

10.2.2　添加新配置

每个零件（和装配体）必须至少具有一个配置，并且通常会具有多个配置。在创建新配置中可以设置包括【配置名称】在内的多个选项。

1. 材料明细表选项　当零件用于装配体时，配置的【材料明细表选项】用来设定在零件序号下出现的名称。

2. 高级选项　【高级选项】包括新特征的创建规则和颜色设置。【父/子选项】只在装配体中才有。

1）压缩特征。当其他配置处于激活状态且当前配置为非激活状态时，该选项控制着最后创建特征的状态。当选择该选项，其他配置处于活动状态时，当前配置中新加入的特征将会被压缩。

2）使用配置指定颜色。可以使用调色板为每个配置设置不同的颜色。不同的材料可以表现为不同的颜色。

3）添加"保存时重建"标记。当零件保存时重建并保存配置数据。

图 10-2　默认配置

图 10-3　分割 FeatureManager
窗口

227

步骤2 添加新配置 单击【添加配置】命令。

步骤3 添加配置 新建名为"Forged, Long"的配置，单击【确定】✓，如图10-4所示。当添加配置后，该配置就会处于激活状态。任何后续的更改（如压缩特征）都会被保存为当前配置的一部分。

技巧 不允许在配置名称中使用特殊字符（如"/"）。

步骤4 查看配置列表 新的配置添加到了配置列表中，并自动处于激活状态。激活的配置名称会自动附加到顶层零件名称后面的括号中，如图10-5所示。

图 10-4 添加配置　　图 10-5 查看配置列表

技巧 位于方括号内的名称将出现在材料明细表中。用户可以在【配置属性】对话框中更改【在材料明细表中使用时所显示的零件号】的设置来进行变更。

提示 如果展开【表格】文件夹，则会显示配置表特征。该表是自动创建的，用于存储配置信息。

10.2.3 定义配置

通过压缩零件的特征，可以定义配置零件。当特征被压缩后，它仍然会出现在 FeatureManager 设计树中，但前面的图标颜色已变为灰色。零件的这种状态被保存在当前激活的配置中。用户可以在一个零件中创建多个不同的配置，使用 ConfigurationManager 可以轻松地在不同的配置之间进行切换。

10.2.4 压缩

【压缩】用于从内存中去除特征，从本质上来说是从模型中删除特征。它用来从模型中删除选择的特征，以获得不同"版本"的模型。被压缩特征的所有子特征也会被压缩。

【解除压缩】和【带从属关系解压缩】用来解除一个（解除压缩）或多个特征（带从属关系解压缩）的压缩。

步骤5　查看父子关系　单击"Recess"特征,【动态参考可视化】显示"Pocket"和"Ratchet Hole"是"Recess"特征的子特征,如图10-6所示。通过另一种角度查看父子关系,发现"Pocket"和"Ratchet Hole"都依赖于"Recess"父特征,如图10-7所示。

> 提示　"Wheel Hole"是"Pocket"的子特征。

步骤6　压缩"Recess"特征　右键单击"Recess"特征,选择【压缩】。系统不仅压缩特征"Recess",也压缩特征"Pocket""Wheel Hole"和"Ratchet Hole",如图10-8所示,这是因为特征"Pocket""Wheel Hole""Ratchet Hole"是特征"Recess"的子特征。

回忆此零件的创建过程,特征"Pocket"是绘制在特征"Recess"的底面上,特征"Wheel Hole"和"Ratchet Hole"是绘制在特征"Pocket"的底面上,这创建了它们之间的父子关系。

图 10-6　查看父子关系　　　　图 10-7　另一种查看父子关系的方法　　　图 10-8　压缩特征

> 提示　压缩特征时系统会自动压缩子特征。

当特征在 FeatureManager 设计树中被压缩时,它们相对应的几何体也在模型中被压缩,如图10-9所示。

> 提示　使用【特征属性】可以为此配置、指定配置或所有配置设定特征的压缩状态。右键单击特征并选择【特征属性】(见图10-10),勾选或取消勾选【压缩】复选框,并在列表中选择使用的配置。

图 10-9　压缩特征后的模型

图 10-10　特征属性

10.2.5 更改活动配置

为了激活不同的配置，只需要在 ConfigurationManager 中双击所需的配置即可。任何时候有且仅有一个配置可以被激活。

步骤7 激活"Default"配置 在"Default"配置图标上双击。系统自动将设计树上的"Recess""Pocket""Wheel Hole"和"Ratchet Hole"特征解除压缩。对应的几何体也在模型中被还原，如图 10-11 所示。

图 10-11 激活"Default"配置

10.2.6 重命名和复制配置

模型中已有两个配置："Default"和"Forged，Long"。"Default"为加工后状态，而"Forged，Long"为毛坯状态。

配置可以像特征名称一样被重新命名。如果一个配置被另一个 SOLIDWORKS 文档引用，重命名配置名称将会导致引用失败等问题。较好的方法是不重命名默认配置，而是复制一个配置，再重命名复制的配置。

步骤8 复制"Default"配置 选择并复制"Default"配置。重命名复制的配置为"Machined，Long"，如图 10-12 所示。

技巧 复制配置可以使用：〈Ctrl + C〉，【编辑】/【复制】，或复制工具。
粘贴配置可以使用：〈Ctrl + V〉，【编辑】/【粘贴】，或粘贴工具。

图 10-12 复制"Default"配置

现在已经配置好"Ratchet Body"的毛坯和机加工状态。

10.2.7 配置符号

ConfigurationManager 中的配置图标使用指示状态的符号标记，这些符号用于指示重建和保存状态，见表 10-1。

表 10-1 配置符号

符 号	说 明
┤┣ ✔	表示此配置是最新的，由完整的特征数据组成
┤┣ ✔	

（续）

符　号	说　明
┤█─	表示此配置是过时的，尚未重建
┤█💾	此配置被标记为在零件保存时自动重建并保存

提示　　配置符号取决于创建配置的方式，其他创建配置的方法将在后续章节中介绍。

10.2.8　管理配置数据

通过以下选项来自动生成最新配置或清除配置数据。

1. 单个配置　在单个配置上单击右键并选择【添加"保存时重建"标记】。标记活动的配置会在下次保存文档时生成其完整数据集。此后，每次打开文档时，都会重建和保存数据。

2. 多个配置　在 ConfigurationManager 中的顶层零部件上单击右键并选择【"保存时重建"标记】，会为一组配置生成完整的数据集。此选项包括为此配置、所有配置和特定配置添加标记。使用【重建所有配置】命令可一次重建所有配置。

3. 清除数据　在 ConfigurationManager 中的顶层零部件上单击右键并选择【"保存时重建"标记】子菜单中的【移除所有配置的标记并清理数据】来清除所有配置的完整数据集。

提示　　自动生成或重建所有配置数据虽然使用方便，但代价是增加零件文件大小和重建时间。因此仅应将选定的配置标记为重建。

> **步骤9　创建更多配置**　使用同样的方法复制并粘贴"Forged, Long"配置，重命名复制配置为"Forged, Short"。复制并粘贴"Machined, Long"配置，重命名复制配置为"Machined, Short"。

231

10.2.9　配置尺寸值

配置还可以用来控制尺寸的数值。每个配置可以用来更改尺寸的不同数值。修改尺寸时可以指定更改当前激活的配置、指定配置或所有配置。

在本例中"Short"配置的手柄部分长度略短。

> **步骤10　激活配置**　在 ConfigurationManager 中右键单击顶层零部件，选择【重建所有配置】，然后双击"Machined, Short"以激活配置，如图 10-13 所示。
>
> 　▾ 🔧 Ratchet Body 配置 (Machined, Short)
> 　　┤█ ✓　Default [Ratchet Body]
> 　　┤█ ✓　Forged, Long [Ratchet Body]
> 　　┤█ ✓　Machined, Long [Ratchet Body]
> 　　┤█ ✓　Forged, Short [Ratchet Body]
> 　　┤█ ✓　**Machined, Short [Ratchet Body]**
>
> 　　　　　**图 10-13　激活配置**

知识卡片	配置树顺序	使用【树顺序】可以控制 ConfigurationManager 中配置的顺序。顺序选项包含【数字】、【文本】、【手动（拖放）】和【基于历史的】。默认的排序方式是【基于历史的】。
	操作方法	快捷菜单：在 ConfigurationManager 中的顶层零部件上单击右键并选择【树顺序】子菜单中的一项。

步骤 11 更改顺序 在 ConfigurationManager 中右键单击顶层零部件并选择【树顺序】/【文本】，如图 10-14 所示。

步骤 12 显示尺寸 双击 "Handle" 特征显示尺寸，如图 10-15 所示。

步骤 13 配置尺寸 双击尺寸 220mm，将其修改为 180mm。在配置范围选项中选择【指定配置】。在配置列表中只选择 "Forged, Short" 和 "Machined, Short" 并单击【确定】，如图 10-16 所示。重建模型查看更改后的当前配置。

提示 用户也可以通过【此配置】和【所有配置】进行修改。

步骤 14 测试配置 使用配置工具栏对每个配置进行测试，如图 10-17 所示。

图 10-14 更改顺序　　图 10-15 显示尺寸　　图 10-16 配置尺寸　　图 10-17 测试配置

232

10.3　使用其他方法创建配置

用户可以使用另外几种方法创建配置。结果都是在 ConfigurationManager 中添加配置名称、特征状态和尺寸数值。

使用其他方法可得到类似配置，但需要使用不同的工具和方法。

10.3.1　配置表

用户使用任何方法创建的配置，配置表都会跟踪所有配置的项目，并将它们保存在一个表格中，如图 10-18 所示。在配置表中，用户可以添加或更改配置。

图 10-18　配置表

如果在【工具】/【选项】/【系统选项】中勾选了【打开时创建配置表】复选框，则将在第二个配置添加到零件或装配体时自动创建配置表。

10.3.2　修改配置表

【修改配置】通过控制每个配置特征的压缩状态、尺寸变化和材料选择来创建配置，如图 10-19 所示。

【修改配置】对话框是用于设置和显示配置特征、配置尺寸、配置材料的表格。

图 10-19　修改配置

如果表格已经保存，它将在 ConfigurationManager 中的【表格】文件夹内列出，如图 10-20 所示。每个零件可以保存多个表格。

图 10-20　【表格】文件夹

10.3.3　系列零件设计表

系列零件设计表是使用 Microsoft Excel 电子表格来创建配置的方法，如图 10-21 所示。

系列零件设计表将在 ConfigurationManager 中的【表格】文件夹中列出，每个零件仅可保存一个系列零件设计表，如图 10-22 所示。

图 10-21　系列零件设计表（一）

图 10-22　系列零件设计表（二）

233

> **提示** 【修改配置】使用一个表格的形式来简化配置项的输入和查看结果。系列零件设计表使用 Microsoft Excel 电子表格来实现相同的目的。

10.3.4　派生的配置

【派生的配置】是相对于某个配置创建出的子配置。子配置继承所有父配置的参数设置。在 FeatureManager 设计树中相关父配置的节点中找到对应的子配置，如图 10-23 所示。

图 10-23　派生的配置

要为某个配置添加子配置，右键单击该配置并选择【添加派生的配置】。

10.4　配置的其他用途

零件配置有很多的用途。创建不同配置的原因包括：特定的应用需求；不同的产品规格，例如零件的军用和民用版本；性能的考虑；装配的考虑。

1. 特定的应用需求　很多时候，完成的零件模型包含一些细微的细节，例如圆角。当为有限元分析（FEA）之类的场合准备零件时，零件需要尽量简单。通过压缩不必要的一些细节特征，可以得到针对 FEA 的配置，如图 10-24 所示。

另外，快速成型也需要专门的模型表示。

2. 性能的考虑　一些零件包含复杂的几何特征，例如扫描和放样特征、变半径的圆角和多种厚度的抽壳，它们比较消耗系统的资源。用户可以定义一个压缩某些特征的配置，这会在进行模型其他部分的设计时，提高系统的性能。当用户进行压缩时，一定要考虑到父/子关系，由于压缩的特征不能被访问、使用或者参考，因此它们不能作为父特征。

图 10-24　简化的零件

3. 装配的考虑　在设计包含大量零件的复杂装配体时，使用零件的简化表示将提高系统的性能。考虑压缩不必要的细节，例如圆角，只保留用于配合、干涉检查和定义配置与方程式所需的关键几何体。添加零部件到装配体时，可使用【插入】/【零部件】/【来自文件】。浏览器允许用户选择列出的零件的配置。为了更好地发挥作用，建议用户在创建零部件时就计划好配置定义并保存配置。

具有相同基本形状的相似模型可以被定义成不同的配置，以便在同一装配体中使用。图 10-25 所示的零件有两个配置。

图 10-25　一个零件的两个配置

10.5　针对配置的建模策略

无论是否使用系列零件设计表来驱动配置，在创建一个使用配置的零件时，用户都需要充分考虑如何控制配置。例如，对于上节中的零件，创建该零件的一种方法是先绘制它的轮廓草图，然后使用简单的旋转特征来生成，如图 10-26 所示。

此方法似乎非常有效，单个特征包含了所有

图 10-26　旋转特征的草图

234

信息，但单个特征也限制了零件的灵活性。如果将该零件分解成更小、更独立的特征，那么该零件就具有了压缩特征的灵活性，用户可以压缩圆角、切除等特征。

10.6　编辑带有配置的零件

如果零件中添加了其他配置，有些特征可能会被自动压缩，有关的对话框中也会列出更多关于配置的其他选项。用户还有可能会遇到其他的不同信息。本节将说明当编辑一个包含多个配置零件时会发生哪些变化。

 提示　　终止条件、颜色和材料也可以应用于配置。

操作步骤

步骤 1　打开零件　打开零件"WorkingConfigs"，如图 10-27 所示。该零件具有一个配置：Default。新的配置和新的特征将被添加到该零件。

图 10-27　零件 WorkingConfigs

扫码看 3D　　　扫码看视频

步骤 2　添加新配置　切换到 ConfigurationManager 选项卡。在 ConfigurationManager 选项卡中单击右键，从快捷菜单中选择【添加配置】以访问【配置属性】对话框。添加一个配置，命名为"keyseat"，如图 10-28 所示。单击【确定】✔。

 提示　　默认【压缩特征】复选框是被勾选的，这意味着当添加新特征时，除了激活的配置外，它们在所有配置中都是被压缩的。

步骤 3　添加另一个配置　新建一个"ports"配置，确保该配置处于激活状态。

图 10-28　添加配置

235

10.7　设计库

【设计库】是任务窗格中特征、零件和装配体文件的集合。向零件和装配体插入这些文件能够重用已有的数据。在本例中将使用 features 文件夹中的两个库特征，来添加两种类型的流体动力端口，一种放置在圆形平面上，另一种放置在矩形平面上。

10.7.1　默认设置

下面将插入三个库特征，其中第一个特征用默认的设置来确定位置和大小。

知识卡片	库特征	● 任务窗格：在【设计库】🗄中，将库特征拖至模型。

步骤4　展开文件夹　单击【设计库】，展开features文件夹，然后展开inch文件夹。单击fluid power ports文件夹，如图10-29所示。

步骤5　拖放库特征　将特征"sae j1926-1（circular face）"拖放到如图10-30所示的模型平面上。该表面就是特征的【方位基准面】。

步骤6　选择配置　在列表中选择配置"516-24"，如图10-31所示。

图 10-29　设计库

图 10-30　拖放库特征

> **提示**　【链接到库零件】选项可创建与原来库特征的链接，当库特征更改时，零件可以保持更新。

> **技巧**　【覆盖尺寸数值】选项允许修改特征内部的尺寸。

步骤7　选择边线　库特征零件将在一个独立窗口中预览显示。选择预览窗口显示的"Edge1"（圆弧边线）为参考，如图10-32所示，单击【确定】。

图 10-31　选择配置

图 10-32　选择边线

步骤8　添加库特征　库特征作为包含草图、基准面和切除的库特征被添加到FeatureManager设计树中，如图10-33所示。

> **提示**　附加在特征图标上的"L"标记表示这是一个库特征。

图 10-33　添加库特征

236

10.7.2　多参考

许多库特征包含多个参考，如面、边和基准面。这些参考用来添加尺寸或设置几何体的关系。如果参考没有正确连接到模型的几何体上，将会变为悬空。

> **步骤9　选择参考**　将特征"sae j1926-1（rectangular face）"拖放到如图 10-34 所示的平面上。此特征需要选择模型的两条直线边作为参考。选择配置"716-20"。选择如图 10-34 所示的两条边作为特征放置的两个参考。
>
> **步骤10　设置尺寸数值**　单击单元格，将每个定位尺寸（Locating dimension）设置为 0.5in，如图 10-35 所示，单击【确定】。
>
> **步骤11　检查配置**　在激活的配置"ports"中，新的特征被解除压缩，但是在其他配置中还是压缩的，如图 10-36 所示。

图 10-34　选择参考　　　　　　　　图 10-35　设置尺寸数值

图 10-36　检查配置

> **步骤12　激活配置**　激活配置"keyseat"。

10.7.3　放置在圆形平面上

有些特征需要连接到目标模型的圆形平面上，并且要求将库特征首先拖放到此面上。在本例中，【方位基准面】是在拖放后选择的。

> **步骤13　放置库特征**　在设计库中打开 keyways 文件夹。拖放特征"rectangular keyseat"到轴的圆形平面上。选择配置"ϕ0.6875W = 0.1875"，选择平端面作为【方位基准面】，如图 10-37 所示。

步骤14 选择参考 选择端面的圆边线作为【参考】，如图10-38所示。

图 10-37 放置库特征

图 10-38 选择参考

步骤15 定位尺寸 按图10-39所示设置【定位尺寸】值，单击【确定】。

步骤16 检查配置 在激活的配置"keyseat"中的新特征是解除压缩的，但在其他配置当中是压缩的，如图10-40所示。

步骤17 共享、保存并关闭文件

图 10-39 定位尺寸

图 10-40 检查配置

> 提示 如果一个特征在所有的配置中都被压缩，那么是可以将其自动查找并删除的。右键单击最顶层特征并选择【清理未使用的特征】。

10.8 关于配置的高级教程

在《SOLIDWORKS®高级装配教程（2022版）》中，【配置】的概念将引申到装配体中，如图10-41所示。

在装配体中也可以手动或利用系列零件设计表创建配置。零件配置集中于处理特征，而装配

体配置则集中于处理零部件、配合或装配体特征。利用
装配体配置，可以控制零部件配置、零部件压缩状态、
配合尺寸、配合压缩状态和装配体特征。

系列零件设计表也可以用于装配体，并针对装配体
有更多关于控制一个或多个零部件的选项。

图 10-41　装配体的配置

练习 10-1　使用配置尺寸/特征 1

使用配置尺寸和配置特征为已有零件"Speaker"创
建八个配置，如图 10-42 所示。本练习将应用以下技术：

- 添加新配置。
- 更改配置。
- 重命名和复制配置。

（1）100 和 200 系列配置　对特征"Volume Control""Tweeter
Rounded""Tweeter Rectangular"和"Tweeter Dome"压缩或解除压
缩来生成表 10-2 所示的配置。

（2）300 和 400 系列配置　对特征压缩或解除压缩（或修改尺
寸）来生成表 10-3 所示的配置。

（3）细节矩形槽尺寸　200 和 300 系列细节矩形槽尺寸不同，
如图 10-43 所示。

图 10-42　零件模型

239

表 10-2　100 和 200 系列配置

100 系列		200 系列	
100C	100S	200C	200S

表 10-3　300 和 400 系列配置

300 系列		400 系列	
300C	300S	400C	400S

图 10-43　细节矩形槽尺寸

练习 10-2　使用配置尺寸/特征 2

使用配置尺寸和配置特征为已有零件（见图 10-44）创建新配置。本练习将应用以下技术：

- 添加新配置。
- 更改配置。

图 10-44　零件

操作步骤

打开已有零件"Using Configure Feature"。

步骤 1　配置尺寸和特征　使用配置尺寸"CtoC@ Sketch1"和配置特征"Holes"创建配置，如图 10-45 所示。配置参数如下所示：

- Size1，130mm，解除压缩。
- Size2，115mm，解除压缩。
- Size3，105mm，解除压缩。
- Size4，105mm，压缩。

需要显示尺寸名称时，可以单击【视图】/【隐藏/显示】/【尺寸名称】。

步骤 2　共享、保存并关闭零件

图 10-45　零件的尺寸

练习 10-3　配置

本练习的主要任务是利用已有零件，创建零件的一系列配置，如图 10-46 所示。通过在不同的配置中压缩不同的特征，创建零件的不同版本。本练习将应用以下技术：

- 添加新配置。
- 重命名和复制配置。
- 更改配置。

图 10-46　配置零件

打开已有零件"config part"。按照表 10-4 的说明和给定的名称创建配置。在必要情况下，添加某些特征。

表 10-4　配置零件

配 置 名 称	图　例	配 置 名 称	图　例
最好的（Best）配置：包含弹夹和瞄准器	弹夹　　瞄准器	较好的（Better）配置：只包含瞄准器	
标准的（Standard）配置：不包含弹夹和瞄准器		剖面（Section）配置：将标准的（Standard）配置切除一半，以显示内部结构	

第11章　全局变量与方程式

学习目标

- 重命名尺寸、草图和特征
- 使用全局变量绑定数值
- 创建方程式

11.1　概述

本章将介绍用于在尺寸之间创建数学关系的工具：全局变量和方程式。

全局变量是可以被设置为任何数值的独立变量。

方程式用于创建尺寸之间的数学关系。

11.2　重命名特征和尺寸

为了能够更好地区分和识别某个尺寸，往往需要将尺寸重命名。如图11-1所示，尺寸Inside_Radius和默认标注名称D1、D3相比就更好区分。

在使用【全局变量】和【方程式】时，重命名尺寸也会使得尺寸更加容易识别。

尺寸全名包括两部分，一部分是尺寸本身的名称，另外

一部分是特征或者草图的名称，例如Inside_Radius@ Fil-

图11-1　重命名尺寸名称

let1。在使用【全局变量】和【方程式】时，尺寸会以全名的方式显示，将这两部分名称分别重命名会很方便识别。

1. 尺寸名称格式　尺寸全名是由系统自动按照"名称@特征名称"格式创建的，如D3@草图1、D1@圆角2。

- 默认尺寸名称在每个特征或草图中从"D1"开始，数字依次增加。

- 默认草图名称从"草图1"开始，数字依次增加。

- 默认特征名称以特定的特征种类开头，例如"凸台-拉伸1""切除-拉伸1"或者"圆角1"，数字依次增加。

2. 尺寸名称　尺寸全名中，符号@之前的一部分是尺寸名称。有两种方法可以修改这部分名称。

1）单击尺寸打开【尺寸属性】窗口。在【主要值】的尺寸名称栏中输入新名称，如图11-2a所示。

图11-2　修改尺寸名称

2）双击尺寸并在【修改】对话框中输入尺寸名称，如图 11-2b 所示。

3. 草图或特征名称　尺寸全名中，符号@之后的一部分是特征或者草图名称。用户可以直接在 FeatureManager 设计树中，通过单击并按〈F2〉键或者缓慢双击的方式修改，如图 11-3 所示。

通过【特征属性】也可以对草图或特征进行重命名。在相应草图或特征上单击右键并选择【特征属性】，在名称栏中修改，如图 11-4 所示。

图 11-3　修改草图名称　　　　　　　　　图 11-4　特征属性

操作步骤

步骤 1　打开零件 "Equations"

 提示　　如果不想对特征和尺寸进行重命名，可打开零件 "Equations, Renamed"。

扫码看视频

步骤 2　重命名特征　如图 11-5 所示，对特征进行重命名。命名前后的名称见表 11-1。

表 11-1　特征命名前后的名称

旧名称	新名称
Base-Extrude	Base
Boss-Extrude1	Cylinder Boss

图 11-5　重命名特征

步骤 3　重命名尺寸　按照表 11-2 对所有尺寸进行重命名。

表 11-2　尺寸重命名前后的名称

旧名称	新名称
D1@ Shell1	Wall _ Thickness@ Shell1
D3@ Base	Draft _ Angle@ Base
D3@ Rib	Draft _ Angle@ Rib
D3@ Cylinder Boss	Draft _ Angle@ Cylinder Boss
D1@ Fillet1	Inside _ Radius@ Fillet1
D1@ Fillet2	Outside _ Radius@ Fillet2
D1@ Rib	Rib _ Thickness@ Rib
D1@ Fillet3	Rib _ Fillet@ Fillet3

243

步骤4　显示尺寸名称　右键单击【注解】（Annotations）文件夹并选择【显示特征尺寸】。在菜单中单击【视图】/【隐藏/显示】/【尺寸名称】，结果如图 11-6 所示。

扫码看 3D

图 11-6　显示尺寸名称

11.3　使用全局变量和方程式建立设计规则

通过【全局变量】和【方程式】建立一些设计规则。这些设计规则和用于注塑零件设计的基本规则相似，两个关键参数是拔模角度和抽壳厚度。

1. 抽壳厚度　抽壳的厚度范围是 4 ~ 6mm。

2. 拔模角度　所有面的拔模角度相同，范围为 1° ~ 5°。

3. 筋厚度　筋的厚度是外壳厚度的 2/3。

4. 圆角　内部圆角半径是外壳厚度的 1/2，外部圆角半径是外壳厚度的 1.5 倍，筋的圆角是外壳厚度的 1/4，如图 11-7 所示。

图 11-7　设计规则

11.4　全局变量

【全局变量】是由用户定义名称和分配数值的。全局变量可以作为独立的数值驱动尺寸或直接应用于尺寸，同时还可以结合【方程式】一起使用或将多个尺寸值设置为相等。

提示 　用户可以在【方程式、全局变量、及尺寸】对话框中创建【全局变量】或【方程式】，或者在尺寸的【修改】对话框中完成。

1. 创建全局变量 用户可以创建【全局变量】并指定数值，以在方程式中使用。全局变量需要具备唯一的名称和数值。

2. 拔模角度 一些拔模角度应该具有相同的尺寸值，用户可以创建一个全局变量来控制所有拔模角度值。

知识卡片	全局变量和方程式	【方程式、全局变量、及尺寸】对话框可用于添加、编辑和删除全局变量及方程式，也可用于设置零件中的任何尺寸。
	操作方法	• 菜单：【工具】/【方程式】。 • 快捷菜单：右键单击方程式中使用的尺寸，选择【编辑方程式】。 • 快捷菜单：右键单击【方程式】文件夹，选择【管理方程式】。

步骤5 创建全局变量 单击【工具】/【方程式】，在全局变量下输入 "DA"。在【数值/方程式】下的等号后面输入 "3"，在【评论】栏中输入 "拔模角度"，如图 11-8 所示，单击【确定】。

图 11-8 创建全局变量

 提示 　在全局变量创建后，可以在 FeatureManager 设计树上看到【方程式】（Equations）文件夹。右键单击文件夹，选择【管理方程式】，可以访问全局变量和方程式。

步骤6 展开文件夹 展开文件夹以查看全局变量。

 提示 　【方程式】（Equations）文件夹中列出了所有全局变量，但没有方程式。

步骤7 隐藏特征尺寸 右键单击【注解】（Annotations）文件夹并清除【显示特征尺寸】。

245

11.5 方程式

有时需要在参数之间建立关联，但这种关联却无法通过使用几何关系或常规的建模技术来实现。用户可以使用方程式建立模型中尺寸之间的数学关系。

1. 因变量与自变量的关系 SOLIDWORKS 中方程的形式为：因变量 = 自变量。例如，在方程式 $A = B$ 中，系统由尺寸 B 求解尺寸 A，用户可以直接编辑尺寸 B 并进行修改。一旦方程式写好并应用到模型中之后，尺寸 A 就不能直接修改，系统只会按照方程式控制尺寸 A 的值。因此，用户在开始编写方程式之前，应该决定用哪个参数驱动方程式（自变量），用哪个参数被方程式驱动（因变量）。

提示 全局变量可以像尺寸一样在方程式中应用。

2. 方程式示例 查看下列方程式示例，示例中包含了尺寸、全局变量和函数。

D1@ Sketch4 = D1@ Rib Plane + 10。

Inside _ Radius@ Fillet1 = W/2。

Rib _ Thickness@ Rib = int（W * 2/3）。

提示 使用的单位是文档的单位。

3. 禁用和启用方程式 用户可以使用【禁用方程式】和【启用方程式】来打开和关闭方程式。禁用方程式后，将不再求解因变量。右键单击方程式以【禁用方程式】或【启用方程式】。

提示 要永久删除方程式，右键单击方程式并选择【删除方程式】。

4. 创建方程式 可以将一系列的尺寸值设为相同的【全局变量】。系统会创建一系列的等式来表示这些尺寸被设置为同一个【全局变量】。此时更改该【全局变量】的值将会改变所有相关的尺寸值。

5. 链接数值 另一种不使用方程式为尺寸赋值的方式是为一系列尺寸使用共享数值。

1）选择一个或者多个相同类型的尺寸。

2）单击右键后选择【链接数值】。

3）创建唯一名称并单击【确定】。

所有被选择的尺寸都将共享相同的尺寸名称和数值。当改变其中任何一个尺寸值时，所有尺寸将会联动。

步骤8 打开方程式对话框 单击【工具】/【方程式】，并在【方程式】区域单击。

步骤9 选择尺寸 双击外壳最外部的面来显示相关尺寸。在对话框中单击方程式栏并选择如图 11-9 所示的尺寸 5.00°。

步骤10 输入方程式 创建新的方程式，在等号后面单击，选择【全局变量】/【DA(3)】。在【评论】栏中输入"基体拔模"。

勾选【自动重建】复选框以使改动立即生效，如图 11-10 所示。单击【确定】。

图 11-9 选择尺寸

图 11-10 输入方程式

提示 尺寸名称中的双括号是系统自动加入的，并非用户输入。

步骤11 测试 双击特征"Base"外部的面可以看到方程式驱动符号（Σ）和方程式驱动的尺寸值，如图 11-11 所示。

图 11-11　测试

6. 使用【修改】对话框创建方程式 除了使用方程式对话框外，也可以使用【修改】对话框来直接创建方程式。【修改】对话框有相同的全局变量、函数、文件属性和测量选项。

提示　　全局变量同样可以在【修改】对话框中创建和应用。

步骤 12　创建筋拔模方程式 双击筋的任一平面并双击如图 11-12 所示尺寸。输入"＝"以覆盖数值，并选择【全局变量】/【DA(3)】，单击【确定】。

步骤 13　创建凸台拔模方程式 使用和步骤 12 类似的操作，为图 11-13 所示拔模尺寸创建方程式并单击【确定】重建以查看变化。

图 11-12　通过【修改】对话框创建方程式

图 11-13　创建凸台拔模方程式

步骤 14　更改拔模角度 所有三个拔模尺寸都被一个值所控制。右键单击【方程式】文件夹并选择【管理方程式】。三个尺寸被一个全局变量驱动三个方程式的方式所控制。改变"DA"的值为 4 并单击【确定】，如图 11-14 所示。

可以选择性地为新的方程式添加评论。

名称	数值/方程式	估算到	评论
全局变量			
"DA"	= 4	4	拔模角度
添加整体变量			
特征			
添加特征压缩			
方程式			
"Draft_Angle@Base"	= "DA"	4度	基体拔模
"Draft_Angle@Rib"	= "DA"	4度	
"Draft_Angle@Cylinder Boss"	= "DA"	4度	
添加方程式			

图 11-14　更改拔模角度

247

7. 抽壳厚度值　创建第二个全局变量来表示抽壳厚度值。该全局变量也会在后面创建圆角表达式时使用。在后面的示例中该全局变量将会通过【修改】对话框创建和应用。

步骤15　创建全局变量　双击壳体的内表面后双击尺寸，弹出【修改】对话框。输入"＝W"并单击【生成整体变量】，如图 11-15 所示。全局变量此时已被创建并应用于该尺寸，单击【确定】。

> **技巧** 一开始 W 显示为黄色，表明该全局变量还未被创建。

> **提示** 单击如图 11-16 所示按钮，可以在数值显示和整体变量之间切换。

图 11-15　创建全局变量

图 11-16　切换显示方式

步骤16　编辑方程式　右键单击尺寸并选择【编辑方程式】，全局变量"W"和方程式"Wall _ Thickness@ Shell1"两者都已被创建。

单击【评论】栏并输入"抽壳"，如图 11-17 所示，单击【确定】。

名称	数值/方程式	估算到	评论
□ 全局变量			
"DA"	= 4	4	拔模角度
"W"	= 6	6	抽壳
添加整体变量			
□ 特征			
添加特征压缩			
□ 方程式			
"Draft_Angle@Base"	= "DA"	4度	基体拔模
"Draft_Angle@Rib"	= "DA"	4度	
"Draft_Angle@Cylinder Boss"	= "DA"	4度	
"Wall_Thickness@Shell1"	= "W"	6mm	
添加方程式			

图 11-17　编辑方程式

> **提示** "thickness"是为钣金零件保留的关键字，在全局变量和方程式中应避免使用。

11.6　使用运算符和函数

在创建方程式时可以使用标准运算符和函数。运算符的运算顺序依赖于具体的运算种类，同时函数的值依赖于等式中的全局变量。【文件属性】和【测量】同样也可以运用于创建方程式。

包含运算符和函数的方程式示例如下："Rib _ Thickness@ Rib" = int("W" * 2/3)。

1. 运算符　标准运算符可以用来构建方程式，包括加＋、减－、乘＊、除/、幂^。

运算符的运算顺序按照从左向右进行：

1）幂和开方。

2）乘和除。

3）加和减。

提示　括号会改变方程式的计算顺序，如果使用了括号，括号中的内容将会被优先计算。例如，5 + 3/2 会被计算为 5 + 1.5 = 6.5，但 (5 + 3)/2 会被计算为 8/2 = 4。

2. 函数　数学函数和特殊函数可以一起被用于创建方程式，见表 11-3。【函数】包含基本运算符号、三角函数以及逻辑语句。

表 11-3　数学函数和特殊函数

运算符号	运算符号	运算符号	运算符号
sin( )	cotan( )	arccotan( )	int( )
cos( )	arcsin( )	abs( )	sgn( )
tan( )	arccos( )	exp( )	if( )
sec( )	atn( )	log( )	（可以使用 = , < = 或 = >
cosec( )	arcsec( )	sqr( )	进行比较）

3. 文件属性　SOLIDWORKS 的【文件属性】也可以被用于创建方程式，见表 11-4。【文件属性】包含物理属性，例如 SW-质量和 SW-体积。

表 11-4　文件属性

属性名称	属性名称	属性名称	属性名称
SW-质量	SW-质量中心 X	SW-Pz	SW-Lyy
SW-平铺质量	SW-质量中心 Y	SW-Lxx	SW-Lyz
SW-密度	SW-质量中心 Z	SW-Lxy	SW-Lzx
SW-体积	SW-Px	SW-Lxz	SW-Lzy
SW-表面积	SW-Py	SW-Lyx	SW-Lzz

4. 测量　在方程式中，【测量】选项允许用户生成并使用一个参考尺寸的数值。

5. 方程式的求解顺序　方程式按照【按序排列的视图】中列出的顺序进行求解。如果勾选了【自动求解组序】复选框，方程式的顺序将被自动检测到，以避免类似无限循环的求解问题，如图 11-18 所示。

249

图 11-18　方程式的求解顺序

 提示　禁用的方程式只能在【按序排列的视图】中查看和启用。

6. 直接输入方程式　方程式可以直接在 PropertyManager 数值栏中通过"＝"输入。例如拉伸、旋转、圆角、镜像等特征，如图 11-19 所示。

直接输入的方程式会在【方程式、全局变量、及尺寸】对话框中显示。

在本例中，圆角的尺寸遵循的设计规则（见图 11-20）可以用以下方程式来表达。它们都基于当前用于表示抽壳厚度的全局变量 W。

Rib Thickness ＝ W ∗ 2/3。

Inside Radius ＝ W ∗ 0.5 或 W/2。

Outside Radius ＝ W ∗ 1.5。

Rib Fillet ＝ W ∗ 0.25 或 W/4。

图 11-19　直接输入方程式

图 11-20　设计规则

操作步骤

步骤 1　内部圆角半径方程式　双击圆角特征然后双击圆角尺寸，如图 11-21 所示，输入"＝"后选择全局变量 W(6)，再输入"/2"。单击【确定】。

步骤 2　重建模型　单击【重建模型】查看变化，如图 11-22 所示。

扫码看视频

图 11-21　直接输入方程式

图 11-22　重建模型

> **提示** 　　　右键单击任何一个被方程式驱动的尺寸并选择【编辑方程式】，即可在对话框中编辑全局变量和方程式。

步骤3　添加外部圆角方程式　双击"Fillet2"特征并双击圆角尺寸。添加方程式"W" * 1.5 并单击【确定】，然后重建模型，如图 11-23 所示。

步骤4　添加筋圆角方程式　双击"Fillet3"特征并双击圆角尺寸。添加方程式"W"/4 并单击【确定】，如图 11-24 所示。

图 11-23　添加外部圆角方程式

图 11-24　添加筋圆角方程式

步骤5　管理方程式　右键单击尺寸并选择【管理方程式】。所有被创建的方程式都会被列出，如图 11-25 所示，单击【确定】。

方程式			
"Draft_Angle@Base"	= "DA"	4度	基体拔模
"Draft_Angle@Rib"	= "DA"	4度	
"Draft_Angle@Cylinder Boss"	= "DA"	4度	
"Wall_Thickness@Shell1"	= "W"	6mm	
"Inside_Radius@Fillet1"	= "W" / 2	3mm	
"Outside_Radius@Fillet2"	= "W" * 1.5	9mm	
"Rib_Fillet@Fillet3"	= "W" / 4	1.5mm	

图 11-25　管理方程式

步骤6　添加筋厚度方程式　双击"Rib"特征并双击尺寸"Rib Thickness"。添加方程式"W" * 2/3 并单击【确定】，重建模型，如图 11-26 所示。

步骤7　更改"W"数值　单击方程式，将全局变量"W"设为5。圆角半径已更新，但现在已经不是整数，如图 11-27 所示。先不要关闭对话框。

图 11-26　添加筋厚度方程式

名称	数值/方程式	估算到	评论
□ 全局变量			
"DA"	= 4	4	拔模角度
"W"	= 5	5	抽壳
添加整体变量			
□ 特征			
添加特征压缩			
□ 方程式			
"Draft_Angle@Base"	= "DA"	4度	基体拔模
"Draft_Angle@Rib"	= "DA"	4度	
"Draft_Angle@Cylinder Boss"	= "DA"	4度	
"Wall_Thickness@Shell1"	= "W"	5mm	
"Inside_Radius@Fillet1"	= "W" / 2	2.5mm	
"Outside_Radius@Fillet2"	= "W" * 1.5	7.5mm	
"Rib_Fillet@Fillet3"	= "W" / 4	1.25mm	
"Rib_Thickness@Rib"	= "W" * 2 / 3	3.33mm	
添加方程式			

图 11-27　更改 "W" 数值

7. 编辑方程式　方程式本身或者全局变量的值都可以被编辑。在本例中，函数 int（）会被加入到一些方程式中来控制圆角的半径。

> 提示　　int（）函数会将小数点后的数字去掉。例如，int（5.25）= 5，int（2.97）= 2。注意，如果括号内的数值小于1，int（）函数的结果将为0，这会造成一些错误。

步骤8　编辑方程式　将光标放在方程式 " = " 和"Inside _ Radius@ Fillet1" = "W"/2 的第一个 " " 之间。

单击【函数】/【int（）】来添加函数，如图 11-28 所示。

步骤9　修正方程式　将系统自动添加的第二个圆括号删除并添加在方程式的末尾。单击绿色的对号来检查输入或者直接观察【估算到】列的值。数值已从2.5变为2。

> 提示　　用户也可以直接在编辑框内输入函数。

步骤10　编辑其他方程式　为其他的方程式也添加 int（）函数，如图 11-29 所示。

图 11-28　输入 int（）函数

一方程式			
"Draft_Angle@Base"	= "DA"	4度	基体拔模
"Draft_Angle@Rib"	= "DA"	4度	
"Draft_Angle@Cylinder Boss"	= "DA"	4度	
"Wall_Thickness@Shell1"	= "W"	5mm	
"Inside_Radius@Fillet1"	= int ("W" / 2)	2mm	
"Outside_Radius@Fillet2"	= int ("W" * 1.5)	7mm	
"Rib_Fillet@Fillet3"	= int ("W" / 4)	1mm	
"Rib_Thickness@Rib"	= "W" * 2 / 3	3.33mm	

图 11-29　编辑其他方程式

> 提示　此处筋厚度不适用函数 int ( ) 的原因是可能会使筋变得太薄。

步骤 11　最终确认　设置全局变量 DA = 3，W = 4，如图 11-30 所示，单击【确定】。

名称	数值/方程式	估算到	评论
全局变量			
"DA"	= 3	3	玻璃角度
"W"	= 4	4	抽壳
添加整体变量			
特征			
添加特征压缩			
方程式			
"Draft_Angle@Base"	"DA"	3度	基体拔模
"Draft_Angle@Rib"	"DA"	3度	
"Draft_Angle@Cylinder Boss"	"DA"	3度	
"Wall_Thickness@Shell1"	"W"	4mm	
"Inside_Radius@Fillet1"	int ("W" / 2)	2mm	
"Outside_Radius@Fillet2"	int ("W" * 1.5)	6mm	
"Rib_Fillet@Fillet3"	int ("W" / 4)	1mm	
"Rib_Thickness@Rib"	"W" * 2 / 3	2.67mm	
添加方程式			

图 11-30　最终确认

图 11-31 所示为全局变量 DA 和 W 在最小到最大范围内变化时模型的差异。

图 11-31　全局变量变化时模型的差异

步骤 12　共享、保存并关闭模型

练习 11-1　创建全局变量和方程式

本练习的主要任务是使用已有零件（见图 11-32）重命名尺寸，创建方程式并使用一个全局变量进行测试。本练习将应用以下技术：

- 重命名特征和尺寸。
- 创建全局变量。
- 创建方程式。

图 11-32　零件 Using Global Variables and Equations

操作步骤

打开已有零件"Using Global Variables and Equations"，使用两个方程式，根据零件总长来控制孔的定位，孔定位的方程式如图 11-33 所示。

使用全局变量来控制外壁和内壁之间的厚度，这样内壁直径和壁厚两个尺寸将会驱动外壁的直径，如图 11-34 所示。

图 11-33　孔定位方程式

图 11-34　创建全局变量

> **提示** 步骤 1 需要对模型尺寸进行重命名。如果不想进行这一步操作，可以打开零件"With Names"，从步骤 2 开始做起。

1. 重命名尺寸　尺寸当前的名称是在创建草图和特征时系统自动分配的。下面将方程式中涉及的关键尺寸进行重命名。

步骤 1　重命名尺寸　使用【显示特征尺寸】和【尺寸名称】命令显示尺寸，然后对尺寸进行重命名，如图 11-35 所示。

图 11-35　重命名尺寸

> **提示** 用户可以选择性地创建从动尺寸 RD1 来标注实际壁厚。

2. 定位孔　当前两个孔的位置标注是基于同一个基准的，但是数值与零件总长没有关联。下面将创建方程式，驱动两个孔的定位尺寸分别为1/3和2/3的零件总长。

> **步骤2　创建Hole1方程式**　双击尺寸Hole1并设置其等于1/3零件总长。尺寸变化如图11-36所示。创建好的方程式为："Hole1@Sketch3" = "Length@Base-Extrude"/3。
>
> **步骤3　创建Hole2方程式**　双击尺寸Hole2并设置其等于2/3零件总长。尺寸变化如图11-37所示。创建好的方程式为："Hole2@Sketch3" = "Length@Base-Extrude" ∗ 2/3。

图 11-36　创建 Hole1 方程式　　　　　　图 11-37　创建 Hole2 方程式

步骤4　检查方程式　打开【方程式、整体变量、及尺寸】对话框查看已经添加的方程式，并对 Hole1 和 Hole2 添加评论，如图 11-38 所示。

名称	数值/方程式	估算到	评论
□ 全局变量			
添加整体变量			
□ 特征			
添加特征压缩			
□ 方程式			
"Hole1@Sketch3"	= "Length@Base-Extrude" / 3	30.000mm	Hole1 placement
"Hole2@Sketch3"	= "Length@Base-Extrude" * 2 / 3	60.000mm	Hole2 placement
添加方程式			

图 11-38　检查方程式

3. 全局变量和方程式　创建一个全局变量来表示零件顶部的薄壁厚度。薄壁厚度可以表示为"Outer_D@Sketch1"与"Inner_D@Sketch2"之差的1/2。

> **步骤5　创建全局变量**　创建全局变量"ThinnestWall"并设置其值为2mm，如图11-39所示。
>
> **步骤6　创建Outer_D方程式**　创建方程式来驱动尺寸"Outer_D@Sketch1"。创建好的方程式为：

"Outer_D@ Sketch1" = "Inner_D@ Sketch2" + "ThinnestWall" * 2

> **提示** 参考尺寸用于显示壁厚的当前值，而不是驱动壁厚。

步骤7 更改"Inner_D"和"ThinnestWall"的值 通过修改"Inner_D"和"ThinnestWall"的值分别为35mm和4mm来变换零件截面尺寸，如图11-40所示。

▼ Σ Equations
   🌐 "ThinnestWall"=2

图 11-39 创建全局变量   图 11-40 更改"Inner_D"和"ThinnestWall"的值

通过更改孔定位的方程式分别将孔定位长度设置为1/4和1/3零件总长，并更改零件总长为100mm，如图11-41所示。

图 11-41 更改孔定位长度和零件总长

步骤8 更改尺寸名称 将尺寸"Inner_D@ Sketch2"的名称重命名为"Hole_Diameter @ Sketch2"，打开【方程式、整体变量、及尺寸】对话框以查看变化，如图11-42所示。

名称	数值/方程式	估算到	评论
□ **全局变量**			
"ThinnestWall"	= 4	4	
添加整体变量			
□ **特征**			
添加特征压缩			
□ **方程式**			
"Hole1@Sketch3"	= "Length@Base-Extrude" / 4	25mm	Hole1 placement
"Hole2@Sketch3"	= "Length@Base-Extrude" * 3 / 4	75mm	Hole2 placement
"Outer_D@Sketch1"	= "Hole_Diameter@Sketch2" + "ThinnestWall" * 2	43mm	
添加方程式			

图 11-42 方程式对话框

步骤9 共享、保存并关闭零件

练习 11-2　创建全局变量和链接数值

本练习的主要任务是创建全局变量和链接数值，以在已有零件（见图 11-43）中创建和测试方程式。本练习将应用以下技术：

- 创建全局变量。
- 创建方程式。
- 链接数值。

创建全局变量的操作步骤如下：

图 11-43　零件 Global Variables

操作步骤

打开已有零件"Global Variables"，创建全局变量，使所有圆角特征的尺寸相等。

步骤 1　创建全局变量　创建一个名称为"AllFillets"的全局变量，并设置为 2mm，对特征"Rounds"的尺寸应用此全局变量，如图 11-44 所示。

步骤 2　测试　通过修改全局变量的值到 3mm 并重建，来测试它们之间的链接关系，如图 11-45 所示。

步骤 3　共享、保存并关闭零件

图 11-44　创建全局变量

图 11-45　测试

创建链接数值的操作步骤如下：

操作步骤

打开已有零件"Link Values"，通过链接数值使所有的倒角特征参数相同。

步骤 1　创建链接数值　通过【显示特征尺寸】显示出所有尺寸，如图 11-46 所示。

步骤 2　选择圆角尺寸　选择四个圆角特征"Rounds""Fillets. 1""Fillets. 2"和"Fillets. 3"的尺寸，并单击右键后选择【链接数值】，如图 11-47 所示。

步骤 3　链接数值　输入名称"Linked_Fillets"并单击【确定】，如图 11-48 所示。

图 11-46　显示特征尺寸

图 11-47　选择圆角尺寸

共享数值

数值(V)：3.000mm

名称(N)：Linked_Fillets

确定
取消
帮助(H)

图 11-48　链接数值

步骤 4　测试　双击特征"Fillets. 2"，更改尺寸为 1mm 并重建，测试链接数值，注意对话框中的链接符号，如图 11-49 所示。

图 11-49　测试

提示　链接数值并不创建方程式，但是它们会和全局变量一样出现在方程式文件夹和对话框中，并且链接名称将成为尺寸名称的一部分（如 Linked Fillets @ Fillets. 2）。

步骤 5　共享、保存并关闭对话框

图 11-50　零件 Using Equations

练习 11-3　创建方程式

本练习的主要任务是使用已有零件（见图 11-50）创建方程式，并进行测试。本练习将应用以下技术：

- 创建方程式。

操作步骤

打开已有零件"Using Equations"，如图 11-51 所示的尺寸将用来定义方程式。

步骤1　创建方程式　创建方程式，满足"Bolt＿Circle＿Diam"处于"Hub＿OD"外边缘和"Flange＿OD"凸缘的中间。"Bolt＿Circle＿Diam"的值应该为从动。

图 11-51　创建方程式

提示　方程式的形式为：

Bolt＿Circle＿Diam＝（Flange＿OD＋Hub＿OD）/2。

步骤2　共享、保存并关闭零件

第 12 章　使用工程图

学习目标

- 创建多种类型的工程视图
- 通过对齐和相切边线功能修改视图
- 为工程图添加注解

12.1　有关生成工程图的更多信息

在本书第 3 章中介绍过工程图，本章将继续介绍与工程图相关的更多细节，其中包括【模型视图】、【剖面视图】、【局部视图】和【注解】。此外，还会使用多张图纸来详细描述零件的锻造和机加工配置，如图 12-1 所示。

扫码看 3D

图 12-1　工程图

工程图的设计和生成包括下面几个部分：

1. 工程视图　一般来说，使用的工程视图有剖面视图、移除剖面视图和模型视图。

2. 注解 使用注解为工程图添加注释和相关符号。

操作步骤

步骤1 设置选项 单击【选项】/【系统选项】/【工程图】/【显示类型】，设置【显示样式】为【消除隐藏线】，【相切边线】为【可见】。

扫码看视频

步骤2 打开工程图文件 打开工程图文件"Ratchet Body"。这是一幅 A4 纵向图纸，含有一个视图，如图12-2所示。

其他图纸属性设置如下：

- 投影类型：第三视角。
- 图纸比例：1:1。

图 12-2 打开工程图文件

12.2 移除的剖面

使用【移除的剖面】命令在工程视图中所指定的模型位置上创建剖面。

切面的方向与所选的两个相对或部分相对的边线相关。边线可以是直线、弧线或曲线。

1. 自动 【自动】切割线放置选项可自动确定切面的方向与所选的边线垂直，如图 12-3 所示。

2. 手动 【手动】切割线放置选项可以将切面的方向自定义为任意角度，如图 12-4 所示。

图 12-3 【自动】选项

图 12-4 【手动】选项

261

知识卡片	移除的剖面	• CommandManager:【工程图】/【移除的剖面】。
		• 菜单:【插入】/【工程图视图】/【移除的剖面】。
		• 快捷菜单：右键单击绘图区域，并选择【工程视图】/【移除的剖面】。

步骤3　选择边线　单击【移除的剖面】 ，并在源视图中选择图 12-5 所示的侧影轮廓边线。

步骤4　创建移除的剖面　使用默认的【切割线放置】/【自动】选项，单击放置切割线位置后再次单击放置剖面视图的位置，单击【确定】 ，如图 12-6 所示。

图 12-5　选择边线 　　　　　　　图 12-6　创建移除的剖面

提示　　视图的导入选项默认选择的是输入【设计注解】，所以剖面视图中会显示直径尺寸。

步骤5　创建另一个移除的剖面　重复相同的步骤，在手柄处添加另一个移除的剖面视图，如图 12-7 所示。该视图同样包含尺寸，只保留圆角尺寸。

提示　　如果想要将默认的圆角尺寸标注移动位置，选择尺寸后将尺寸的箭头拖动到想要标注的另一圆角边线处即可，如图 12-8 所示。

图 12-7　创建另一个移除的剖面 　　　　　图 12-8　移动尺寸标注位置

3. 视图对齐　【视图对齐】是通过限制自由移动，使视图之间在某个空间相对位置上保持一致。当视图被移动时，对齐关系将以虚线的形式显示，如图 12-9 所示。任意视图之间都可以添加或删除对齐关系。

图 12-9　视图对齐关系

知识卡片	视图对齐	快捷菜单：右键单击视图，选择【视图对齐】，再选择原点或中心的水平或竖直对齐。

　　步骤6　视图对齐　右键单击"移除的剖面1"视图，选择【视图对齐】/【原点竖直对齐】。之后再选择"移除的剖面2"视图，在竖直方向上对齐两个移除的剖面视图，如图12-10所示。

图 12-10　视图对齐

263

　　提示　　对齐后的视图在水平方向的移动可以通过拖动第二个被选择对齐的视图来实现。

12.3　局部视图

　　【局部视图】是通过将封闭的草图轮廓应用到激活的源视图上而创建的，其显示的内容由草图中包含的内容确定。

知识卡片	局部视图	• CommandManager：【工程图】/【局部视图】 ⒶⒶ。 • 菜单：【插入】/【工程图视图】/【局部视图】。 • 快捷菜单：右键单击工程图纸，选择【工程视图】/【局部视图】。

步骤7 创建局部视图 单击【局部视图】，在原有视图上绘制一个圆，如图 12-11 所示。命名视图为"I"，选择【使用图纸比例】，并放置视图，如图 12-12 所示。

图 12-11 创建局部视图

图 12-12 局部视图设置

技巧 要移动某个视图，选择任意一条边线并拖动或者按住〈Alt〉键并单击视图中的任何区域即可。

12.4 工程图纸与图纸格式

工程图纸用以描述现实中的一张工程图，其中包括视图、尺寸和工程图注解。图纸格式包含在工程图纸之中，图纸格式包括图纸的边框、标题块及相应的文字。

知识卡片	工程图纸与图纸格式	• 菜单：【编辑】/【图纸格式】。
		• 菜单：【编辑】/【图纸】。
		• 快捷菜单：右键单击工程图纸，选择【编辑图纸格式】。
		• 快捷菜单：右键单击图纸格式，选择【编辑图纸】。

• **添加工程图纸** SOLIDWORKS 的工程图文件包含一张或多张工程图纸，图纸中也包含多个视图，本章将创建多张图纸和多个视图。

知识卡片	添加图纸	• 在工程图纸底部的选项卡中，单击【添加图纸】。
		• 菜单：【插入】/【图纸】。
		• 快捷菜单：右键单击工程图纸，选择【添加图纸】。

步骤8　**添加图纸**　单击【添加图纸】以增加一张图纸。如果要求选择工程图，请选择 "A（ANSI）-竖向" 工程图图纸。

步骤9　**重命名图纸**　右键单击新图纸选项卡，选择【重新命名】，命名为 "MACHINED"。重命名原来的图纸为 "FORGED"，如图 12-13 所示。激活 "MACHINED" 图纸。

图 12-13　图纸选项卡

12.5　模型视图

【模型视图】根据预先设定的视图方向创建工程视图，如上视图、前视图、等轴测视图等。【视图调色板】可用于创建基于方向的视图。

知识卡片	模型视图	• CommandManager：【工程图】/【模型视图】 。 • 菜单：【插入】/【工程图视图】/【模型】。 • 快捷菜单：右键单击绘图区域，选择【工程视图】/【模型】。

步骤10　**创建模型视图**　使用 "Ratchet Body" 创建模型视图。在【参考配置】处选择 "Machined, Long"Machined""。【方向】设置为【上视】，【比例】选择【使用自定义比例】，并设置为 "1:2"，如图 12-14 所示。单击放置视图，然后单击【确定】。

图 12-14　创建模型视图

265

12.6 旋转视图

知识卡片	旋转视图	【旋转视图】通过输入角度将视图在视图平面内旋转。
	操作方法	前导视图工具栏：【旋转视图】C。

步骤11 **旋转视图** 选择视图并单击【旋转视图】C，将角度设置为 −90°并单击【应用】，完成旋转后单击【关闭】，如图 12-15 所示。

步骤12 **添加局部视图** 添加局部视图，命名为 "Ⅱ"，如图 12-16 所示。

图 12-15 旋转视图   图 12-16 添加局部视图

步骤13 **设置切边** 右键单击视图，选择【切边】/【切边不可见】。

12.7 剖面视图

【剖面视图】工具用于创建由已知视图经剖切线剖开得到的剖面视图（见表 12-1）。剖面视图可以显示模型的内部构造，这些模型使用标准视图中的隐藏线无法清楚地描述。剖面视图与父视图自动对齐。

知识卡片	剖面视图	• CommandManager：【工程图】/【剖面视图】⭥。
		• 菜单：【插入】/【工程图视图】/【剖面视图】。
		• 快捷菜单：右键单击绘图区域，并选择【工程视图】/【剖面视图】⭥。

表 12-1 剖面视图

视图工具	图　例	视图工具	图　例
竖直		水平	

（续）

视图工具	图　例	视图工具	图　例
辅助		添加单一等距	
对齐			
添加圆弧等距 注意:等距选项只有在【剖面视图】PropertyManager 中取消勾选【自动开始剖面视图】复选框时才可使用		添加凹口等距	

步骤 14　创建剖面视图　使用水平切割线在局部视图中创建剖面视图。单击【剖面视图】⇄，选择【水平】，勾选【自动开始剖面视图】复选框，然后在手柄中间位置单击放置切割线，如图 12-17 所示。暂时不要单击鼠标放置视图。

图 12-17　创建剖面视图

267

步骤15　放置视图　设置以下视图属性：

- 从此处输入注解：取消勾选【输入注解】复选框。
- 显示样式：勾选【使用父关系样式】复选框。
- 比例：选择【使用父关系比例】。

在局部视图的上方单击放置剖面视图，如图 12-18 所示。

图 12-18　放置视图

原视图与剖面视图之间自动添加的对齐关系可以删除，从而使其可以自由移动。

步骤16　添加模型视图　添加模型视图，选择"Machined，Long"Machined""配置生成等轴测视图。使用自定义比例 1:4，并采用【带边线上色】显示样式。视图放在图纸右上角，如图 12-19 所示。

图 12-19　添加模型视图

12.8　注解

【注解】以符号的形式显示在工程图上，用来更好地表达相关零件的加工、装配信息。SOLIDWORKS 提供多种注解类型，其中文字注释是最普通的一种注解。

12.8.1　工程图属性

工程图具有以下系统定义的属性，见表 12-2。

表 12-2　工程图属性

属性名称	含　义	属性名称	含　义
SW- 当前图纸	当前图纸的图纸编号	SW-图纸比例	当前图纸的比例
SW-图纸格式大小	当前图纸格式的图纸尺寸	SW-模板大小	工程图模板的模板尺寸
SW-图纸名称	当前图纸的名称	SW-图纸总数	当前工程图文档的图纸总数

此外，用户还可以访问在工程图视图中显示的模型的属性，这些属性可以在注释中使用。

12.8.2　注释

用户可以使用【注释】命令给工程图或模型添加文字备注。创建注释时，可以选择带有引线或不带引线。其他选项还包括是否使用符号、超文本链接以及链接到属性。

注释	<ul><li>CommandManager：【注解】/【注释】**A**。</li><li>菜单：【插入】/【注解】/【注释】。</li><li>快捷菜单：右键单击绘图区域，选择【注解】/【注释】。</li></ul>

操作步骤

步骤 1　在视图中添加注释　单击【注释】**A**，再单击模型视图。输入 "Configuration"，然后按〈Enter〉键，如图 12-20 所示。

扫码看视频

图 12-20　在视图中添加注释

> 在视图边界放置注释，将注释链接到视图中。通过把注释与视图关联，注释将随着视图移动。用户还可以在视图中链接模型属性。

步骤 2　链接到属性　单击【链接到属性】，选中【此处发现的模型】并选择【当前工程图视图】，如图 12-21 所示。从【属性名称】下拉菜单中选取 "SW-配置名称（Configuration Name）"，单击【确定】，结果如图 12-22 所示。

步骤 3　复制粘贴　视图可以在同一张图纸中进行复制和粘贴，也可以在同一个工程图文件中将视图粘贴到不同图纸，或在两个工程图之间进行复制和粘贴。若不想复制视图，还可以在不同图纸或工程图之间移动视图。

单击模型视图，再单击【编辑】/【复制】，然后单击工程图空白处，选择【编辑】/【粘贴】。使用工程图视图属性，更改模型配置为 "Machined, Short"，结果如图 12-23 所示。

图 12-21　链接到属性　　　图 12-22　选取配置　　　图 12-23　复制粘贴

12.8.3　基准特征符号

用户可以在工程视图中添加【基准特征符号】到投影为边线（或轮廓线）的面上，以便标明零件的参考基准面。

	基准特征符号	• CommandManager：【注解】/【基准特征】。 • 菜单：【插入】/【注解】/【基准特征符号】。 • 快捷菜单：右键单击绘图区域，选择【注解】/【基准特征符号】。

　　步骤 4　添加基准特征符号　单击【基准特征】，进行图 12-24 所示设置，选取剖面视图 *E—E* 中的水平直线。移动光标到左下方，放置基准特征符号 *A*。在圆弧上放置另一个基准，标为 *B*，结果如图 12-25 所示。

图 12-24　基准特征

图 12-25　添加基准特征符号

12.8.4　表面粗糙度符号

用户可以使用【表面粗糙度符号】指定零件表面的加工精度。

	表面粗糙度符号	• CommandManager：【注解】/【表面粗糙度】√。 • 菜单：【插入】/【注解】/【表面粗糙度符号】。 • 快捷菜单：右键单击绘图区域，选择【注解】/【表面粗糙度符号】。

270

步骤5　添加表面粗糙度符号　单击【表面粗糙度】✓，选择【要求切削加工】符号，如图12-26所示。单击剖面视图 *E—E* 中的水平直线，如图12-27所示，单击【确定】。适当向左拖动符号。

步骤6　标注尺寸　使用【智能尺寸】✏工具标注尺寸，如图12-28所示。在工程图中出现0.949（精确到小数点后3位）的尺寸是由于文档属性导致的，在接下来的步骤中将修改这个尺寸。

图 12-26　设置表面粗糙度符号

图 12-27　添加表面粗糙度符号

图 12-28　标注尺寸

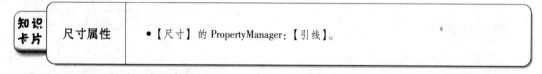

提示　插入【模型项目】可用于将模型的驱动尺寸添加到工程图中。

12.8.5　尺寸属性

用户可以通过选取尺寸来修改尺寸属性。【尺寸】的 PropertyManager 由三个选项卡组成：【数值】、【引线】和【其他】。

知识卡片	尺寸属性	● 【尺寸】的 PropertyManager：【引线】。

步骤7　修改尺寸为直径显示　按住〈Ctrl〉键，在局部视图中选择两个半径尺寸。在【尺寸】PropertyManager 中，选择【引线】选项卡，单击【直径】，如图12-29所示。修改后的以直径显示的尺寸如图12-30所示。

图 12-29　修改尺寸为直径显示

图 12-30　以直径显示的尺寸

步骤8　设置公差　单击尺寸 0.949mm，按图 12-31 所示设置【公差/精度】：

- 公差类型：限制。
- 最大变量：0.1mm。
- 最小变量：−0.2mm。
- 单位精度：0.1。

结果如图 12-32 所示。

图 12-31　设置公差

图 12-32　公差显示

12.8.6　中心线

【中心线】在工程图中创建标记直线和圆弧。

知识卡片	中心线	● CommandManager：【注解】/【中心线】。 ● 菜单：【插入】/【注解】/【中心线】。 ● 快捷菜单：右键单击绘图区域，选择【注解】/【中心线】。

步骤9　添加中心线　单击【中心线】，选择如图 12-33 所示的两个圆柱面，添加中心线。

图 12-33　添加中心线

12.8.7　形位公差

【形位公差】用来为零件、工程图添加控制特征结构的形位公差（即几何公差）。SOLIDWORKS 每个框架都使用独特的菜单进行组装，每个菜单都是基于框架的相对位置。

知识卡片	形位公差	● CommandManager：【注解】/【形位公差】。 ● 菜单：【插入】/【注解】/【形位公差】。 ● 快捷菜单：右键单击绘图区域，选择【注解】/【形位公差】。

步骤10　标注形位公差　单击【形位公差】，选择【无引线】。

步骤 11　**添加初始符号**　在工程图的空白区域单击，出现一个框架和菜单。本示例中，单击【位置度】以将其添加到框架内，如图 12-34 所示。

步骤 12　**更改数值**　将第二个框架的值更改为 0.10，并添加一个直径符号，如图 12-35 所示。单击【完成】。

步骤 13　**添加新框架**　单击任何一个已经定位的框架的加号即可添加新框架。单击右侧的加号，可以选择【基准】、【指示符】或【文字框】。此处单击【基准】，输入"B"，单击【最大材质条件】，结果如图 12-36 所示，单击【完成】和【确定】。

图 12-34　添加初始符号

图 12-35　更改数值

图 12-36　添加新框架

步骤 14　**复制符号**　用户可以复制和编辑现有的符号。选择形位公差符号，然后单击【编辑】/【复制】。在工程图上单击，然后选择【编辑】/【粘贴】，双击符号以进行编辑。

步骤 15　**编辑第一个框架**　单击左侧的框架，并单击【垂直度】，结果如图 12-37 所示。

图 12-37　编辑第一个框架

273

步骤 16　**编辑中间框架**　单击中间的框架，输入"0.20"。为了访问符号，单击【材料条件】，选择【最大材质条件】后单击【完成】，结果如图 12-38 所示。

步骤 17　**编辑右侧框架**　单击右侧的框架，输入"A"，取消选择【最大材质条件】，单击【完成】和【确定】，结果如图 12-39 所示。

图 12-38　编辑中间框架

步骤 18　**拖放标记**　拖放形位公差到尺寸上面，如图 12-40 所示，将它们组合在一起。

图 12-39　编辑右侧框架　　　　　图 12-40　拖放标记

12.8.8　复制视图

现有的视图可以在同一张图纸或多张图纸之间复制、粘贴，也可以在图纸间移动而不复制。

步骤 19　**移动视图**　在 FeatureManager 设计树上，拖动最后的视图并放置于上面的"FORGED"图纸中。视图被移动到"FORGED"图纸中，如图 12-41 所示。

步骤 20　**切换图纸**　单击底部标签，打开图纸"FORGED"。

步骤 21　**在图纸中复制视图**　复制视图并设置配置，使用【原点竖直对齐】命令对齐视图，如图 12-42 所示。

274

图 12-41　移动视图　　　　　　　　　图 12-42　复制视图

在 "MACHINED" 图纸中执行相同的操作。

步骤22 添加尺寸 使用【智能尺寸】 ，添加图 12-43 所示的尺寸。

Configuration
Forged, Long

Configuration
Forged, Short

图 12-43 添加尺寸

12.8.9 标注尺寸文字

单击一个尺寸，将显示【标注尺寸文字】组框。此处允许用户添加或替换文字和符号标注。实际文本在其中显示为 < DIM > ，单击文本的前面或后面，可添加文字或符号（用〈Enter〉键换行）。

删除 < DIM > 文本将清除尺寸的文字以进行覆写。

技巧 【标注尺寸文字】组框的下部包括常用的符号，如直径、度数和中心线等。

步骤23 标注尺寸文字 在视图中选取圆角半径尺寸。将光标置于文字 "R < DIM >" 后面，按〈Spacebar〉键，然后输入 "TYP"，如图 12-44 所示。单击【确定】，结果如图 12-45 所示。

步骤24 替换尺寸文字 单击尺寸 220mm，删除 < DIM > 文本。显示信息："覆写尺寸值文字 < DIM > 将禁用公差显示。您想继续吗？"单击【是】。输入 "220mm Long" 和 "180mm Short"，如图 12-46 所示。单击【确定】，结果如图 12-47 所示。

步骤25 共享、保存并关闭文件

图 12-44　标注尺寸文字

图 12-45　标注尺寸文字结果

图 12-46　替换尺寸文字

图 12-47　替换尺寸文字结果

练习 12-1　局部视图和剖面视图

利用零件创建多个工程视图。本练习将应用以下技术：

- 剖面视图。
- 局部视图。
- 标注尺寸文字。

操作步骤

使用"Details&Sections"零件以及"GB-A4-横向"模板创建如图 12-48 所示的工程图。

图 12-48　工程图

练习 12-2　移除的剖面

利用零件创建多视图工程图。本练习将应用以下技术：

- 移除的剖面。
- 尺寸属性。
- 中心线。
- 标注尺寸文字。

操作步骤

使用"Removed Sections"零件以及"GB-A3-横向"模板创建如图 12-49 所示的工程图。

图 12-49　工程图

练习 12-3　工程图

利用带配置的零件创建多视图工程图。本练习将应用以下技术：

- 剖面视图。
- 注解。
- 局部视图。

操作步骤

打开零件"Design for Configs"，使用"GB-A3-横向"模板创建工程图。添加模型视图和剖面视图，如图 12-50 所示。

图 12-50　添加视图

第13章 自底向上的装配体建模

学习目标
- 新建装配体
- 使用多种技术在装配体中插入零部件
- 在零部件之间添加配合关系
- 利用 FeatureManager 设计树中特定于装配体方面的功能来控制和管理装配体
- 插入子装配体
- 在装配体中使用零件配置

13.1 实例研究：万向节

本章将通过创建一个万向节的装配体，介绍关于 SOLIDWORKS 装配体建模的知识。该装配体中包括一个子装配体和若干个零件。

13.2 自底向上的装配体

自底向上的装配体是通过加入已有零件并调整其方向来创建的。零件在装配体中以零部件的形式加入，在零部件之间创建配合可以调整它们在装配体中的方向和位置。配合关系是指零部件的表面或边与基准面、其他的表面或边的约束关系。

13.2.1 处理流程

本章将按照以下步骤讲解 SOLIDWORKS 中关于装配体的知识。

1. 创建新的装配体 创建装配体的方法和创建零件的方法相同。

2. 向装配体中添加第一个零部件 用户可以采用几种方法向装配体中添加零部件，如从打开的零件窗口中或从 Windows 资源管理器中拖放零部件到装配体文件中。

3. 放置第一个零部件 在装配体中添加第一个零部件时，该零部件会自动设为固定状态，其他的零部件可以在添加后再定位。

4. 装配体的 FeatureManager 设计树及符号 在装配体文件中，装配体的 FeatureManager 设计树包含大量的符号、前缀和后缀，它们提供关于装配体和其中零部件的相关信息。

5. 零部件之间的配合关系 用配合来使零部件相对于其他部件定位，配合关系限制了零部件的自由度。

6. 子装配体 在当前的装配体中既可以新建装配体，也可以插入装配体。系统把子装配体当作一个零部件来处理。

13.2.2 装配体的组成

本章通过利用已有的零部件来创建一个万向节装配体，该装配体由若干个零件和一个子装配体组成，如图 13-1 所示。

图 13-1　万向节装配体

crank sub
Yoke_male
bracket
pin[short]
(2个)
pin[long]
Spider
Yoke_female

操作步骤

步骤1　打开已有的零件　打开已有的零件"bracket"（见图 13-2），利用该零件创建一个新的装配体。

在装配体中加入的第一个零部件应是不可移动的零件。第一个零件被固定后，其他零件将配合到它上面，这样就不会使装配体整体移动。

扫码看视频

图 13-2　bracket 零件

13.3　新建装配体文件

用户既可以直接创建新装配体文件，也可以通过已打开的零件或装配体来创建。新装配体文件包含原点、三个标准基准面和一个配合文件夹。

扫码看 3D

知识卡片	从零件/装配体制作装配体	使用【从零件/装配体制作装配体】，用户便可以通过已打开的零件来创建新装配体。已打开的零件是新装配体中第一个且被固定的零部件。
	操作方法	• 菜单栏：【新建】□/【从零件/装配体制作装配体】🛢。 • 菜单：【文件】/【从零件制作装配体】或【文件】/【从装配体制作装配体】。

用户可以单击菜单栏上的【新建】□，并选择模板来创建新装配体文件。

步骤2　选择模板　单击【从零件/装配体制作装配体】🛢，并选择【Training Templates】选项卡中的"Assembly_MM"模板，如图 13-3 所示。

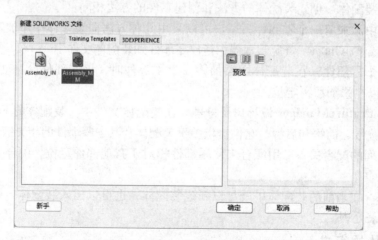

图 13-3　选择模板

提示👆

在 SOLIDWORKS 中，装配体的单位体系可以和零件的单位体系不同。用户可以将使用英寸和毫米单位的零件装配到一个使用英尺单位的装配体中，但是在装配体中编辑任何零件的尺寸时，它们将使用装配体的单位来显示尺寸值，而不使用零件本身的单位。选择【工具】下拉菜单中的【选项】命令，可以查看装配体的单位，用户可以根据需要更改所使用的单位。

步骤3　放置零部件　单击【确定】即可把零件放在原点，如图 13-4 所示。

步骤4　保存并关闭零件　使用 "Universal Joint" 名称保存装配体，装配体文件的扩展名为 ∗.sldasm。关闭 "bracket" 零件文件。

图 13-4　放置零部件

13.4　放置第一个零部件

插入装配体的第一个零部件的默认状态是【固定】，固定的零部件不能被移动并且固定于用户插入装配体时放置的位置。在放置零部件时，通过单击绿色对号或将光标置于装配体原点，可以使零部件的原点位于装配体的原点处，这也意味着零部件的参考基准面已与装配体的基准面配合在一起，零部件已被完全定位。

读者可以思考装配一台洗衣机的情况：第一个零部件应该是框架，其他的零部件装在这个框架上。通过将此零部件与装配体的基准面对齐，可以创建所谓的"产品空间"。汽车制造商称之为"汽车空间"，此空间提供了一个逻辑框架，以放置其他零部件。

13.5　FeatureManager 设计树及符号

在装配体的 FeatureManager 设计树中，文件夹和符号与零件中的稍有不同，有些术语是装配体中特有的。

13.5.1　自由度

插入装配体的零部件在配合或固定之前有六个自由度：沿 X、Y、Z 轴的移动和沿这三个轴的旋转，如图 13-5 所示。一个零部件在装配体中如何运动是由它的自由度所决定的。使用【固定】和【插入配合】命令可以限制零部件的自由度。

图 13-5　自由度

13.5.2　零部件

插入装配体的零部件将使用与零件环境中同样的顶层图标，如图 13-6 所示装配体中的零件"bracket"。用户也可以插入装配体，并在装配体文档名称之前显示装配体图标。展开零部件列表时，可以看到并访问单独的零部件和零部件的特征。

1. 零部件文件夹　每个零部件文件夹中包含此零部件的完整内容，包括所有特征、基准面和轴。

提示　如果零部件是一个装配体，则将显示包含所有零件在内的装配体。

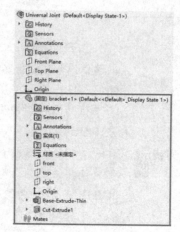

2. 零部件名称　FeatureManager 设计树中的零部件名称提供了大量信息。

图 13-6　装配体中的零件 bracket

(固定) bracket<1> (Default<<Default>_Display State 1>)

显示状态
配置
实例数
文件名称
零部件状态

● 零部件状态。在装配体 FeatureManager 设计树中有几种用于表示零部件状态的符号。这类似于草图中表达状态的符号。

固定 （固定）bracket<1>：名称前面的"固定"表明此零部件固定于当前位置，而不是依靠配合关系。

欠定义 （ - ）Yoke_male<1>：零部件的位置是"欠定义"时，表明装配体仍然存在运动自由度。

完全定义 Yoke_female<1>：没有状态指示标志的零部件，表明该零部件通过配合关系在装配体中的位置是"完全定义"的。

过定义 （ + ）pin<1>：如果零部件的定位信息互相冲突，则会导致"过定义"的结果。若有问号则表明此零部件没有解，所给信息不能使零部件定位。

● 文件名称。列出的是零部件、零件或装配体的名称。图标可以区分这是零件还是装配体。关于装配体的更多信息，请参阅 13.14 小节。

● 实例数。实例数是在装配体内部含有某零部件的多个实例时，用于区分不同的零部件实例时所用的编号。不会因为删除了某个零部件而对实例数重新进行编号。最大的实例号数字并不能反映全部零部件实例的数量。

● 配置。本例中的配置为 Default，它是此装配体使用的零部件的配置。

● 显示状态。本例中的显示状态为 < Default > _Display State 1，它是此装配体使用的零部件的显示状态。

13.5.3　外部参考的搜索顺序

当任何父文档打开时，所有被父文档引用的文档也被载入内存。对于装配体来说，所有零部件根据其在装配体保存时各自的压缩状态分别载入内存。

　　SOLIDWORKS 按照用户指定的路径搜索参考文档，路径可以是用户上次打开的文档路径，也可以是其他路径。如果仍然无法找到参考文档，则 SOLIDWORKS 会让用户选择，或是浏览找到此文档，或是不加载该文档直接打开装配体。请参阅在线帮助的相关部分获取 SOLIDWORKS 搜索路径的完全列表。

　提示　　　当用户保存父文档时，在父文档中所有更新过的参考路径也都会被保存。

13.5.4　文件名

　　文件名应该唯一，以避免错误的引用关系。如果有两个不同文件的名称都是"支架.sldprt"，那么当父文档寻找此零件时，将会根据搜索顺序使用首先找到的那个文件。

　　1）若打开并保存过两个不同的都叫"支架.sldprt"的零件，当打开一个有引用"支架.sldprt"零件的装配体时，系统默认使用在第一个搜索位置的零件。

　　2）在 SOLIDWORKS 软件中打开名为"框架.sldprt"的零件，再打开一个有引用不同的"框架.sldprt"零件的装配体时，系统会提示以下信息：正在打开的文档参考是与已打开的文档具有相同名称的文件。可以选择【无此文档而打开】装配体，系统会压缩"框架.sldprt"零件的所有实例，或者选择【接受此文件】替换相同零件来打开装配体。

　　3）当【工具】/【选项】/【系统选项】/【FeatureManager】/【允许通过 FeatureManager 设计树重命名零部件文件】复选框处于勾选状态时，可以直接在 FeatureManager 设计树中为零部件重命名。

13.5.5　退回控制棒

　　在装配体中可以使用退回控制棒，使装配体退回到以前的某一状态：

- 装配体基准面、基准轴、草图。
- 关联的零件特征。
- 装配体特征。
- 装配体阵列。

在退回控制棒之下的任何特征都被压缩，单独的零部件不能被退回。

13.5.6　重新排序

　　装配体的特征可以与零件特征相同的方式进行重新排序（使用拖放的方式）。重新排序改变装配体中以下各项的顺序：

- 零部件。
- 装配体基准面、基准轴、草图。
- 装配体阵列。
- 关联的零件特征。
- 在配合文件夹内的配合关系。
- 装配体特征。

13.5.7　配合与配合文件夹

　　装配体中的配合关系被分成组放入名为 Mates 的配合文件夹中。配合按照列表中的顺序求解，如图 13-7 所示。

図 13-7　配合与配合文件夹

13.6　向装配体中添加零部件

　　第一个零部件插入装配体并完全定义后，就可以添加其他的零部件并与第一个零部件创建配合关系。在本例中，将向装配体中插入"Yoke_male"零件，并创建配合关系。此零件在装配体中的配合状态应该是欠定义的，以便使其自由旋转。

向装配体中添加零部件的方法如下：

- 使用【插入零部件】对话框。
- 从 Windows 资源管理器中拖动零部件。
- 从打开的文件中拖动零部件。
- 从任务窗格中拖动零部件。

本章将分别介绍这些方法。下面首先使用【插入零部件】对话框，即使用【从零件制作装配体】命令时所出现的对话框。

 提示   与添加第一个零部件不同，其余零部件都以位置欠定义的方式添加进来。

13.6.1   插入零部件

使用【插入零部件】对话框来查找和预览零部件，并在当前装配体中添加零件。单击【保持可见】按钮可以添加多个零部件或添加某一零部件的多个实例。

知识卡片	插入零部件	• CommandManager:【装配体】/【插入零部件】。
		• 菜单:【插入】/【零部件】/【现有零件/装配体】。
		• Windows 资源管理器: 将零部件拖至绘图区域。

步骤5   插入"Yoke_male"零件   单击【插入零部件】，并使用【浏览】选择零件"Yoke_male"。在屏幕上定位该零件后，单击放置它，如图 13-8 所示。新的零部件在 FeatureManager 设计树中显示为"（-）Yoke_male <1>"，表明该零部件是"Yoke_male"的第一个实例，处于欠定义状态，其具有六个自由度。

图 13-8   插入"Yoke_male"零件

技巧   在 FeatureManager 设计树中单击零件会使该零件高亮显示（亮绿色），在绘图区域移动光标到零件上，会显示该零件的特征名称。

13.6.2   移动和旋转零部件

用户可以使用【移动零部件】或【旋转零部件】命令在装配体中移动或旋转零部件，当然也可以使用三重轴的方式。另外，还可以使用动态装配体运动，在设定好的零部件模拟机构运动中进行移动。

知识卡片	移动	【移动零部件】用于在空间内移动零部件。
	操作方法	• 使用鼠标左键拖动零部件。
		• CommandManager:【装配体】/【移动零部件】。
		• 菜单:【工具】/【零部件】/【移动】。

旋转	【旋转零部件】用于在空间内旋转零部件。
操作方法	• 使用鼠标右键拖动零部件。 • CommandManager：【装配体】/【移动零部件】/【旋转零部件】。 • 菜单：【工具】/【零部件】/【旋转】。

> **提示**　【移动零部件】和【旋转零部件】命令是一个统一的命令，通过在 PropertyManager 中选择【旋转】或【移动】选项，可以在这两个命令之间相互切换，如图 13-9 所示。

三重轴	使用三重轴可沿轴动态地移动或旋转零部件。
操作方法	• 快捷菜单：右键单击零部件，选择【以三重轴移动】命令，如图 13-10 所示。

图 13-9　移动与旋转零部件　　　　图 13-10　以三重轴移动

【移动零部件】命令提供了几个选项，用于定义移动零部件的方式。【沿实体】选项提供了选择框。【沿装配体 XYZ】、【由 Delta XYZ】和【到 XYZ 位置】选项要求提供坐标值。

【旋转零部件】命令也提供了几个选项，以定义零部件是如何旋转的。

步骤6　移动零部件　单击需要移动的零部件，拖动它到要配合的恰当位置附近，如图 13-11 所示。将在本章后续部分讨论移动和旋转零部件的其他选项。

图 13-11　移动零部件

285

13.7　配合零部件

显然，通过拖动零部件不足以精确地组装装配体，应该使用表面和边来使零部件互相配合。由于装配在零件"bracket"中的其他零件是可以移动的，因此需要保持正确的自由度。

| 知识卡片 | 插入配合 | 用户可以利用【配合】在零部件之间或零部件和装配体之间创建关联。在 SOLID-WORKS 中，可以利用多种对象来创建零件间的配合关系，如：
• 面。   • 顶点。
• 基准面。   • 草图线及点。
• 边。   • 基准轴和原点。
大部分配合是在一对实体间创建的，最常用的两个配合是【重合】和【同轴心】。 |
| | 操作方法 | • CommandManager：【装配体】/【配合】◎。
• 菜单：【插入】/【配合】。
• 快捷菜单：右键单击零部件，选择【配合】◎。 |

提示 👆   配合图标是由配合类型决定的，例如【重合】ᐱ。

13.7.1 配合类型和对齐选项

在零部件中选择对象创建零件间的配合关系时，最常见的是选择两个面创建配合关系。对于相同的选择对象和相同的配合类型，又存在【同向对齐】和【反向对齐】两种不同的选项，所有这些条件决定最终的结果。选择两个平面进行配合时，【同向对齐】和【反向对齐】得到的不同结果见表 13-1。

表 13-1 平面配合的【同向对齐】和【反向对齐】

	同向对齐	反向对齐
重合ᐱ（平面位于一张无界限的基准面内）		
平行⧵⧵		
垂直⊥（对齐选项不适用于垂直）		
距离⊢⊣		
角度∠		

提示　表格中列出的配合属于【标准】配合集，除此之外还有【高级】和【机械】配合集，这些将在其他高级教程中讲解。

用于圆柱面的配合类型比较少，但它们都很重要。选择圆柱面配合时，【同向对齐】和【反向对齐】得到的不同结果见表 13-2。

表 13-2　圆柱面配合的【同向对齐】和【反向对齐】

所选平面	同 向 对 齐	反 向 对 齐
同轴心 ◎		
相切 ⌒		

通过【距离】⊢⊣ 配合圆柱面时有一些不同的选项，见表 13-3。

表 13-3　通过【距离】配合圆柱面的不同选项

选项	图　例	选项	图　例
中心到中心	45	最小距离	45
最大距离	45	自定义距离	45
锁定 🔒：选取模型的任意位置	零部件锁定后保持相对的位置和方向，没有配合对齐选项		

技巧　当配合创建好后，可以在配合图标上单击右键，从快捷菜单中选择【反转配合对齐】来反转配合的对齐方向。

• 配合对象　用户可以采用多种拓扑对象和几何对象来创建配合关系。不同的选择可以创建多种配合关系，见表 13-4。

表 13-4　多种配合关系

拓扑/几何体	选　择	配　合
平面或曲面		
直线或直线边		
基准面		
基准轴或临时轴		
点、顶点、原点或坐标系		
圆弧或圆形边		

> 技巧　当基准面在屏幕上处于显示状态时，用户可以直接从绘图区域中选择它们。但是在装配体文件的 FeatureManager 设计树中，按照名称来选择参考基准面则更加方便。单击"＋"可显示设计树，并展开单独的零部件及其特征。

13.7.2　同轴心和重合配合

在本例中，零件"Yoke_male"需要添加配合关系，使其轴插入零件"bracket"的孔中，并且其平面要与零件"bracket"的内壁接触。这里将使用【同轴心】和【重合】两种配合关系。

> **技巧○** 　选择过滤器可以通过几何类型缩小选择范围，例如面或边线。按〈F5〉键，选择一种或多种过滤类型。

步骤 7　打开【配合】的 Property-Manager　单击【配合】，打开【配合】的 PropertyManager，如图 13-12 所示。当 PropertyManager 是打开时，用户不用按住〈Ctrl〉键即可选择多个表面。默认的是打开【标准】选项卡。

图 13-12　【配合】的 PropertyManager

1. 配合选项　对所有的配合关系而言，如图 13-13 所示的几个选项都是可用的。

1）添加到新文件夹。创建一个新的文件夹，用来包含【配合】工具处于激活状态时创建的所有配合关系。该文件夹存在于配合关系文件夹中，并且可以被重新命名。

2）显示弹出对话。用户可在配合弹出对话框的开和关状态之间转换。

3）显示预览。当配合所需的第二个对象被选择后，零件立即移动至新添加配合所约束的位置。在单击对话框的【确定】之前，该操作尚未完成。

4）只用于定位。该选项只是用来定位几何体，而并不约束它，所以不会添加新的配合关系。

5）使第一个选择透明。该选项使得第一个选择的零件在添加配合时变得透明。

2. 配合弹出工具栏　配合弹出工具栏（见图 13-14）通过在屏幕上显示可用的配合类型，使用户可以方便地选择配合关系。可用的配合类型随着选择不同的几何体而改变，并且与出现在 PropertyManager 中的配合类型保持一致。

配合弹出工具栏出现在绘图区域内，但其可以被拖动到任何地方。

在选择之后，将出现一个单独的对话框（在本示例中为同轴心配合）以【锁定旋转】或【反转配合对齐】，如图 13-15 所示。

289

选项(O)
- ☐ 添加到新文件夹(L)
- ☑ 显示弹出对话(H)
- ☑ 显示预览(V)
- ☐ 只用于定位(U)
- ☑ 使第一个选择透明

图 13-13　配合选项

╲⊥⌒◎🔒↔⌓

图 13-14　配合弹出工具栏

图 13-15　【锁定旋转】或【反转配合对齐】

屏幕上的弹出工具栏和 PropertyManager 对话框可同时使用，本章将利用前者。所有的配合类型均列在 13.7.1 小节中。

步骤 8　选择和预览　选择如图 13-16 所示的零件"Yoke _ male"和零件"bracket"的圆柱面。当选择第二个圆柱面时，将显示配合弹出工具栏。在默认状态下，【同轴心】配合被选中，并且能够预览配合关系。

> **提示**　当光标悬停在圆柱面或圆锥面上时，会出现临时轴，如图 13-17 所示。用户可以选择这些轴以生成重合配合，这类似于同轴心配合。

步骤 9　添加配合关系　在【配合选择】列表中列出了选择的表面，该列表中应该只含有两个项目。接受【同轴心】配合，单击【确定】。

步骤 10　选择平面　稍微旋转视图，选择零件"bracket"的下表面，如图 13-18 所示。

步骤 11　选择其他　回到等轴测视图，并选择零件"Yoke_male"的上表面，如图 13-19a 所示。在"bracket"的下表面和"Yoke_male"的上表面之间添加【重合】配合，如图 13-19b 所示。

图 13-16　选择和预览　　　　　图 13-17　临时轴　　　　图 13-18　选择平面

步骤 12　查看列出的配合关系　配合关系（同心和重合）在【配合】列表框中列出，如图 13-20 所示。当单击 PropertyManager 对话框中的【确定】时，配合关系会被自动加入配合文件夹中。

配合(F)
- ◎ 同心1 (bracket<1>,Yoke_male<1>)
- ⅄ 重合1 (bracket<1>,Yoke_male<1>)

a)　　　　　　　b)

图 13-19　选择其他　　　　　　　　　　图 13-20　列出的配合关系

步骤13 查看约束状态 零件"Yoke_male"在 FeatureManager 设计树中显示为未完全约束,如图 13-21 所示,该零件仍然可以围绕其圆柱形表面的轴旋转。通过拖拽零件"Yoke_male",便可检验它的运动状态。

步骤14 导览列 选择零件"Yoke_male"的一个面,在绘图区域的左上方会出现对应的导览列,如图 13-22 所示。导览列从左到右显示了从面、特征、实体、零件到最终装配体的层次关系。在导览列的下面是对应特征的相关草图。在导览列的上方是该零件相关的配合。

图 13-21 约束状态 图 13-22 导览列

提示 右键单击导览列中的任意一个图标便可以对相关特征进行编辑。在绘图区域的空白处单击可以取消对面的选择。

步骤15 打开 Windows 资源管理器 由于 SOLIDWORKS 是基于 Windows 开发的应用程序,它支持标准的 Windows 技术,如"拖放"。零部件文件可以从资源管理器窗口拖动并添加到装配体中。拖放"spider"零件到绘图区域,如图 13-23 所示。

步骤16 同轴心配合 在零件"spider"和"Yoke_male"的圆柱面之间添加【同轴心】配合,结果如图 13-24 所示。

图 13-23 从 Windows 资源管理器中添加零件 图 13-24 同轴心配合

13.7.3 宽度配合

【宽度】配合是【配合】对话框中【高级】选项卡中的选项。选项中包含两个【宽度选择】("外侧"面)和两个【薄片选择】("内侧"面)。薄片面以宽度面为中心来定位零部件。零件"spider"将以零件"Yoke_male"和"Yoke_female"为中心进行定位。

一些宽度选择和薄片选择的例子见表 13-5。

表 13-5 宽度选择和薄片选择

宽度选择	薄片选择	结　果
宽度参考	标签参考	（前视图）
宽度参考	标签参考（单选）	（前视图）
宽度参考	标签参考	（前视图）

> 提示　　宽度配合包含【自由】、【尺寸】和【百分比】选项，这些选项可以应用到相同的选择项目上。

步骤 17　创建宽度配合　单击【配合】✐，并选择【高级】选项卡。选择【宽度】配合，并将约束设置为【中心】。

> 提示　　高级配合通常需要附加输入，在本例中需要输入两对选择项目。

知识卡片	使用〈Alt〉键隐藏面	添加或编辑配合时，有几种方法可以选择隐藏的面，其中之一是使用〈Alt〉键。通过〈Alt〉键可以隐藏一个或多个面，以便选择那些原本不易选择的面。〈Alt〉键的效果是临时的。
	操作方法	● 快捷键：将鼠标移动到想要隐藏的面上，然后按〈Alt〉键来隐藏一个或者多个面。

步骤 18　隐藏并选择　在【宽度选择】中单击，选择零件"Yoke_male"中可视的第一个内表面，如图 13-25a 所示。然后将鼠标移动到图 13-25b 箭头所示的面上，并通过〈Alt〉键将其临时隐藏，然后选择第二个内表面。

步骤 19　薄片选择　在【薄片选择】中单击，选择图 13-26a 所示的零件"spider"的两个外表面。单击【确定】。【宽度】配合使得零件"spider"处于零件"Yoke_male"的凹槽正中间，在凹槽两边留出等长的空隙，如图 13-26b 所示。

a) 第一个内表面

b) 第二个内表面

图 13-25　隐藏并选择内表面

步骤20　查看零部件的配合关系　在 FeatureManager 设计树中，展开零件"spider"。名为"Universal Joint 中的配合"文件夹被添加到了已配合的每个零部件中，如图 13-27 所示。该文件夹包含了利用此零部件的参考几何体创建的各种配合关系。该文件夹是"配合"（Mates）文件夹的子集，而"配合"文件夹包含了已配合的各种配合关系。

a) 选择零件外表面　　　　b) 等长的空隙

图 13-26　薄片选择　　　　图 13-27　零部件的配合关系

　提示　　⊥图标表示配合处于接地的路径中，或者说明该配合是使零部件保持在原位的配合之一。

13.7.4　旋转在装配体中插入的零部件

使用 13.6.1 小节中的方法插入零部件，用户可以在定位前使用旋转工具栏在装配体中旋转插入的零部件。角度是可以设定的，并可以根据需要的方向多次单击方向按钮。旋转工具栏如图 13-28 所示，具体示例见表 13-6。

图 13-28　旋转工具栏

表 13-6　旋转工具栏示例

原图	围绕 *X* 轴旋转	围绕 *Y* 轴旋转	围绕 *Z* 轴旋转

知识
卡片 | 旋转在装配体中插入的零部件 | ● 快捷菜单：单击【插入零部件】并单击旋转方向按钮。

提示 【插入零部件】PropertyManager 中的【显示旋转菜单关联工具栏】复选框必须被勾选。

步骤 21 插入并旋转零部件 单击【插入零部件】并选择"Yoke_female"零件，先不单击绘图区域放置零部件。单击【围绕 Z 轴旋转零部件】 ⚡ 两次再单击绘图区域以放置零部件，如图 13-29 所示。

步骤 22 添加同轴心配合 选择如图 13-30 所示的圆柱面，在它们之间添加【同轴心】配合。

图 13-29 插入并旋转零部件

图 13-30 添加同轴心配合

1. 使用零部件预览窗口 【零部件预览窗口】是一种能使配合选择更加容易的工具。当零件被选择使用时，系统会为装配体和零部件创建分离的视口。每个视口都支持单独的缩放、滚动。

知识
卡片 | 零部件预览窗口 | ● 菜单栏：选择零部件后单击【工具】/【零部件】/【预览窗口】。
| | ● 快捷菜单：右键单击零部件，选择【零部件预览窗口】。

步骤 23 预览窗口 右键单击零件"spider"，然后选择【零部件预览窗口】 🔲，如图 13-31 所示，分离的视口同时包含了装配体和零件"spider"，单击【配合】 📎。

图 13-31 零部件预览窗口

步骤24　宽度选择　单击【宽度】，选择两个零件之间宽度匹配的面。使用视图操纵、〈Alt〉键或者【选择其他】来选中此面。零件"spider"被放置在"Yoke_female"零部件的正中间，如图13-32所示。单击【确定】。

图13-32　宽度选择

提示　预览窗口中的零部件视图方向与装配体的方向相同。

步骤25　退出预览窗口　单击【退出预览】。

2. 潜在的过定义条件　选择如图13-33所示零件"Yoke_female"和零件"bracket"的面。因为这两个零件之间存在间隙，所以【重合】配合是没有解的。间距阻止了【重合】配合。

13.7.5　平行配合

平行配合使得被选择的平面或基准面之间相互平行，而不强求它们之间必须相互接触。

图13-33　潜在的过定义条件

步骤26　创建平行配合　选择【平行】配合关系以维持面之间的间距，如图13-34所示。按〈G〉键，用放大镜观察缝隙，如图13-35所示。

图13-34　创建平行配合

图13-35　放大缝隙

13.7.6 动态模拟装配体的运动

拖动任意一个欠定义的零部件，以显示其在剩余自由度所允许的范围内进行的运动。

 提示　　固定的或完全定义的零部件不能被拖动。

> **步骤27 拖动零部件**　拖动零部件"Yoke_male"并转动，与之相配合的零部件"spider"和"Yoke_female"将随着它一起运动，如图13-36所示。

图13-36 拖动零部件

13.7.7 在装配体中显示零件配置

向装配体中添加零件时，用户可以选择该零件的某一个配置被显示。在插入零件后，甚至在创建配合关系后，用户也可以切换零件的配置。

13.7.8 零件 pin

名为"pin"的零件包含两个配置：SHORT 和 LONG，如图 13-37 所示。这两个配置均可用于装配体中。在本例中，将在装配体中使用两个 SHORT 配置和一个 LONG 配置。

图13-37 pin 零件的两个配置

13.8 在装配体中使用零件配置

在装配体中可以多次使用同一个零件。装配体中零件的每个实例可以使用相同的配置，也可以使用不同的配置。在下面的步骤中，将在装配体中使用一个零件不同配置的多个实例。

用户可以使用多种方法产生零件的配置：

- 每个配置使用不同的尺寸值。
- 使用修改配置。
- 使用系列零件设计表。

通过从打开的文件窗口中拖动零件到装配体文件的方法，把零件"pin"插入装配体中。

 提示　　若零件"bracket"的窗口仍是打开的，应在进行下一步之前将其关闭。

> **步骤28 拖放"pin"零件到装配体中**　打开零件"pin"的文件窗口，平铺该窗口和装配体窗口。拖动 FeatureManager 设计树中顶部的零件"pin"（🔲 pin (LONG)) 到装配体文件窗口中，如图13-38所示。零件"pin"的一个实例就添加到了装配体中。
>
> ⚠ **注意**　　零件"pin"是一个包含多个配置的零件，这样的零件会将其采用的配置作为该零件文件名的一部分。在本例中，零件"pin"的实例〈1〉使用的是 LONG 配置，如图13-39 所示。零件的不同实例可以使用不同的配置。
>
> **提示**　　显示状态多用于装配体环境，但也可用于多实体零件环境。详细信息请参阅《SOLIDWORKS®高级装配教程(2022 版)》。

图 13-38　拖放 pin 零件到装配体

步骤29　添加同轴心配合　选择如图 13-40 所示圆柱面，在零件"Yoke_female"和"pin"之间添加【同轴心】配合关系。要防止零件"pin"旋转，请单击【锁定旋转】选项。拖动零件"pin"，如图 13-41 所示。

图 13-39　使用 LONG 配置的 pin 零件

步骤30　添加相切配合　在零件"pin"的末端平面和零件"Yoke_female"的圆柱面之间添加【相切】配合关系，如图 13-42 所示。

图 13-40　同轴心配合

图 13-41　拖动 pin 零件

图 13-42　相切配合

297

13.8.1　第二个零件 pin

装配体中还需要零件 pin 的第二个实例，这是一个较短的版本：SHORT 配置。下面将打开零件"pin"，并平铺装配体和零件窗口，显示零件的 ConfigurationManager。

13.8.2　打开零部件

在装配体工作状态下，当用户需要访问零部件时，可以直接通过装配体打开零部件，而不需要使用【文件】/【打开】命令。这里所说的零部件可以是零件，也可以是子装配体。

步骤31　**层叠窗口**　从菜单中选择【窗口】/【层叠】，使零件和装配体窗口都可见。切换到零件"pin"的 ConfigurationManager。

步骤32　**拖放配置**　从零件窗口的 ConfigurationManager 中拖动 SHORT 配置，放置到装配体的视图窗口，如图 13-43 所示。用户可以从 ConfigurationManager 中拖放任何配置，不必是激活的配置。

图 13-43　拖动 SHORT 配置到装配体

选择配置的其他方法：

● 使用【插入零部件】命令浏览零件及其相关的配置。

● 在使用资源管理器的情况下，当用户拖放含有配置的零件时，会显示【选择配置】列表框，从中可以选择需要的配置，如图 13-44 所示。

● 添加零部件之后，单击该零部件并从上下文工具栏或【零部件属性】中选择配置名称，如图 13-45 所示。

图 13-44　【选择配置】列表框

图 13-45　上下文工具栏

步骤33　**查看第二个实例**　现在装配体中添加了零件"pin"的第二个实例，此次使用的是 SHORT 配置。该实例加入后，便会在 FeatureManager 设计树中显示相应的配置类型名，如图 13-46 所示。

步骤34　**配合零部件**　添加【同轴心】和【相切】配合关系来约束零件"pin"的第二个实例，如图 13-47 所示。

图 13-46 查看第二个实例   图 13-47 配合零部件

● 最近文件 在 SOLIDWORKS 中包含一个最近打开文件的记录表，可用于快速访问所需的文件。用户可以使用快捷键〈R〉激活最近文件浏览器，如图 13-48 所示。

★图标可用于在最近文件列表中锁定该文件。【在文件夹中显示】的链接用来在文件保存的位置打开文件夹。

图 13-48 最近文件浏览器

知识卡片	浏览最近文件	● 快捷键：〈R〉键。

技巧   单击图像右下角的 ┛ 可以打开一个对话框，该对话框含有打开文件时的多个选项，包括选择模式、配置和显示状态。

步骤 35 切换文件 切换到 pin. sldprt 文件并关闭，使装配体窗口最大化。

13.9 复制零部件实例

在装配体中，很多零件和子装配体都会用到多次。要创建零部件的多个实例，可以把已有的零部件复制并粘贴到装配体中。

步骤36　拖动零件进行复制　按住〈Ctrl〉键，从装配体 FeatureManager 设计树中拖动 SHORT 配置的"pin"零部件，结果在装配体中得到了 SHORT 配置的另一个实例，如图 13-49 所示。

- (固定) bracket<1> (Default<<Default>_Display State 1>)
- (-) Yoke_male<1> (Default<<Default>_Display State 1>)
- (-) spider<1> (Default<<Default>_Display State 1>)
- (-) Yoke_female<2> (Default<<Default>_Display State 1>)
- (-) pin<1> (LONG<<LONG>_Display State 1>)
- (-) pin<2> (SHORT<<SHORT>_Display State 1>)
- (-) pin<3> (SHORT<<SHORT>_Display State 1>)
- Mates

图 13-49　复制零部件

技巧🔓　　　用户也可以在绘图区域中选择零件，按住〈Ctrl〉键和鼠标左键拖动，产生一个复制的零部件。

13.10　零部件的隐藏和透明度

隐藏零部件就是临时删除零部件在装配体中的显示图形，但零部件在装配体中还保持活动状态，如图 13-50 所示。隐藏的零部件仍然驻留在内存中，并保持与其他零部件的配合关系。在诸如质量属性计算这样的操作中仍会考虑隐藏零部件的存在。

改变零部件的透明度可以方便用户选择位于该零部件之后的实体，如图 13-51 所示。

图 13-50　零部件的隐藏　　　　　　　　图 13-51　零部件的透明度

知识卡片	隐藏零部件/显示零部件	使用【隐藏】命令可以关闭零部件的显示，以更清楚地观察装配体中其他的零部件。零部件被隐藏后，它在 FeatureManager 设计树中的图标变为白色，如 🖐 (f) bracket<1>。【显示】命令用来恢复被隐藏零部件的显示。
	操作方法	• 快捷菜单：右键单击零部件，选择【隐藏零部件】◤ 或【显示零部件】👁。 • 显示窗格：在零部件对应的行中单击【隐藏/显示】◤。 • 快捷键：光标放到零部件上，按〈Tab〉键隐藏零部件，按〈Shift + Tab〉键显示零部件。
知识卡片	更改零部件的透明度	使用【更改透明度】命令可使零部件的透明度为75%，也可使零部件的透明度恢复为0，除非用户按住〈Shift〉键，否则会穿过透明的零部件而选取被它遮挡的零部件。在 FeatureManager 设计树中，透明零部件的图标没有变化。
	操作方法	• 快捷菜单：右键单击零部件，选择【更改透明度】👁。 • 显示窗格：在零部件对应的行中单击【透明度】👁。

步骤37　隐藏零件"bracket"　同时按下〈Shift〉键和左箭头键，改变视图的方向。选择零件"bracket"，单击【隐藏零部件】◤以隐藏零部件，如图 13-52 所示。

步骤38　完成配合　使用【配合】命令添加【同轴心】和【相切】配合关系，完成该零件的配合，结果如图 13-53 所示。

步骤39 显示零件"bracket" 再次选择零件"bracket",并单击【显示零部件】
命令以恢复图形的显示,如图 13-54 所示。

图 13-52 隐藏零件 bracket

图 13-53 完成配合

图 13-54 显示零件 bracket

步骤40 回到上一个视图状态 单击视图工具栏中的【上一个视图】,可以回到
前一个视图状态。无论视图状态是否保存,每次单击该按钮,系统就退回到列表中的前一
个视图状态。单击一次该按钮,回到原先的"等轴测视图"状态。

步骤41 可视化参考 在装配体中,【动态参考可视化】可以用来识别配合依赖的零
件和零件参与的配合,如图 13-55 所示。

图 13-55 可视化参考

13.11 零部件属性

【零部件属性】对话框单独控制零部件的各种状态,如图 13-56 所示。

1. 模型文件路径 显示装配体中零部件的路径,用户可以通过选择【文件】/【替换】命令
替换成其他的文件。

2. 显示状态特定的属性 可以隐藏或显示零部件,也可以选择零部件的显示状态。

3. 压缩状态 压缩、还原或设置零部件为轻化状态。

图 13-56　零部件属性

4. 求解为　确定子装配体是刚性状态还是柔性状态。这将允许在父装配体中移动子装配体的各个零部件。

5. 所参考的配置　确定零部件所使用的配置。

知识卡片	零部件属性	• 快捷菜单：右键单击零部件，选择【零部件属性】▤。

> **步骤42　零部件属性**　右键单击零件"pin <3>"，选择【零部件属性】▤。在【所参考的配置】中选择 SHORT 配置。利用该对话框还可以改变零件在装配体中使用的配置、压缩状态或隐藏实例。单击【取消】。

13.12　子装配体

用户可以通过拖放将已有的装配体文件插入到当前装配体中。当装配体文件被添加到另一个已存在的装配体时，可以将其称为当前装配体的子装配体。然而对 SOLIDWORKS 软件来说，它仍然是一个装配体文件（* . sldasm）。

子装配体及其所有的零部件都将加入到 FeatureManager 设计树中，该子装配体可通过它的零部件或参考基准面来与当前装配体进行配合。不管其中有多少个零部件，系统都把子装配体当作一个零部件来处理。

操作步骤

　　步骤1　新建装配体　使用"Assembly_ MM"模板创建新的装配体。在【开始装配体】的 PropertyManager 中，单击【保持可见】➤，并向装配体中添加零件"crank-shaft"。将该零件放置在装配体的原点并设为【固定】状态，如图 13-57 所示。

扫码看视频

　　步骤2　添加零部件　使用同一个对话框，向装配体中添加零件"crank-knob"和"crank-arm"，如图 13-58 所示。关闭对话框。

图 13-57 装配体 crank-shaft   图 13-58 添加零部件

13.13 智能配合

在零部件之间可以通过直接拖放来添加配合关系，这种方法称为【智能配合】。其方法是将〈Alt〉键与标准的拖放技巧结合使用。

与使用【配合】工具来设置配合的类型及其他属性一样，【智能配合】也使用相同的【配合】弹出工具栏。所有的配合都可用【智能配合】来创建。

不使用【配合】弹出工具栏也可以创建多种配合关系，但需要使用〈Tab〉键来切换配合对齐方式。

步骤 3 使用智能配合添加同轴心配合关系 按照以下步骤，使用【智能配合】技巧来添加【同轴心】配合关系：

1）按住〈Alt〉键。

2）单击并选中零件"crank-arm"的圆柱面。

3）在零件"crank-shaft"的圆柱面上移动零件"crank-arm"。

4）当显示符号提示时，放置零件"crank-arm"。该提示表明配合关系是【同轴心】，如图 13-59 所示。

5）选中【配合】弹出工具栏中的【同轴心】配合类型。

图 13-59 智能配合的同轴心

在零件"crank-arm"和"crank-shaft"之间，便加入了【同轴心】配合关系。

> 技巧 可以在选择配合的面之前或之后按〈Alt〉键。

步骤 4 使用智能配合添加平行配合关系 旋转零件"crank-arm"，以便使用拖放的方法选择配合平面。选中配合平面，按下〈Alt〉键并拖动零件"crank-arm"到零件"crank-shaft"的平面上。当显示符号提示时，放置零件"crank-arm"。该提示表明平面间的配合关系是【重合】关系，如图 13-60 所示。

使用【配合】弹出工具栏，将配合关系切换为【平行】配合类型。

步骤 5 使用智能配合添加重合配合关系 选择零件"crank-arm"的边，按下〈Alt〉键并拖动零件"crank-arm"到零件"crank-shaft"的平面上。当显示符号提示时，放置零件"crank-arm"。该提示表明边和平面间的配合关系是【重合】关系。使用【配合】弹出工具栏来确认【重合】配合关系，如图 13-61 所示。

步骤 6 使用智能配合的"栓和孔"添加配合关系 使用【以三重轴移动】命令旋转"crank-knob"零件。"栓和孔"是【智能配合】的一种特殊情况。"栓和孔"在一次拖放中创建两个配合关系。若零件"crank-knob"已经旋转，即可方便地实现这种操作。

选择零件"crank-knob"的圆形边，按下〈Alt〉键并拖动零件"crank-knob"到零件"crank-arm"顶部的圆形边上。当显示 符号提示时释放〈Alt〉键。该提示表明在这两个零件间添加了【重合】和【同轴心】两个配合关系。

若有需要，按下〈Tab〉键反转零件"crank-knob"，对齐并放置此零部件，如图 13-62 所示。

图 13-60　智能配合的重合（一）　图 13-61　智能配合的重合（二）　图 13-62　智能配合的"栓和孔"

步骤 7　保存　保存该装配体，重新命名为"crank sub"，并保持打开状态。

知识卡片	隐藏所有类型	所有在 SOLIDWORKS 中使用的符号，包括基准轴、坐标系、原点、基准面、草图、草图几何关系，都可以通过【隐藏所有类型】隐藏或者显示。当前的符号只有蓝色的坐标系原点。
	操作方法	• 前导视图工具栏：【隐藏所有类型】 。 • 菜单：【视图】/【隐藏/显示】/【隐藏所有类型】。

步骤 8　隐藏所有类型　单击【隐藏所有类型】 ，将所有类型的可见性设为关闭，如图 13-63 所示。

图 13-63　隐藏所有类型

13.14　插入子装配体

插入子装配体是将已有的装配体加入处于激活状态的装配体中。所有的零部件和配合关系都被视为单个零件。

步骤9　选择子装配体　使用【插入零部件】命令来选择子装配体。【插入零部件】对话框的【打开文件】列表框中列出了所有打开的零件和装配体，子装配体"crank sub"列在其中并被选中。

步骤10　放置子装配体　在零件"Yoke_male"顶部放置子装配体。展开子装配体图标，其中显示了所有的零部件和其自身的配合组，如图 13-64 所示。

图 13-64　子装配体

13.14.1　配合子装配体

与配合零部件时所遵循的配合规则一样，配合子装配体时也要遵循同样的配合规则。子装配体被视为零部件。在配合子装配体时，既可以使用【配合】工具，也可以使用〈Alt + 拖动〉的方法，或者两者结合起来使用。

步骤11　添加同轴心配合　使用〈Alt + 拖动〉的方法，在零件"Yoke_male"的顶部圆柱面和零件"crank-shaft"的圆柱面之间，添加【同轴心】配合关系，如图 13-65 所示。

步骤12　添加平行配合　使用【配合】工具中的【平行】来创建零件"Yoke_male"中的侧平面与零件"crank-shaft"D 形孔侧平面的配合关系，如图 13-66 所示。

步骤13　选择对齐方式　本例中，利用配合的反向对齐条件来定位。单击【反转配合对齐】按钮来检验【反向对齐】和【同向对齐】，如图 13-67 所示，此处使用【反向对齐】。

图 13-65　同轴心配合　　　图 13-66　平行配合　　　图 13-67　反向对齐

13.14.2　距离配合

【距离】配合允许所配合的零部件之间有一定间隙，可以将其当作指定偏移距离的平行配合。对于这种配合，通常不止有一个解，需要使用【反转配合对齐】或【反转尺寸】等选项来确定两个零件的距离配合方式和位置。

13.14.3　单位系统

【单位系统】可以控制文档输入及质量属性计算的单位。用户可以通过【工具】/【选项】/【文档属性】/【单位】/【单位系统】来设置单位系统，也可以在状态栏上单击【单位系统】并从下拉列表中进行选择，如图 13-68 所示。

当然，用户在输入尺寸时，也可以输入与文档单位不同的单位系统。在尺寸大小栏，用户可以输入所需单位的简写，也可以从下拉列表中选择单位，如图 13-69 所示。

图 13-68　更改单位系统

图 13-69　选择单位

步骤 14　选择表面　选择零件 "bracket" 的顶部表面和零件 "crank-shaft" 的底部表面来创建距离配合关系，如图 13-70 所示。

步骤 15　添加距离配合　指定 1/32in 的距离，该单位与文档的单位不一致。如果零件 "crank-shaft" 进入零件 "bracket" 内部，则在 PropertyManager 中选中【反转尺寸】。单击【确定】创建距离配合关系。

> **技巧**　在 FeatureManager 设计树中双击【距离】或【角度】配合关系，将在屏幕上显示相应的值。装配体指定的单位便是该值所使用的单位，本例为 mm，如图 13-71 所示。

步骤 16　在 FeatureManager 设计树中选择子装配体　在 FeatureManager 设计树中选择子装配体 "crank sub"，子装配体中的所有零部件均被选择，并高亮显示，如图 13-72 所示。

> **技巧**　用户也可以在绘图区域中，右键单击子装配体的零件并选择【选择子装配体】。

0.794

图 13-70　选择表面　　　　图 13-71　添加距离配合　　　　图 13-72　选择子装配体

步骤 17　装配体动态运动模拟　通过【更改透明度】命令来改变零件 "Yoke" 和零件 "pin" 的透明度，移动零件 "crank-arm" 以显示零件 "spider" 的运动，如图 13-73 所示。

当勾选配合选项中的【只用于定位】复选框时，不添加配合关系的约束便可以定位几何体。这种方法在创建工程视图时较为有用。

步骤 18　定位配合　单击【配合】并勾选【只用于定位】复选框，选择如图 13-74 所示的平面及【平行】配合关系，单击【确定】。

两个平面创建了平行的定位，但没有添加任何配合关系。保存该装配体。

图 13-73　动态运动模拟　　　　　　图 13-74　定位配合

13.15　Pack and Go

【Pack and Go】用于将装配体中所有相关文件收集到一个文件夹或 Zip（压缩）文件中，尤其适合很多装配体文件中的零部件在不同的文件夹中的情况，同时也可以包含附加的相关文件。

| 知识卡片 | **Pack and Go** | ● 菜单：【文件】/【Pack and Go】。 |

步骤 19　使用 Pack and Go　单击【文件】/【Pack and Go】，使用默认的文件名称并选择【保存到 Zip 文件】及【平展到单一文件夹】选项，如图 13-75 所示。单击【保存】。

步骤 20　共享、保存并关闭所有文件

图 13-75　使用 Pack and Go

练习 13-1　配合关系

本练习的任务是创建装配体文件（见图 13-76），并添加零件和配合关系。本练习将应用以下技术：

- 新建装配体文件。
- 向装配体中添加零部件。
- 配合零部件。

图 13-76　配合关系装配体

操作步骤

步骤 1　添加零件"RectBase"　新建装配体。从 Mates 文件夹中将"RectBase"文件拖入装配体内，并且与装配体原点完全约束，如图 13-77 所示。

步骤 2　添加零件"EndConnect"　添加一个"EndConnect"实例到装配体中。在"EndConnect"和"RectBase"之间添加 10mm 的距离约束。两个重合配合的面如图 13-78 所示。

图 13-77　添加零件 RectBase

308

步骤 3　添加零件"Brace"　添加一个"Brace"实例到装配体中。在"Brace"和"RectBase"之间添加重合约束，如图 13-79 所示。"Brace"以"EndConnect"零件上的孔为中心，如图 13-80 所示。

图 13-78　添加零件 EndConnect

图 13-79　添加零件 Brace

图 13-80　Brace 位于中心孔处

技巧〇　利用参考基准面的重合约束保证零件的居中重合关系。

步骤 4　继续添加零部件　添加更多的"Brace"和"EndConnect"零部件实例，将它们按图 13-81 所示位置放置。

图 13-81　添加多个零部件实例

步骤 5　共享、保存并关闭所有文件

练习 13-2　装配研磨器

本练习的主要任务是根据所给的步骤装配研磨器，如图 13-82所示。本练习将应用以下技术：

- 新建装配体文件。
- 向装配体中添加零部件。
- 配合零部件。
- 装配动态运动。
- 智能配合。

图 13-82　研磨器

操作步骤

  步骤1 添加零件"Base" 新建装配体文件（本练习中所有的零部件均位于 Grinder Assy 文件夹中）。拖动零件"Base"到装配体中，并与装配体原点完全约束，如图 13-83 所示。

  步骤2 添加零件"Slider" 将零件"Slider"添加到装配体中。在零件"Slider"和零件"Base"间创建楔形槽配合（需要创建宽度配合和重合配合），如图 13-84 所示。

  步骤3 复制零件"Slider"添加另一个实例 在装配体中复制零件"Slider"以添加另一个实例，如图 13-85 所示。这两个零件都可以在对应的楔形槽中自由地移动。

图 13-83 添加零件 Base 图 13-84 添加零件 Slider 图 13-85 复制零件 Slider

  步骤4 创建子装配体"Crank" 使用"Assembly_MM"模板新建装配体文件。如图 13-86 所示，创建子装配体"Crank"。子装配体"Crank"以爆炸和解除爆炸的状态来显示。

  "Crank"子装配体包括以下零件：

- 零件"Handle"（1 个）。
- 零件"Knob"（1 个）。
- 配置"Truss Head Screw(1)[#8-32 (.5″long)]"。
- 配置"RH Machine Screw(2)[#4-40 (.625″ long)]"。

  ⚠️ **注意** 两个螺钉零件中包含多个配置，要注意选择正确的配置。

  步骤5 在研磨器主装配体中插入子装配体"Crank" 平铺或层叠窗口，将子装配体拖放到装配体文件中，如图 13-87 所示。

  步骤6 创建子装配体的配合关系 将两个"RH Machine Screws"螺钉分别和两个"Slider"相对应的孔创建【同轴心】配合；将子装配体中的零件"Handle"的底面和零件"Slider"的顶面重合，如图 13-88 所示。

图 13-87 插入子装配体 Crank

图 13-88 创建子装配体的配合关系

图 13-86 子装配体 Crank

步骤7　旋转子装配体"Crank"　零件"Knob"会沿一个椭圆形轨迹运动。两个零件"Slider"分别对应椭圆形的长轴、短轴。

步骤8　共享、保存并关闭所有文件

练习 13-3　显示/隐藏零部件

本练习的主要任务是利用提供的信息创建变速箱装配体，如图 13-89 所示。本练习将应用以下技术：

- 新建装配体文件。
- 向装配体中添加零部件。
- 配合零部件。
- 零部件的隐藏和透明度。
- 智能配合。

图 13-89　变速箱装配体

操作步骤

步骤1　新建装配体　打开零部件"Housing"（该零件位于 Gearbox Assy 文件夹内），使用【从零件/装配体制作装配体】，并利用"Assembly _ MM"模板新建装配体文件。该零件应固定于装配体的原点。

步骤2　添加零部件　将所需的零部件添加到新的装配体文件中。

步骤3　配合零部件　将零部件"Cover _ Pl&Lug(2)""Worm Gear Shaft"和"Worm Gear"装配至零部件"Housing"中，如图 13-90 所示。

步骤4　隐藏零部件　隐藏"Cover Plate"和其中一个零部件"Cover _ Pl&Lug"，如图 13-91 所示。

步骤5　添加更多零部件　添加零部件"Worm Cear Shaft"和"Worm Gear"。

技巧 使用宽度配合，将"Worm Gear"与"Housing"配合，如图 13-92 所示。

图 13-90　配合零部件

图 13-91　隐藏零部件

标签参考　　宽度参考

图 13-92　宽度配合

步骤 6　显示细节　显示被隐藏的零部件。通过【改变透明度】调整零件"Housing"的显示。添加零件"Offset Shaft"及其配合关系。

技巧① 图 13-93 显示了配合"Offset Shaft"到零件"Housing"上的细节。

步骤 7　共享、保存并关闭所有文件

图 13-93　放大视图

练习 13-4　装配零件

本练习的主要任务是使用提供的零件来完成自底向上的装配体建模。在装配体中使用零件"allen wrench"的不同配置，创建内六角扳手组，如图 13-94 所示。本练习将应用以下技术：

- 向装配体中添加零部件。
- 配合零部件。
- 在装配体中使用零件配置。
- 打开零部件。

图 13-94　内六角扳手组

操作步骤

步骤 1　打开已有的装配体　打开已有的装配体文件"part configs"（见图 13-95），该文件位于 part configs 文件夹中。该装配体包括三个零件，其中零件"Pin"和零件"Allen Wrench"具有多个实例。装配体中的每一个"Allen Wrench"实例均使用了该零件的一个不同配置。

步骤 2　打开零件　选择任意一个"Allen Wrench"实例，打开零件"Allen Wrench"，如图 13-96 所示。

步骤 3　编辑配置　编辑配置，按表 13-7 所示修改每个配置的尺寸。只需修改 Length 列的尺寸，其他尺寸保持不变。

图 13-95　装配体

图 13-96　Allen Wrench 零件

表 13-7　修改尺寸

尺寸	Length	尺寸	Length
Size 01	50	Size 06	100
Size 02	60	Size 07	100
Size 03	70	Size 08	90
Size 04	80	Size 09	80
Size 05	90	Size 10	100

技巧 　　右键单击尺寸，选择【配置尺寸】。

步骤 4　添加和配合零件　在装配体中添加和配合另外三个 "Allen Wrench" 实例，图 13-97 说明了三个实例所用的配置及其尺寸、位置和名称。

提示👆　　可利用 "Allen Wrench" 的 "center _ axis" 轴进行配合设置。

图 13-97　添加和配合零件

步骤 5　共享、保存并关闭所有文件

练习 13-5　修改万向节装配体

本练习的主要任务是对现有装配体（见图 13-98）文件进行修改。本练习将应用以下技术：

- 插入零部件。
- 配合零部件。
- 打开零部件。
- 零部件的隐藏和透明度。

单位：in（英寸）。

图 13-98　万向节装配体

操作步骤

步骤 1　打开装配体 "Changes"　装配体 "Changes" 位于 U-Joint Changes 文件夹中。

步骤 2　打开零件 "bracket"　在 FeatureManager 设计树或绘图区域选择零件 "bracket⟨1⟩"，打开零件，如图 13-99 所示。

步骤 3　编辑零件　双击第一个特征，并修改标有下划线的尺寸值，如图 13-100 所示。重建零件。

步骤 4　关闭并保存　关闭并保存零件 "bracket"，对装配体重新建模。

步骤 5　修改装配体　零件修改后，装配体也同样发生变化。

步骤 6　转动零件 "crank"　子装配体 "crank" 可以自由旋转，并同时带动零件 "Yoke _ male" "Yoke _ female" "Spider" 和 "Pin" 移动，如图 13-101 所示。

步骤 7　删除配合　在 FeatureManager 设计树中展开配合组，删除 "Parallel2" 配合。

步骤 8　再次转动零件"crank"　零件"crank"可以自由旋转，但是零件"Yoke"和"Spider"没有跟随"crank"一起转动，如图 13-102 所示。

图 13-99　bracket 零件　　　　图 13-100　编辑零件　　　　图 13-101　转动零件 crank

步骤 9　插入螺钉　插入一个已有的零部件"set screw"（螺钉）。使用【同轴心】配合，将该螺钉配合到零部件"crank-shaft"的小孔中，如图 13-103 所示。

步骤 10　隐藏零部件　隐藏零部件"crank-shaft"，在零部件"set screw"和"Yoke_male"之间创建重合配合，如图 13-104 所示。

图 13-102　再次转动零件 crank　　图 13-103　插入零部件 set screw　　图 13-104　隐藏零部件 crank-shaft

步骤 11　显示零部件"crank-shaft"

步骤 12　再次转动零件"crank"　子装配体"crank"同样可以自由旋转。由于螺钉的配合关系，其他零件可以和子装配体"crank"一起转动。

步骤 13　共享、保存并关闭装配体文件

第 14 章　装配体的使用

学习目标
- 进行质量特性计算
- 创建装配体爆炸视图
- 添加爆炸线
- 生成装配体的材料明细表
- 复制材料明细表到工程图

14.1　概述

本章将通过使用手电筒装配体，介绍 SOLIDWORKS 装配体建模的其他知识，并将以爆炸状态分析、编辑和显示已完成的装配体。

装配体分析过程中的关键步骤如下：

1. 分析装配体　对整个装配体进行质量特性计算。

2. 编辑装配体　在装配体中可以编辑单独的零件，也就是说，当零件在装配体中处于激活状态时，可以更改零件的尺寸值。

3. 爆炸装配体　通过选择部件并指定方向和移动距离，创建装配体的爆炸视图。

4. 材料明细表（BOM）　在装配体中，可以生成材料明细表，并将其复制到工程图纸中。关联的零件序号可以加入材料明细表中，以使零件序号和材料明细表中的项目号相对应。

操作步骤

步骤 1　打开现有的装配体　单击【打开】📂并浏览到 Exploded_Views 文件夹。在【快速过滤器】中单击【过滤器顶级装配体】🗂，选择装配体 "Flashlight"，单击【打开】，如图 14-1 所示。

图 14-1　打开装配体文件

扫码看视频

扫码看 3D

14.1.1　装配体打开进度指示器

当系统正在加载装配体时，系统会显示【装配体打开进度指示器】来指示具体的打开进度。系统打开装配体可以分为以下三个阶段：

1）打开零部件，包括子装配体和引用的相关文档，最后会统计已经打开的零部件个数。

2）更新装配体，包括更新模型、配合、装配体特征和阵列。

3）更新图形，渲染装配体。

指示器中的"已用时间"会统计出打开此装配体最终需要的时间总和，如图 14-2 所示。

 提示　　打开文档后，性能统计数据可以在【工具】/【评估】/【性能评估】中的【打开性能】中查看。

14.1.2　同名冲突

当打开装配体时，如果此装配体中的一个或多个零部件名称与已经打开的零件同名，则将比较内部 ID。例如下面这种情况，来自于第 13 章的装配体"Universal Joint"（见图 14-3a）和本例中的装配体（见图 14-3b）都有一个叫作"Pin"的零部件。

图 14-2　装配体打开进度指示器

图 14-3　零部件 Pin

如果来自装配体"Universal Joint"中的"Pin"已经处于打开时再去打开装配体"Flashlight"，系统会侦测出"Flashlight"所需要的"Pin"并非已经处于打开状态的"Pin"零件，并显示提示——"正在打开的文档参考与已打开的文档具有相同名称的文件"。

可以选择的选项是：【无此文档而打开】，这将会压缩装配体中的同名文件而避免冲突，如图 14-4 所示；【接受此文件】，将会使用已经打开的同名文件，如图 14-5 所示。除非此零件旨在替换装配体中的同名零件，否则可能会发生重建和配合问题。

图 14-4　无此文档而打开

图 14-5　接受此文件

14.2　装配体分析

　　用户可以基于装配体进行各种类型的分析，其中包括计算装配体的质量属性、干涉检查和间隙验证。

14.2.1　计算质量属性

　　在本书前面的章节中介绍过零件质量属性的计算方法，对装配体同样也可以计算质量属性。在装配体中计算模型的质量属性，较为重要的一点是：装配体中每个零部件的材料属性是在零件的【材质】特征中单独设置。材料属性也可以通过【编辑材料】命令进行设置。

　　软件中提供了两种坐标系符号，见表 14-1。

表 14-1　坐标系符号

坐标系名称	符号	坐标系名称	符号
输出坐标系		质量中心主轴	

　　步骤2　计算质量属性　在工具栏中单击【质量属性】 ⚙ 。

　　步骤3　查看计算结果　系统将对装配体进行计算，并在【质量属性】对话框中显示计算结果，如图 14-6 所示。系统还会显示出主轴的临时图形，用户可以单击【选项】按钮来更改计算单位。单击【关闭】。

图 14-6　【质量属性】对话框

 提示　　用户也可以计算选定零部件而不是整个装配体的质量属性。

14.2.2　干涉检查

　　【干涉检查】的任务是发现装配体中静态零部件之间的干涉。该命令可以选择一系列零部件并寻找它们之间的干涉，干涉零部件将在检查结果的列表中成对显示，并且对干涉进行图解表示，如图 14-7 所示，个别的干涉可以被忽略。

图 14-7　干涉位置

 技巧　　干涉有时可以直接用肉眼观察到，可以使用【上色】（不带边线）和【隐藏线可见】进行显示。

【选项】组用于设定干涉分析标准。

1）【视重合为干涉】：将所有重合表面视为干涉。

2）【显示忽略的干涉】：使用【忽略】按钮将运算结果中所选择的干涉结果忽略，被忽略的干涉结果可以通过勾选【显示忽略的干涉】复选框重新显示出来。

3）【视子装配体为零部件】：勾选该选项，子装配体内部的干涉被忽略，并将子装配体看成单一的零部件。

4）【包括多体零件干涉】：显示多实体零件中实体之间的干涉情况。

5）【使干涉零件透明】：以透明模式显示干涉的零部件。

6）【生成扣件文件夹】：在结果中生成扣件文件夹，其中包含所有的干涉结果。

7）【创建匹配的装饰螺纹线文件夹】：在结果中将带有适当匹配装饰螺纹线的零部件之间的干涉隔离至名为匹配装饰螺纹线的单独文件夹内。由于螺纹线不匹配、螺纹线未对齐或其他干涉几何体造成的干涉将会列出。

8）【忽略隐藏实体/零部件】：允许用户事先隐藏零件，并忽略隐藏的实体与其他零部件之间的干涉。

知识卡片	干涉检查	利用【干涉检查】可以发现装配体中零部件之间的【干涉】和【碰撞】。【干涉检查】可以用来对装配体中所有的零件或被选择的零件进行检查。
	操作方法	• CommandManager：【评估】/【干涉检查】。 • 菜单：【工具】/【评估】/【干涉检查】。

步骤4　开始干涉检查　单击【干涉检查】。顶层零部件"Flashlight"将被自动选择，如图14-8所示。单击【计算】。

步骤5　查看干涉结果　经过分析，在所选择的实体中发现了两个干涉。"干涉1"和"干涉2"列在【结果】列表框中，并且每个干涉后面注明了干涉量，它们都发生在同一组零部件中，即"Holder <1 >"和"Round Swivel Cap <1 >"。

在绘图区域中，使用红色的体积来表示干涉。默认情况下，干涉的零部件是透明的，其他的零部件是非透明的，见表14-2。

图 14-8　干涉检查

表 14-2　干涉结果

名称	干涉 1	干涉 2
图例		

右键单击干涉，快捷菜单可提供忽略干涉、忽略所有小于此的干涉、放大干涉范围、孤立干涉的零部件以及根据干涉大小进行排序的选项。

步骤6　孤立　这些干涉发生在子装配体"Base"的零部件之间。若要消除干涉，需要对这些零部件进行修改。右键单击任何一个干涉，选择【完成后孤立】。单击【确定】，结果如图14-9所示。

步骤7　更改尺寸　双击零部件"Holder"的表面，然后双击如图14-10所示的尺寸，修改数值为5mm，然后进行重建。

图 14-9　孤立

图 14-10　更改尺寸

步骤8　重新进行干涉检查　单击【退出孤立】。单击【评估】/【干涉检查】，单击【计算】，观察到没有干涉后单击【确定】。

知识卡片	打开零件	零部件和子装配体可以直接使用【打开零件】命令打开。【在当前位置打开零件】则是采用与当前装配体相同的方向打开零部件或子装配体。
	操作方法	• 快捷菜单：右键单击零部件，并选择【打开零件】。 • 快捷菜单：右键单击零部件，并选择【在当前位置打开零件】。

步骤9　打开子装配体　在 FeatureManager 设计树中右键单击子装配体"Base"，然后选择【打开子装配体】，结果如图14-11所示。

图 14-11　打开子装配体

14.3 检查间隙

模型中的间隙如同干涉一样在视觉上很难被发现。平行或同轴零部件间的间隙可以被检测出来，如图 14-12 所示。

图 14-12 间隙

知识卡片	间隙验证	【间隙验证】用于分析所选装配体零部件间的静态间隙情况，其可用于检查所选零部件间的间隙或装配体中所有部件间的间隙。
	操作方法	• CommandManager：【评估】/【间隙验证】🔓。 • 菜单：【工具】/【评估】/【间隙验证】。

步骤 10　隐藏零部件"Battery Cover < 1 >"

步骤 11　间隙验证　单击【间隙验证】🔓，选取两个零部件"Battery AA"。设置【可接受的最小间隙】为 0mm，以判断是否存在任何间隙。

单击【计算】，间隙将被显示在【结果】中，如图 14-13 所示。在零部件之间存在一个 0.44mm 的间隙，如图 14-14 所示。单击【确定】。

图 14-14　显示间隙

图 14-13　间隙验证

👉 **提示**　本例勾选了【使算例零件透明】复选框。

步骤 12　显示零部件　显示零部件"Battery Cover < 1 >"。按〈Ctrl + Tab〉键，选择装配体"Flashlight"。

14.3.1　静态与动态干涉检查

静态干涉检查只是装配体的零部件在一定条件下的干涉，然而当装配体运动时，干涉检查所需的方法是一种动态检查碰撞的方法。

知识卡片	碰撞检查	【碰撞检查】用于分析所选装配体零部件的运动情况，当面与面之间发生碰撞时报警。用户可以选择碰撞时停止、高亮显示面和声音等选项作为警告方式。
	操作方法	【移动零部件】的 PropertyManager：【碰撞检查】。

步骤13　碰撞检查　单击【移动零部件】🔲并选择【碰撞检查】。选择【所有零部件之间】选项，勾选【碰撞时停止】复选框，如图14-15所示。拖动"Head＜1＞"零件直至点碰到"Swivel＜1＞"，如图14-16所示。系统将通过高亮面、停止运动并产生系统声音来发出警告。

图14-15　碰撞检查　　　　　　　　　　　图14-16　拖动操作

> 提示　务必打开声音并进行设置才能听到警告。勾选【工具】/【选项】/【系统选项】/【普通】/【启用 Solidworks 事件的声音】复选框，单击【配置声音】，为【检测到碰撞】设置一种声音。

步骤14　缩小检查范围　选择【所有零部件之间】选项，将检查所有的零部件之间的碰撞，这样会占用大量的系统资源，尤其在大的装配体中。如果选择【这些零部件之间】选项，则只检查与所选零部件之间的碰撞。

选择【这些零部件之间】选项，并选择零件"Head＜1＞"和"Swivel＜1＞"。勾选【碰撞时停止】复选框，单击【恢复拖动】，如图14-17所示。

将"Head＜1＞"拖动至反方向，直到碰到反方向的"Swivel＜1＞"为止，如图14-18所示。

步骤15　关闭碰撞检查选项　拖动"Head＜1＞"至两次碰撞之间的位置。单击【确定】，关闭 PropertyManager。

图14-17　碰撞检查选项　　　　图14-18　拖动操作

14.3.2　改善系统性能

在进行动态碰撞检查时，用户可以使用如下选项来改善系统的性能：

1）选择【这些零部件之间】选项，而不使用【所有零部件之间】选项。一般来说，减少系统计算的零部件数量，可以提高系统性能。但用户在使用此选项时，要注意不要漏选有干涉的零部件。

2）勾选【仅被拖动的零件】复选框。这样，系统只计算被拖动零件与其他零件的碰撞情况。如果不勾选此复选框，系统不仅要检查被移动的零件，同时也要检查由于拖动该零件所造成其他可能移动的零部件。

3）可能的情况下，勾选【忽略复杂曲面】复选框。

> 提示　在移动零部件的过程中，可以使用【动态间隙】选项显示零部件间当前的距离。在绘图区域显示所选零件间距的尺寸值，当零部件的间距发生改变时，零部件间的最小间距也会同时更新，如图14-19所示。

图14-19　动态间隙

321

步骤16　**打开零件**　在 FeatureManager 设计树中，选择"Head <1>"零件，并单击【在当前位置打开零件】。

步骤17　**添加圆角**　对四条边线添加 1mm 的圆角，保存此更改，如图 14-20 所示。

步骤18　**返回到装配体**　按住〈Ctrl + Tab〉键，单击装配体 Flashlight。当检测到零件发生过更改后，软件将提示是否对装配体进行重建。单击【是】，重建装配体。

步骤19　**干涉检查**　单击【移动零部件】，选择下列选项：

- 碰撞检查。
- 所有零部件之间。
- 碰撞时停止。

图 14-20　添加圆角

进行干涉检查，测试稍大一些的运动范围，见表 14-3。

表 14-3　干涉检查

名称	干涉 1	干涉 2
图例		

步骤20　**关闭移动零部件工具**

14.4　修改尺寸值

在装配体中修改尺寸值的方法与在零件中的一样：双击特征，然后双击尺寸。SOLIDWORKS 在装配体或工程图中使用同样的零件，因此如果在一个地方更改零件，那么在其他所有地方的相应零件都会改变。

用户可以在 FeatureManager 设计树或在绘图区域中双击特征，但尺寸只在绘图区域中出现。

步骤21　**编辑零件"Holder <1>"**　在绘图区域双击零件"Holder <1>"显示尺寸（这些尺寸是该零件的模型尺寸），将长度改为 60mm，如图 14-21 所示。

步骤22　**重建装配体模型**　重建装配体模型不仅零件会重建，装配体也会更新，配合关系确保零部件保持在一起，如图 14-22 所示。

图 14-21　编辑零件 Holder <1>

图 14-22　重建装配体模型

步骤 23　打开零件 "Holder < 1 >" 右键单击零件 "Holder < 1 >"，从快捷菜单中选择【打开零件】命令。

步骤 24　修改零件 在装配级别更改零件会在零件级别更改它，反之亦然。因为这是同一个零件，而不是副本。

将尺寸值改回 53mm，如图 14-23 所示。关闭零件并保存修改。

步骤 25　更新装配体 由于装配体参考的文件已经被修改（在本例中零件的尺寸被修改），因此在重新进入装配体时，SOLIDWORKS 会询问是否重建模型。单击【是】。

图 14-23　修改零件

14.5　装配体爆炸视图

用户可以在 SOLIDWORKS 中通过自动爆炸或逐个零部件地爆炸来形成装配体的爆炸视图，如图 14-24 所示。装配体可在正常视图和爆炸视图之间切换。创建爆炸视图后，可以对其进行编辑，也可以将其导入二维工程图中。爆炸视图随活动的配置一起保存，每个配置中可以有多个爆炸视图。

图 14-24　爆炸视图

14.5.1　设置爆炸视图

在创建爆炸视图前，需要对其相关步骤进行设置以便于使用。恰当的做法是：创建配置以保存爆炸视图；添加配合关系以保持装配体在"起始位置"处。

操作步骤

步骤 1　添加新配置 切换到 ConfigurationManager，单击右键并从快捷菜单中选择【添加配置】。

在【配置名称】中输入 "Exploded"，添加该配置，如图 14-25 所示。

新添加的配置处于激活状态，如图 14-26 所示。

图 14-25　添加配置

图 14-26　配置列表

扫码看视频

步骤 2　解除压缩配合 对于 "Exploded" 配置，希望 "Head" 保持固定。展开 Mates 文件夹，右键单击 "Angle 1" 配合并选择【解除压缩】。

<table>
<tr>
<td rowspan="3">知识卡片</td>
<td rowspan="2">爆炸视图</td>
<td>通过【爆炸视图】，可以沿着移动操纵杆或三重轴的手柄圆环移动或旋转一个或多个零部件，如图 14-27 所示。每一次的移动方向和距离都被视为一个步骤来保存。
【常规步骤】：通过平移和旋转零部件对其进行爆炸。
【径向步骤】：按径向对齐或圆周对齐爆炸零部件。爆炸视图如图 14-28 所示。</td>
</tr>
<tr>
<td>
图 14-27　三重轴　　　　　　图 14-28　爆炸视图</td>
</tr>
<tr>
<td>操作方法</td>
<td>• CommandManager：【装配体】/【爆炸视图】。
• 菜单：【插入】/【爆炸视图】。</td>
</tr>
</table>

1. 爆炸视图的 PropertyManager　爆炸视图的 PropertyManager 用于在爆炸视图中创建并存储所有的爆炸步骤，如图 14-29 所示。

【爆炸步骤】组框中按照顺序列出了所有的爆炸步骤，同时包括一个退回控制棒。

【添加阶梯】组框中列出了当前爆炸步骤中的零部件，以及对应的距离和方向。

【选项】组框中的【自动调整零部件间距】选项可以自动调整间距，【选择子装配体零件】选项可以爆炸子装配体的单个零部件。

⚠️ 注意　在完成所有爆炸步骤之前，不要单击【确定】。

2. 爆炸中的一般顺序　用于生成爆炸步骤的一般顺序是重复多次来创建爆炸，具体步骤如下：

1）选择需要爆炸的零部件。

2）拖放移动操纵杆的轴或圆环进行平移或旋转。

3）单击鼠标右键或者单击【完成】结束当前爆炸步骤。

3. 移动操纵杆　移动操纵杆的轴用于创建每个爆炸步骤所需的矢量运动，它采用的是标准的拖动并放置的方法。

4. 拖动箭头　拖动箭头用作爆炸步骤的一个矢量，一旦创建完毕，用户可以单击【爆炸步骤】对话框中的步骤距离来进行修改，并沿着爆炸线拖动箭头。

5. 编辑步骤　右键单击步骤并选择【编辑步骤】，以编辑哪些零部件

图 14-29　爆炸视图的 **PropertyManager**

将用于该步骤中，或更改此步骤的方向，或设置距离到准确的数值。

　　　步骤 3　选择零部件　单击【爆炸视图】 和【常规步骤】 ，取消勾选【绕每个零部件的原点旋转】复选框。选择零部件"Locking Pin < 1 >"，移动操纵杆显示在该零件处，并与装配体的基准轴对齐，如图 14-30 所示。

　　提示　　　　取消勾选【显示旋转环】复选框。

　　　步骤 4　爆炸零部件　通过拖动箭头远离装配体来爆炸零部件，用标尺确定移动距离，设定距离大约为 30mm，如图 14-31 所示。特征"爆炸步骤 1"被添加到对话框中。

　　　步骤 5　完成爆炸步骤　单击鼠标右键或者单击【完成】完成爆炸步骤。完成的步骤出现在【爆炸步骤】列表中，显示为"爆炸步骤 1"，零部件则列于其下方，如图 14-32 所示。

图 14-30　选择零部件　　　　图 14-31　爆炸零部件　　　　图 14-32　完成爆炸步骤

　　技巧　　　　选中【爆炸步骤】组框中某一步骤的名称，对应步骤的移动操纵杆将会显示。此时可以通过拖动箭头来编辑爆炸步骤的距离，如图 14-33 所示。

　　　步骤 6　爆炸相似的零部件　选择零部件"Locking Pin < 2 >"，按图 14-34 所示的方向拖动大约 30mm，单击【完成】。

图 14-33　编辑爆炸步骤的距离　　　　图 14-34　爆炸相似的零部件

提示 两个"Locking Pin < 1 >"零部件可以在一个【径向步骤】中通过相同的半径爆炸，如图 14-35 所示。

图 14-35 通过相同的半径爆炸

14.5.2 爆炸装配体

子装配体可以视作一个单独的零部件，或是构成此装配体的多个零部件，如图 14-36 所示。

图 14-36 爆炸装配体

• 如果取消勾选【选择子装配体零件】复选框，则子装配体将作为一个零部件爆炸。

• 如果勾选了【选择子装配体零件】复选框，则子装配体的零部件可以单独进行爆炸。

步骤7 设置选项 展开【选项】，取消勾选【选择子装配体零件】复选框，如图 14-37 所示。

步骤8 爆炸子装配体 单击"Base < 1 >"，按图 14-38 所示的方向拖动大约 55mm，然后单击【完成】。

步骤9 爆炸子装配体零部件 展开【选项】并勾选【选择子装配体零件】复选框。按图 14-39 所示的距离和方向爆炸子装配体零部件。

图 14-37 设置选项

图 14-38 爆炸子装配体　　　　图 14-39 爆炸子装配体零部件

14.5.3　爆炸多个零部件

用户可以在一个爆炸步骤中选择多个零部件，并按照相同的矢量距离和方向进行爆炸。执行这些选择时不需要使用〈Ctrl〉键。

步骤 10　爆炸多个零部件　选择两个"Battery AA"零部件，按照图 14-40 所示的方向将它们拖动大约 75mm，然后单击【完成】。

图 14-40　爆炸多个零部件

提示　　确保取消勾选【自动调整零部件间距】复选框。

14.5.4　退回和重新排序爆炸步骤

通过在【爆炸步骤】组框中使用"退回控制棒"，可以对爆炸步骤进行回滚和重新排序。此处的"退回控制棒"与 FeatureManager 设计树中的类似。控制棒下面的爆炸步骤将处于被压缩状态，如图 14-41 所示。

"退回控制棒"的操作可以帮助检查爆炸视图的单步结果，可以退回并编辑某一特定爆炸步骤，或者对爆炸步骤进行重新排序。

1. 退回　若要回滚或者向前推进：
● 拖动退回控制棒。
● 单击【回滚】⊕退回一步。
● 单击【向前推进】⊕前进一步。

2. 重新排序　若要将某一爆炸步骤重新排序，直接拖动该爆炸步骤并将其放置在目标步骤处即可。被拖动的步骤将会被放置在目标步骤的下方。

图 14-41　退回控制棒

步骤 11　回滚　使用【回滚】⊕穿过所有的步骤以找到电池盖步骤，在本示例中是"爆炸步骤 4"，该步骤是对"Battery Cover"进行了爆炸。不做任何更改，将退回控制棒拖回到最底端，如图 14-42 所示。

步骤 12　重新排序　此步目标是让"Battery AA"对应的爆炸步骤直接跟随在"Battery Cover"爆炸步骤之后。将"爆炸步骤 9"拖放到"爆炸步骤 4"处，如图 14-43 所示。

图 14-42 回滚

图 14-43 重新排序

> **提示** 重新排序的效果在爆炸步骤被播放时更加显著。

14.5.5 更改爆炸方向

在某些情况下，移动操纵杆的轴并未指向所需的爆炸方向，通常的原因是零部件被配合或放置时与标准方向成一定的角度。如果这样，可以更改轴的方向，以生成所需的爆炸方向，如图 14-44所示。

图 14-44 更改移动操纵杆

- 按住〈Alt〉键并拖动操纵杆的原点（球体）到一条边线、轴、面或平面以重新定位。
- 右键单击操纵杆的原点并选择【移动到选择】或【对齐到】选项。选择一条边线、轴、面或基准面以重新定位。
- 右键单击操纵杆的原点并选择【与零部件原点对齐】，以使用零部件的轴。
- 右键单击操纵杆的原点并选择【与装配体原点对齐】，以使用装配体的轴。

步骤 13 **设置选项** 展开【选项】组框，取消勾选【选择子装配体零件】复选框。

步骤 14 **查看错误方向** 选择 "Swivel Clip＜1＞"并拖动图 14-45 所示的轴，零部件沿着装配体的轴线方向爆炸。单击【撤销】↶。

步骤 15 **移动原点** 拖动操纵杆的原点至图 14-46 所示的表面，然后松开鼠标。

步骤 16 **选择正确方向** 使用拖动箭头将零部件"Swivel Clip＜1＞"沿垂直于选定面的方向移动大约 30mm，如图 14-47 所示，然后单击【完成】。

图 14-45 查看错误方向

图 14-46　移动原点　　　　　　　　　图 14-47　选择正确方向

14.5.6　使用自动间距

【自动调整零部件间距】选项用来沿单个轴线方向分布一系列零部件，如图 14-48 所示。间距可以使用滑块来设定，并可以在生成后更改。

定位选项对边界框内的零部件进行排序。排序选项包括三种，见表 14-4。

图 14-48　使用自动间距

表 14-4　排序选项

选项	边界框中心	边界框后部	边界框前部
图例			

步骤17 **选择多个零部件** 选择零部件"Lens Cover <1>""Reflector <1>""Miniature Bulb <1>"和"Head <1>"，如图 14-49 所示。由于零部件角度的原因，必须更改三重轴的方向。

步骤18 **更改方向** 拖动操纵杆的原点至图 14-50 所示的边，然后松开鼠标。勾选【自动调整零部件间距】复选框，拖动间距滑块到中间附近，单击【使用边界框中心以排序零部件自动调整间距】，如图 14-51 所示。

图 14-49 选择多个零部件　　　图 14-50 移动位置　　　图 14-51 拖动间距滑块

步骤19 **拖动零部件** 拖动轴进行爆炸，以自动间距放置零部件，如图 14-52 所示。

步骤20 **重新排序** 如果零部件的排列顺序与图 14-52 所示不同，单独拖动与零部件关联的箭头，这会改变链中零部件的排列顺序，如图 14-53 所示。单击【确定】，完成爆炸视图。

图 14-52 拖动零部件　　　　　图 14-53 重新排序

提示 每个单独零部件的箭头都可以被单独拖动。

14.6 爆炸直线草图

使用【爆炸直线】生成零部件的爆炸路径直线。【爆炸直线草图】使用 3D 草图来生成并显示直线。

自动的【智能爆炸直线】可以被自动转换，并与手动的【布路线】和【转折线】工具结合使用。

14.6.1　智能爆炸直线简介

知识卡片	智能爆炸直线	【智能爆炸直线】工具可以自动地为每个零部件生成爆炸直线。这些直线在添加进草图前，可以选择性地删除或者修改。
	操作方法	• CommandManager：【装配体】/【爆炸视图】/【插入/编辑智能爆炸直线】![icon]。 • 菜单：【插入】/【爆炸直线草图】。

14.6.2　智能爆炸直线选择

【智能爆炸直线】工具会生成大量的爆炸直线，包括一些重叠的和不够理想的直线。当手动选择时该工具仍然有用，一种可供选择的方案为：

1）生成智能爆炸直线。

2）通过〈Delete〉键或【消除选择】删除重叠的和不够理想的直线，如图 14-54 所示。

3）仅选择那些需要爆炸直线的零部件。

本例将使用这种方案。

图 14-54　清除选择

14.6.3　手动爆炸直线选择

当手动创建爆炸直线时，选择顶点、边线和面都可以生成爆炸直线，但要注意以下两点：

1）以正确的顺序选择几何体来定义爆炸直线。

2）选择合适的几何体。

> ![提示] 顶点和边线一般适合于开始和结束爆炸直线，平面一般用于"穿过"，如图 14-55 所示。

图 14-55　爆炸直线选择

知识卡片	爆炸直线草图	【爆炸直线草图】可以让用户半自动地生成爆炸直线。为了完成此操作，用户需要选择几何体的面、边线或顶点，由系统来生成爆炸直线。
	操作方法	• CommandManager：【装配体】/【爆炸视图】/【爆炸直线草图】![icon]。 • 菜单：【插入】/【爆炸直线草图】。

1. 其他爆炸直线　还存在一些其他情况，如爆炸直线和现有顶点、边线或面不完全匹配。

2. 添加几何体　在零部件中添加草图几何体作为对象选择爆炸直线，有助于定位直线，如图 14-56 所示。

3. 自由草绘 可以使用 3D 草图技术（忽略爆炸直线草图对话框的工具）绘制直线，以生成爆炸直线。

图 14-56 添加几何体

操作步骤

步骤 1 添加智能爆炸直线 单击【爆炸视图】/【插入/编辑智能爆炸直线】，系统会自动地为每一个零部件创建爆炸直线，但是有一些直线是重叠的。

步骤 2 手动选择 勾选【选择子装配体零件】复选框，并选择【边界框中心】，如图 14-57 所示。

步骤 3 选择零部件 很多直线都互相重叠。先不要试图确定哪些直线是不需要的，单击右键后选择【消除选择】并选择以下零部件，如图 14-58 所示。

- Battery Cover
- Round Swivel Cap
- Battery AA（2 个）
- Locking Pin（2 个）
- Pin
- Lens Cover
- Switch

图 14-57 添加智能爆炸直线

图 14-58 选择零部件

爆炸直线的数量减少了很多，先不要单击【确定】。

4. 拖动点 爆炸直线的参考点可以被拖动到模型相关的几何位置以调整长短。

步骤 4 拖动点 选择 "Battery-AA" 的第二个零部件实例（Base-1@Flashlight/Battery-AA-2@Base），并拖动标记的端点到边线，如图 14-59 所示。

图 14-59　拖动标记点

步骤5　其他实例　单击【应用到所有零部件实例】来更改"Battery-AA"两个实例的爆炸直线。【参考点】现在变换为了【所选点】，如图 14-60 所示。单击【确定】。

步骤6　完成智能爆炸直线　这些自动生成的爆炸直线被添加到新的 3D 草图"3D 爆炸 1"中，草图"3D 爆炸 1"被放在了"爆炸视图 1"的节点里。结果如图 14-61 所示。

步骤7　手动爆炸直线　单击【爆炸视图】/【爆炸直线草图】来继续编辑 3D 草图。选择【沿 XYZ】。选择零部件"Clip"的外部圆边线和零部件"Holder"的内部圆边线后，将显示预览线，如图 14-62 所示。

图 14-60　应用到所有零部件实例

图 14-61　完成智能爆炸直线

图 14-62　手动爆炸直线

> 提示　当选择项目超过两个时，选择的顺序会更加重要，因为系统产生的爆炸直线是根据选择的顺序而生成的。

14.6.4　调整爆炸直线

在完成爆炸之前，爆炸直线及其端点提供了几个选项。选择点处包含箭头，用户可以单击箭头来反转直线的方向。

直线本身可以在几何体的基准面上拖动，将光标放在直线上，可以看到拖动箭头，如图 14-63 所示。

用户还可以使用【反转】和【交替路径】选项，以产生更多的爆炸直线选项。

图 14-63　调整爆炸直线

333

步骤8　**反转方向**　必要时可以单击箭头反转方向，使用拖动箭头调整直线，如图 14-64 所示，单击【确定】。

图 14-64　反转方向

14.6.5　编辑爆炸草图

爆炸草图 "3D 爆炸 1" 可以通过以下两种方法来编辑，这取决于要编辑的内容：

- 若要编辑自动产生的爆炸直线，使用【插入/编辑智能爆炸直线】。
- 若要编辑手动创建的爆炸直线，或者将自动产生的爆炸直线转换为手动创建，可以直接使用【编辑草图】。

知识卡片	转换爆炸直线	自动产生的爆炸直线支持的编辑非常有限。使用【解散实体】将自动爆炸直线转换为等价的手动爆炸直线。
	操作方法	• 快捷菜单：右键单击自动爆炸直线，选择【解散实体】。

步骤9　**编辑**　单击【爆炸直线】/【插入/编辑智能爆炸直线】后进入爆炸直线草图编辑状态。选择零部件 "Battery Cover"，将参考点拖动到图 14-65 所示的位置处，单击【确定】。

提示🖐　若要更改爆炸直线草图的颜色，请在 3D 爆炸草图上单击右键，然后选择【草图颜色】。

步骤10　**编辑草图**　编辑草图 "3D 爆炸 1"，选择图 14-66 所示直线后单击右键，选择【解散实体】，草图的颜色会变成黑色，现在可以对该直线进行任意编辑或者删除。

图 14-65　编辑智能爆炸直线

图 14-66　解散实体

> 提示　解散的爆炸直线并不包含草图关系，但用户可以在解散之后进行添加。

14.6.6　动画显示爆炸视图

动画控制器可以用动画来显示爆炸或解除爆炸的动作。

知识卡片	动画爆炸	• 快捷菜单：右键单击"爆炸视图 1"特征，选择【动画解除爆炸】或【动画爆炸】。

动画控制器的界面如图 14-67 所示，可用于调整动画爆炸视图的选项和保存动画。

动画控制器上有以下几个可以重播爆炸模拟的播放选项：

图 14-67　动画控制器

- 开始 ◄。
- 上一步 ◄。
- 播放 ▶。
- 下一步 ▶。
- 结束 ▶。
- 保存动画 。
- 播放模式：正常 →。
- 播放模式：循环 。
- 播放模式：往复 ↔。
- 慢速播放 ×½。
- 快速播放 ×2。
- 进度条 1.66 / 4.00 秒。

> **步骤 11　启用动画控制器**　右键单击特征"爆炸视图 1"并选择【动画解除爆炸】，弹出包含【播放】▶ 等按钮的动画控制器。
>
> **步骤 12　保存装配体**　在解除爆炸视图后，【保存】此装配体。除了爆炸的装配体之外，关闭所有文件。

14.7　材料明细表

在装配体中，材料明细表报告可以自动创建和编辑，并可以插入工程图中。完成的材料明细表版本将出现在后续的装配体工程图中。

知识卡片	材料明细表	• CommandManager：【装配体】/【材料明细表】 。 • 菜单：【插入】/【表格】/【材料明细表】。

335

步骤 13 **设置材料明细表** 单击【材料明细表】 。在【表格模板】中选择"bom-standard"，在【材料明细表类型】中选择【缩进】和【无数目】，如图 14-68 所示。单击【确定】，并在【现有注解视图】对话框中单击【Notes Area】，再单击【确定】。

步骤 14 **放置材料明细表** 在绘图区域单击以放置材料明细表，如图 14-69 所示。

图 14-68 设置材料明细表   图 14-69 放置材料明细表

提示 材料明细表中的项目顺序与 FeatureManager 设计树中显示的顺序一致。零部件的【Description】属性自动填充【说明】列。

步骤 15 **查看材料明细表特征** 在 FeatureManager 设计树中展开文件夹【表格】，材料明细表的特征"材料明细表 1 < Explode >"存放于此，如图 14-70 所示。

步骤 16 **在新窗口中显示表格** 右键单击表格"材料明细表 1 < Explode >"，并选择【在新窗口中显示表格】。单击【窗口】/【层叠】，同时显示两个窗口，如图 14-71 所示。可以关闭并保存其他打开的文件。

步骤 17 **移动列** 单击【数量】列上的标题单元格 D，拖动此列的标题单元格到左侧，并在图 14-72 所示的位置释放鼠标左键。单击表格并拖动竖直和水平线来调整单元格大小。

步骤 18 **隐藏表格** 关闭表格窗口。右键单击"材料明细表 1 < Explode >"并选择【隐藏表格】。

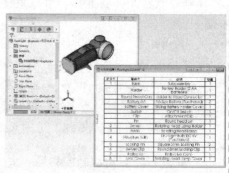

图 14-70 材料明细表特征   图 14-71 同时显示两个窗口

项目号	零件号	说明	数量
1	Base	Subassembly	1
	Holder	Battery Holder (2 AA batteries)	1
	Round Swivel Cap	Holder to Head Connector	1
	Battery AA	AA Size Battery (Purchased)	2
	Battery Cover	Sliding Battery Holder Cover	1
	Switch	On/Off Switch	1
	Clip	Attachment Clip	1
	Pin	Round head pin	1
2	Swivel	Rotating Head Lamp Holder	1
3	Head	Rotating Head Lamp	1
4	Miniature Bulb	LED Light Bulb DC 6V (Purchased)	1
5	Locking Pin	Square 5mm Locking Pin	2
6	Swivel Clip	Round 8mm Locking Clip	1
7	Reflector	Reflective Cone	1
8	Lens Cover	Rotating Head Lamp Cover	1

项目号	数量	零件号	说明
1	1	Base	Subassembly
	1	Holder	Battery Holder (2 AA batteries)
	1	Round Swivel Cap	Holder to Head Connector
	2	Battery AA	AA Size Battery (Purchased)
	1	Battery Cover	Sliding Battery Holder Cover
	1	Switch	On/Off Switch
	1	Clip	Attachment Clip
	1	Pin	Round head pin
2	1	Swivel	Rotating Head Lamp Holder
3	1	Head	Rotating Head Lamp
4	1	Miniature Bulb	LED Light Bulb DC 6V (Purchased)
5	2	Locking Pin	Square 5mm Locking Pin
6	1	Swivel Clip	Round 8mm Locking Clip
7	1	Reflector	Reflective Cone
8	1	Lens Cover	Rotating Head Lamp Cover

图 14-72 移动列

14.8　装配体工程图

在生成装配体详细工程图时，有几个特殊的要求。除了需要详细的视图之外，还需要材料明细表和零件序号来完整地记录此装配体。本例中，装配体中生成的材料明细表将被复制到工程图中。

1. 显示爆炸视图　视图通常以非爆炸状态生成。当用户从【视图调色板】中添加视图时，可以将爆炸视图拖放到工程图中。只有当前模型包含爆炸视图时才可使用此操作。

当然，用户还可以在工程视图的 PropertyManager 中更改配置。勾选【在爆炸或模型断开状态下显示】复选框，以显示其爆炸状态，如图 14-73 所示。如果配置中含有多个爆炸视图，请选择需要的爆炸视图。

 提示　　　只有所选配置存在爆炸视图时，才会出现【在爆炸或模型断开状态下显示】选项。

操作步骤

步骤 1　新建工程图　最大化装配体窗口。单击【从装配体制作工程图】，并使用模板 "A_Size_ANSI_MM" 来新建工程图。

扫码看视频

步骤 2　设置显示样式　从【视图调色板】中拖入【爆炸等轴测】视图，设置比例为 1:2，【显示样式】为【消除隐藏线】，效果如图 14-74 所示。

图 14-73　选择配置　　　　　　　　　　　图 14-74　设置显示样式

---

2. 从装配体复制材料明细表　如果在装配体中生成过材料明细表，便可以将其复制到工程图中。用于生成表格的选项也可以用来复制材料明细表。

步骤 3　复制表格　单击【材料明细表】并单击视图。如图 14-75 所示，选择【复制现有表格】，选择 "材料明细表 1"，勾选【链接】复选框，然后单击【确定】。

移动材料明细表到工程图格式的左上角，单击并放置，如图 14-76 所示。

图 14-75　复制表格

337

> 提示👉   更多关于生成并编辑材料明细表的内容，请参阅《SOLIDWORKS® 工程图教程(2023 版)》。

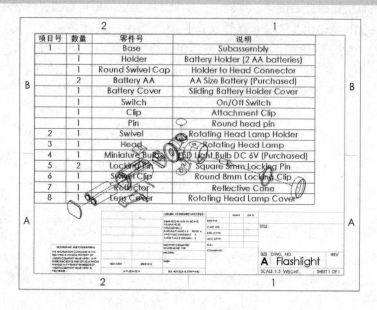

项目号	数量	零件号	说明
	1	Base	Subassembly
	1	Holder	Battery Holder (2 AA batteries)
	1	Round Swivel Cap	Holder to Head Connector
	2	Battery AA	AA Size Battery (Purchased)
	1	Battery Cover	Sliding Battery Holder Cover
	1	Switch	On/Off Switch
	1	Clip	Attachment Clip
	1	Pin	Round head pin
2	1	Swivel	Rotating Head Lamp Holder
3	1	Head	Rotating Head Lamp
4	1	Miniature Bulb	LED Light Bulb DC 6V (Purchased)
5	2	Locking Pin	Square 5mm Locking Pin
6	1	Swivel Clip	Round 8mm Locking Clip
7	1	Reflector	Reflective Cone
8	1	Lens Cover	Rotating Head Lamp Cover

图 14-76　放置材料明细表

步骤 4　调整字体高度　单击表格左上角的控标，更改字体高度,如图 14-77 所示。拖动表格右下角方块调整表格的大小。

图 14-77　调整字体高度

14.8.1　添加零件序号

由材料明细表指定的项目号可以使用【零件序号】添加到工程图中，当零件序号插入边线、顶点或面时，会自动指定正确的项目号。

知识卡片	自动零件序号	【自动零件序号】命令用于通过项目号及任意的数量来自动地对工程图中装配体的零部件添加标签。有几种不同的布局、样式和方法来生成零件序号。
	操作方法	• CommandManager：【注解】/【自动零件序号】。 • 菜单：【插入】/【注解】/【自动零件序号】。 • 快捷菜单：右键单击工程视图，选择【注解】/【自动零件序号】。

步骤 5　插入零件序号　选择工程视图。单击【自动零件序号】，并选择【布置零件序号到右】的阵列类型，如图 14-78 所示。单击【确定】，序号布局结果如图 14-79 所示。

図 14-78　插入零件序号　　　　　　　图 14-79　序号布局结果

14.8.2　编辑爆炸视图

爆炸视图可以随时进行编辑、添加、移除或重新排列步骤。本例将编辑一个步骤的距离和方向，以体现零部件的正确运动。

　　步骤6　选择装配体　返回到装配体"Flashlight"。

　　步骤7　编辑爆炸视图　单击 ConfigurationManager 并双击配置"Exploded"，展开该配置。右键单击"爆炸视图1"并选择【编辑特征】。

　　步骤8　编辑步骤　回滚到"爆炸步骤4"，选择"爆炸步骤4"并进行编辑，如图 14-80 所示。

　　步骤9　更改矢量　右键单击【爆炸方向】组框并选择【消除选择】。选择零部件的边线，如图 14-81 所示。

図 14-80　编辑步骤　　　　　　　　图 14-81　选择边线

339

　　步骤10　更改设置　设置【爆炸距离】为 50mm。如有需要，单击【反向】，将零部件放置在图 14-82 所示的一侧。单击【完成】并向前推进到爆炸步骤的末端。单击【确定】完成爆炸步骤的编辑。

　　步骤11　向前推进　现在可以观察到爆炸视图和爆炸直线草图的变动了。向前推进到结尾，如图 14-83 所示。

图 14-82 更改设置

图 14-83 向前推进

步骤 12　回到工程视图　回到工程视图，可以看到在装配体中所做的更改，如图 14-84 所示。

图 14-84　更改后的工程图

步骤 13　共享、保存并关闭所有文件

练习 14-1　干涉检查

本练习的主要任务是使用本章提供的装配体，确定夹钳手柄（见图 14-85）的运动范围。本练习将应用以下技术：

- 干涉检查。
- 碰撞检测。

图 14-85　夹钳手柄

操作步骤

步骤 1　打开已有的装配体文件　打开文件夹 Collision 中已有的名为"Collision"的装配体文件，如图 14-86 所示。

步骤 2 **碰撞位置** 零件 "link" 将在两处停止装配体的运动。移动装配体到碰撞点处，并使用【测量】或者工程视图中的标注尺寸来测量装配体移动时所形成的角度，如图 14-87 所示。

图 14-86 Collision 装配体

图 14-87 碰撞位置

角度 "A" 表示在回拉子装配体 "handle sub-assy" 的过程中，零件 "link" 碰撞它时所形成的角度。

角度 "B" 表示在推进子装配体 "handle sub-assy" 的过程中，零件 "link" 碰撞子装配体 "hold-down sub-assy" 时所形成的角度。

> **提示** 测量值均为近似值。

步骤 3 **共享、保存并关闭所有文件**

练习 14-2 发现并修复干涉

使用提供的装配体，发现静态和动态的干涉，然后修复它们（见图 14-88）。本练习将应用以下技术：

- 干涉检查。
- 碰撞检测。

图 14-88 发现并修复干涉

操作步骤

步骤 1 **打开已有的装配体** 从文件夹 UJoint 中打开已有的装配体 "UJoint"。

步骤 2 **查看静态干涉** 发现静态干涉（见图 14-89）。通过对一个配合应用【反转尺寸】来修复此干涉。

图 14-89 静态干涉

步骤 3 **查看动态干涉** 发现位于 "Yoke_Male<1>" 和 "Yoke_Female<1>" 之间的动态干涉（见图 14-90）。

步骤 4 **添加特征** 打开零件 "Yoke_Male<1>" 和 "Yoke_Female<1>"，对图 14-91 所示的边线添加倒角特征（2mm×45°）。

图 14-90 动态干涉

图 14-91 添加特征

步骤5 **测试干涉情况** 回到装配体，测试这个装配体的静态和动态干涉。

步骤6 **共享、保存并关闭所有文件**

练习14-3 检查干涉、碰撞和间隙

使用现有装配体，检查其中的干涉、碰撞和间隙情况，如图 14-92 所示。本练习将应用以下技术：

- 干涉检查。
- 间隙检查。
- 碰撞检查。

图 14-92 检查干涉、碰撞和间隙

操作步骤

步骤1 **打开已有的装配体文件** 打开文件夹 Clearances 中已有的名为"A_D_Support"的装配体文件。

步骤2 **更改透明度** 将零部件"center_tube"更改为透明。

步骤3 **检查静态干涉** 使用【干涉检查】功能查看模型静态干涉的情况。

步骤4 **检查动态间隙** 使用【移动零部件】命令来检查装配体内部的碰撞。拖动"Internal"子装配体，碰撞发生在两处位置。移动装配体到打开的碰撞位置，用【动态间隙】测量"End"和"small collar"之间的最小距离（为225mm），如图 14-93 所示。

(148.01)

图 14-93 动态间隙

步骤5 **确认子装配体间隙** 打开"Internal"子装配体，确认下列间隙，如图 14-94 所示。零部件"small center_tube"和"small collar"的间隙（0.13mm），零部件"small center_tube"和"thin_collar"的间隙（0.14mm）。

步骤6　确认顶层装配体间隙　回到顶层装配体"A_D_Support"，确认下列间隙，如图 14-95 所示。零部件"center_tube"和"small center_tube"的间隙（3.68mm），零部件"center_tube"和"small collar"的间隙（0.10mm）。

图 14-94　子装配体间隙

图 14-95　顶层装配体间隙

步骤7　共享、保存并关闭所有文件

练习 14-4　爆炸视图和装配体工程图

本练习的主要任务是利用已有的装配体，添加爆炸视图和爆炸直线。利用爆炸视图创建含有零件序号和材料明细表的装配体工程图。本练习使用模板"A_Size_ANSI_MM"。本练习将应用以下技术：

- 装配体爆炸视图。
- 爆炸直线草图。
- 装配体工程图。
- 材料明细表。

所有文件位于文件夹 Exploded Views 中。

技巧🔒　　　在【零件配置分组】中单击【将同一零件的配置显示为单独项目】，将所有"Hexagon Rod"零部件列为单独的项目。

装配体"part configs"如图 14-96 所示。

项目号	零件名	说明	数量
1	Bose Sheef Metal		1
2	Pin		2
3	Washer		1
4	Size 6	Hexagon Rod	1
5	Size 5	Hexagon Rod	1
6	Size 4	Hexagon Rod	1
7	Size 3	Hexagon Rod	1
8	Size 2	Hexagon Rod	1
9	Size 1	Hexagon Rod	1
10	Size 7	Hexagon Rod	1
11	Size 8	Hexagon Rod	1
12	Size 9	Hexagon Rod	1

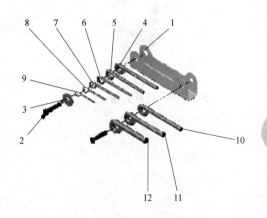

343

图 14-96　装配体 part configs

装配体 "Gearbox Assembly" 如图 14-97 所示。

项目号	零件名	说明	数量
1	Housing		1
2	Worm Gear		1
3	Worm GearShaft		1
4	Cover_Pl&Lug		2
5	Cover Plate		1
6	Offset Shaft		1

图 14-97   装配体 Gearbox Assembly

练习 14-5   爆炸视图

利用已有的装配体，添加爆炸视图和爆炸直线，如图 14-98 所示。本练习将应用以下技术：

- 爆炸装配体。
- 使用自动间距。
- 爆炸直线草图。

装配体文件位于文件夹 Support _ Frame 中，装配体如图 14-99 所示。

图 14-98   爆炸直线   图 14-99   装配体

附录 模 板

学习目标

- 了解【工具】/【选项】中各项参数的设置
- 创建用户自定义的零件模板
- 组织文件模板

1.1 选项设置

用户可以在【工具】/【选项】对话框中更改 SOLIDWORKS 的各项默认设置。这些设置既可以应用于单个的文档或所保存的文档，也可以只应用于用户当前的系统和工作环境。

【工具】/【选项】对话框包含两个选项卡：【系统选项】和【文档属性】。在对话框中可以通过修改这两个选项卡的设置来更改系统选项或者文档属性。

1. 系统选项 系统选项用来自定义用户工作环境。修改的系统选项不会与任何特定的文档一起保存，但是，打开任何文档时这些设置均将生效。例如，系统选项的默认选值框增量值为 0.25in，而由于是设计小型的零件，所以只需要 0.0625in，系统选项就可以满足用户的这种特殊设置需要。

2. 文档属性 文档属性中的设置更改仅影响当前打开的文档，而不会改变系统默认选项。这些设置与文档一起保存，并且对于任何打开文档的用户而言都是相同的。例如，单位是文档属性，设计模型的单位与模型一起保存在文档属性中。

1.1.1 修改默认选项

修改默认选项的步骤如下：单击【工具】/【选项】，选择需要修改的项目，设置完毕后单击【确定】退出。

 提示 用户只能在打开文档时访问文档属性。

1.1.2 建议设置

通过在线帮助可以获得【工具】/【选项】对话框中完整的选项设置建议。本教程中用到的【系统选项】设置建议如下：

- 普通：勾选【输入尺寸值】复选框。
- 草图：不勾选【上色时显示基准面】复选框。
- 默认模板：选择【总是使用这些默认的文件模板】选项。

1.2 文件模板

通过【文件模板】文件（ ∗.prtdot，∗.asmdot，∗.drwdot ），用户可以保存文件属性设置，并可将其应用到新文件。当新建文件时，用户可以选择需要的模板，以使用模板文件中已有的各项设置。

1.2.1 如何创建零件模板

通过简单步骤即可创建用户自定义模板。首先选用默认模板来新建一个文件，在【工具】/【选项】对话框中对各项进行设置，然后另存为模板文件。用户可以创建专用于存放模板的文件夹。

操作步骤

步骤1　新建零件　用默认模板新建零件，此零件将被用来制作模板文件。

提示　模板制作完毕后就不再需要该零件了。

步骤2　选择模板　单击【文件】/【新建】，在【模板】选项卡中，选择"gb_part"，然后单击【确定】，如附图1所示。

提示　不要使用【新手】模式，否则将找不到用户自定义模板。

步骤3　设置文档属性　按照以下文档属性对【选项】进行设置：

● 绘图标准

总绘图标准：GB。

● 尺寸，文本

字体：汉仪长仿宋体；高度=3.5mm。

附图1　选择模板

● 注解，文本

注释：汉仪长仿宋体；高度=3.5mm。

零件序号：汉仪长仿宋体；高度=3.5mm。

● 尺寸，主要精度

主要尺寸，小数点后2位。

● 网格线/捕捉

显示网格线：不勾选。

● 单位

单位系统：MMGS(毫米、克、秒)。

● 参考几何体

三个系统基准面的默认名称不受【工具】/【选项】的控制，而是由文件模板来控制。基准面和所有特征一样都可以被重命名。当零件被保存为模板时，基准面名称也将被存入此模板文件中，此后只要使用该模板来新建零件，基准面的名称将会自动被沿用。例如，用户可以重命名这三个基准面为 XY、XZ、YZ。

1.2.2　组织模板

通常，将自定义模板存储在 SOLIDWORKS 安装目录中不是一种良好的习惯，原因是当用户安装新版本的 SOLIDWORKS 时，新的安装目录将覆盖用户的自定义模板。比较好的方法是为模板设置一个单独的路径，就像为库特征和标准零件库设置单独路径一样。

用户可以通过【工具】/【选项】/【系统选项】/【文件位置】来控制 SOLIDWORKS 在何处搜索模板。【显示下项的文件夹】的下拉列表中显示了各种类型文件（包括文件模板）的搜索路径。SOLIDWORKS 将按照列出的顺序搜索文件夹。用户可以添加新文件夹、删除现有文件夹或上下移动文件夹以更改搜索顺序。

> 步骤4　**保存模板**　单击【文件】/【另存为】，选择"Part Templates"保存类型。将模板命名为"My_mm_part"，并保存到用户创建的模板文件夹中。本例只是简单地将它保存到桌面的一个新建文件夹中。
>
> 步骤5　**新建文件夹**　浏览到桌面并创建名为"Custom Templates"的文件夹。将模板保存到此文件夹内。
>
> 步骤6　**添加文件位置**　SOLIDWORKS 需要知道从哪里寻找自定义模板。单击【工具】/【选项】/【系统选项】/【文件位置】，确保【显示下项的文件夹】的列表中显示【文件模板】。单击【添加】，选择步骤5中创建的 Custom Templates 文件夹，并单击两次【是】。单击【确定】以确认更改系统选项。
>
> 步骤7　**使用模板**　关闭打开的零件并且不要保存。新建零件，在【Custom Templates】选项卡下会出现模板"My_mm_part"，如附图2所示。检查一下需要的设置是否已经被加载。
>
>
>
> 附图2　使用模板

1.2.3　工程图模板与图纸格式

相对于零件或者装配体模板，工程图模板以及图纸格式的选项设置更多，关于它们的完整设置请参阅《SOLIDWORKS® 工程图教程（2023 版）》一书。

1.2.4 默认模板

SOLIDWORKS 中的下列操作将会自动生成零件、装配体或者工程图文件。

- 【插入】/【镜像零件】。
- 【插入】/【零部件】/【新零件】。
- 【插入】/【零部件】/【新装配体】。
- 【生成新子装配体】。
- 【文件】/【派生零部件】。

在这种情况下，用户可以选择所采用的模板，也可以让系统自动选择模板。此选项通过系统选项来设定。从菜单中选择【工具】/【选项】/【系统选项】，单击【默认模板】。

如果选择【提示用户选择文件模板】，则在自动创建新文件时，系统会弹出【新建 SOLID-WORKS 文件】对话框，提示用户选择所使用的模板。如果用户选择了【总是使用这些默认的文件模板】，则在自动创建文件时，系统会自动选择指定的默认模板。【工具】/【选项】菜单中的这一部分可以让用户定义系统在默认情况下使用哪种模板。